全国中等职业学校
全 国 技 工 院 校　培养复合型技能人才系列教材

钳工知识与技能（初级）

（第二版）

人力资源社会保障部教材办公室　组织编写

中国劳动社会保障出版社

简介

本书主要内容包括认识钳工、常用量具、划线、錾削与锯削、锉削、孔加工、螺纹加工、矫正与弯形、铆接与粘接、刮削与研磨、装配等。

本书由虞海任主编，赵树强任副主编，陆辉、丁寥廓参加编写，崔兆华主审。

图书在版编目（CIP）数据

钳工知识与技能：初级 / 人力资源社会保障部教材办公室组织编写 . -- 2 版 . -- 北京：中国劳动社会保障出版社，2021

全国中等职业学校、全国技工院校培养复合型技能人才系列教材

ISBN 978-7-5167-5119-0

Ⅰ.①钳…　Ⅱ.①人…　Ⅲ.①钳工 – 中等专业学校 – 教材　Ⅳ.①TG9

中国版本图书馆 CIP 数据核字（2021）第 229044 号

中国劳动社会保障出版社出版发行

（北京市惠新东街 1 号　邮政编码：100029）

*

北京宏伟双华印刷有限公司印刷装订　　新华书店经销

787 毫米 ×1092 毫米　16 开本　14.5 印张　291 千字

2021 年 12 月第 2 版　　2025 年 1 月第 5 次印刷

定价：29.00 元

营销中心电话：400-606-6496

出版社网址：http://www.class.com.cn

http://jg.class.com.cn

前　言

为了更好地适应全国技工院校机械类专业的教学要求，全面提升教学质量，人力资源社会保障部教材办公室组织有关学校的一线教师和行业、企业专家，在充分调研企业生产和学校教学情况、广泛听取教师对教材使用反馈意见的基础上，对全国技工院校培养复合型技能人才系列教材进行了修订和补充开发。本次修订（新编）的教材包括:《钳工知识与技能（初级）（第二版）》《车工知识与技能（初级）》《铣工知识与技能（初级）（第二版）》《磨工知识与技能（初级）（第二版）》《焊工知识与技能（初级）（第二版）》《电工知识与技能（初级）》等。

本次教材修订（新编）工作的重点主要体现在以下几个方面：

第一，合理更新教材内容。

根据机械类专业毕业生所从事岗位的实际需要和教学实际情况的变化，合理确定学生应具备的能力与知识结构，对部分教材内容及其深度、难度做了适当调整；根据相关专业领域的最新发展，在教材中充实新知识、新技术、新设备、新材料等方面的内容，体现教材的先进性；采用最新国家技术标准，使教材更加科学和规范。

第二，紧密衔接国家职业技能标准要求。

教材编写以国家职业技能标准《钳工（2020 年版）》《车工（2018 年版）》《铣工（2018 年版）》《磨工（2018 年版）》《焊工（2018 年版）》《电工（2018 年版）》等为依据，涵盖国家职业技能标准（初级）的知识和技能要求。

第三，精心设计教材形式。

在教材内容的呈现形式上，尽可能使用图片、实物照片和表格等形式将知识点生动地展示出来，力求让学生更直观地理解和掌握所学内容。在教材插图的制作中采用了立体造型技术，同时部分教材在印刷工艺上采用了四色印刷，增强了教材的表现力。

第四，进一步做好教学服务工作。

本套教材配有习题册和方便教师上课使用的电子课件，可以通过中国技工教育网（http://jg.class.com.cn）下载电子课件等教学资源。另外，在部分教材中使用了二维码技术，针对教材中的教学重点和难点制作了动画、视频、微课等多媒体资源，学生使用移动终端扫描二维码即可在线观看相应内容。

本次教材的修订（新编）工作得到了江苏、山东、河南等省人力资源和社会保障厅及有关学校的大力支持，在此我们表示诚挚的谢意。

人力资源社会保障部教材办公室

2020 年 11 月

目　录

第一单元
认 识 钳 工

课题一　钳 工 工 作

机器设备都是由若干零件组成的，大多数零件是用金属材料制成的。随着科学技术的发展，一部分机器零件已经能用精密铸造或冷挤压等方法制造，但绝大多数零件还是要进行金属切削加工。通常是将金属材料经过铸造、锻造、焊接等加工方法先制成毛坯，然后经车削、铣削、刨削、磨削、钳加工、热处理等加工制成零件，最后将零件装配成机器设备。随着机械工业的日益发展，许多繁重的手工工作已被机械加工所代替；但少数精度高、形状复杂的零件加工以及设备安装调试与维修是机械加工难以完成的，这些工作仍需通过钳工工艺去完成。因此，钳工是机械制造业中不可缺少的工种。

一、钳工的工作特点

1. 钳工是以手工操作为主的切削加工方式。
2. 钳工工具简单，操作灵活，可以完成机械加工不方便完成或难以完成的工作。

二、钳工的主要工作任务

钳工是大多用手工工具在台虎钳上进行手工操作的一个工种。钳工的主要工作任务见表 1–1–1。

表 1–1–1　　钳工的主要工作任务

主要工作任务	说明	图示
加工零件	一些采用机械加工方法不适宜或无法完成的加工都可由钳工来完成，如零件加工过程中的划线、精密加工（如刮削、研磨、锉削样板等）以及检验和修配等	

续表

主要工作任务	说明	图示
装配	把零件按机械设备的装配技术要求进行组件、部件装配和总装配，并经过调整、检验和试车等，使之成为合格的机械设备	
维修设备	当机械设备在使用过程中产生故障、出现损坏或长期使用后精度降低而影响使用时，也要由钳工进行维护和修理	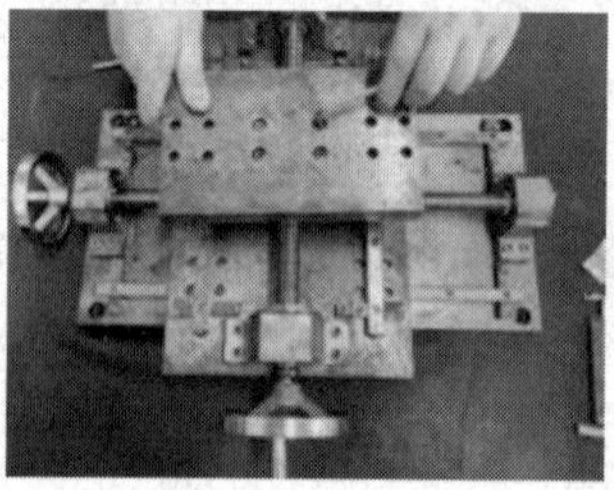
制造和维修工具、夹具等	制造和维修各种工具、夹具、量具或专用设备	

三、钳工的种类

随着机械工业的发展，钳工的工作范围越来越广，需要掌握的技术理论知识和操作技能也越来越复杂，于是产生了专业性的分工，以适应不同工作的需要。按工作内容性质来分，钳工主要分三类，见表 1–1–2。

表 1–1–2　　钳工的种类

名称	定义	主要工作内容
普通钳工	使用钳工工具、钻床等按技术要求对工件进行加工、修整、装配的人员	主要从事机器或部件的装配、调整工作和一些零件的钳工加工等工作

续表

名称	定义	主要工作内容
机修钳工	使用工具、量具及辅助设备对各类设备进行安装、调试和维修的人员	主要从事各种机械设备的维护和修理等工作
工具钳工	使用钳工工具及设备对工装、工具、量具、辅具、检具、模具、刀具进行制造、装配、检验和修理的人员	主要从事工具、模具、刀具的制造和修理等工作

课题二　钳工实习场地与常用设备

一、钳工实习场地

钳工实习场地（见图 1–2–1）是指钳工的固定工作地点。钳工实习是大部分机电类专业的基础实习课程。钳工实习场地设备是根据教学要求设置的，可提高学生的操作技术和动手能力。使用钳工实习场地设备可以完成常用工具的认识以及划线、錾削、锯削、锉削、孔加工、装配、调试、安装、维修等学习任务。

图 1–2–1　钳工实习场地

二、钳工常用设备

钳工常用设备有钳桌、台虎钳、砂轮机和钻床等，见表 1–2–1。

表 1–2–1　　　　钳工常用设备

名称	图示	说明
钳桌		用来安装台虎钳以及放置工量具和工件等
台虎钳	 固定式 　回转式	台虎钳是用来夹持工件的通用夹具，常用的有固定式和回转式两种
砂轮机		砂轮机主要由砂轮、电动机和基座组成。砂轮主要用来刃磨錾子、麻花钻和刮刀等刀具或其他工具，也可用来磨去工件或材料上的毛刺、锐边、氧化皮等
钻床	 台式钻床 　立式钻床 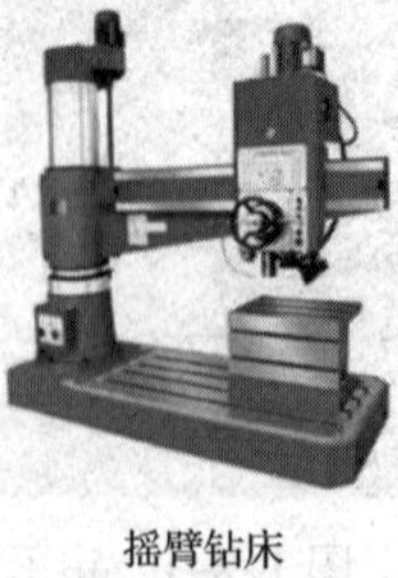　摇臂钻床	钻床是进行孔加工的设备，有台式钻床、立式钻床和摇臂钻床等

课题三 钳工安全文明生产规章制度

一、钳工安全文明生产规章制度内容

1. 钳工安全文明操作规程

（1）主要设备的布置要合理、适当，如钳桌要放在便于工作和光线适宜的位置，并安装安全防护网；钻床和砂轮机一般应放在工作场地的边沿，以保证安全。

（2）要经常检查所使用的机床和工具，如钻床、砂轮机等，发现故障应及时报修，未修复不得使用。

（3）使用电动工具时，要有绝缘防护和安全接地措施。

（4）毛坯和已加工的零件应整齐、平稳地放置在规定位置，保证安全，便于取放，并避免碰伤已加工过的工件表面。

（5）在钳桌上工作时，工具、量具应按次序排列整齐，一般为了取用方便，右手取用的工具放在台虎钳的右侧，左手取用的工具放在左侧，量具放在台虎钳的右前方。也可以根据加工情况把常用工具放在台虎钳的右侧，其余的放在左侧。但不管如何放置，工具、量具不能超出钳桌的边缘，以防掉落，并防止被活动钳身的手柄在旋转时碰到而发生事故。

（6）量具在使用时不能与工具或工件混放在一起，不得任意堆放，更不能叠放，应放在量具盒上或放在专用的板架上，以防损坏和取用不便。

（7）使用錾子时，应将刃部磨锋利，尾部毛刺磨掉，錾削时严禁錾口对人，并注意切屑飞溅方向，以免伤人；使用锤子时，要检查锤柄是否松脱，并擦净油污，握锤子的手不准戴手套。

（8）使用的锉刀必须带锉刀柄，操作中除锉圆面外，锉刀不得上下摆动，应重推，轻拉回，保持水平运动，锉刀不得沾油，存放时不得互相叠放。

（9）使用台虎钳时，应根据工件精度要求在钳口加放铜皮，不允许在钳口上猛力敲打工件，夹紧台虎钳时，用力应适当，不能使用加力杆，台虎钳使用完毕，应将其打扫干净，并将钳口松开。

（10）使用游标卡尺、千分尺等精密量具测量时均应轻而平稳，不可在毛坯等粗糙表面上测量，不可测量温度较高的工件，以免损坏量具。

（11）使用百分表时，应使百分表与表架在表座上连接稳固，以免造成倾斜和摆动。

（12）使用水平仪时，要轻拿轻放，不要碰击，接触面未擦净前，不准放置水平仪。

（13）攻螺纹与铰孔时，丝锥与铰刀中心均要与孔中心一致，用力要均匀，并按先后顺序进行；攻螺纹、套螺纹时，应注意反转，并根据材料性质，必要时加润滑油，以免损坏板牙和丝锥；铰孔时不准反转，以免切削刃崩坏及破坏已加工表面。

（14）工作场地应保持整洁、卫生。工作完毕，使用过的设备和工具都要按要求进行清理和涂油，工作场地要清扫干净，切屑、铁块、垃圾等要分别放在指定的位置。

2. 工作环境的安全标志

一个工作环境安全不安全，并不由其场面大小和活动人数多少决定。工作环境中包含的危险因素有时是不易察觉的，比如工作环境中可能存在易燃易爆气体，可能存在粉尘爆炸的危险等。所以机械加工设备易发生危险事故的部位应设置明显的安全标志或涂有安全色，提示操作人员注意。工作环境的安全标志如图 1–3–1 所示。

图 1–3–1　工作环境的安全标志

二、6S 管理

“6S”由日本企业的“5S”扩展而来，是指在生产现场中对人员、机器、材料、方法等生产要素进行有效的管理。当前，我国部分企业已借鉴此管理理念和方法，效果显著。“6S”代表整理（Seiri）、整顿（Seiton）、清扫（Seiso）、清洁（Seiketsu）、素养（Shitsuke）、安全（Security）。

1. 基本内容与要求

（1）整理

整理是对停滞物的管理，重点是区分要与不要的物品，现场不需要的物品坚决清除，做到生产现场无不用之物。整理时，在每个工位、每台设备（包括工具箱）周围进行彻底搜寻，不需要的物品务必清理出现场。通过整理，可以有效地提高场地的利用率，确保行道通畅，消除混乱现象。

（2）整顿

整顿是对整理后所需物品的整治，使必要的物品在使用时能随时找到，减少寻找时间。其要点如下：需要的物品定位摆放，做到过目知数；用完的物品归还原位；工装、器具要按类别、规格摆放整齐。其核心如下：每个人都参加整顿，在整顿过程中制定各种管理规范，人人遵守，贵在坚持。通过整顿，现场整齐，一目了然，没有不安全因素，没有“跑、冒、滴、漏”现象，为提高工作效率打下基础。

（3）清扫

清扫是将工作场地的灰尘、油污、垃圾清除干净，提高设备以及工装的清洁度和润滑度，保证工作场地整洁、干净。其要点如下：每个人把自己用的物品清扫干净，不是单靠清洁工来完成。通过清扫，使生产时弄脏的现场恢复干净。

（4）清洁

整理、整顿、清扫这三项的坚持与深入就是清洁，同时包括根除对人体有害的油、尘、噪声、有毒气体。其要点如下：坚持和保持，不搞突击。通过清洁，美化现场，保证员工愉快地工作，消除隐患根源。

（5）素养

培养现场作业人员执行作业规程、遵守现场规章制度的习惯，提高人员的素质。素养是6S管理的核心，没有人员素质的提高，6S管理不能顺利开展，即使开展了也不能坚持。因此，6S管理要始终着眼于提高人员的素质。

（6）安全

重视安全教育，每时每刻都有安全第一的观念，每个人都必须按照安全操作规程作业，防患于未然，从而建立起安全生产的环境，使所有的工作都以安全为前提。

2. 目的

6S管理是通过规范现场，为企业员工提供一个安全的作业场所，创造一个干净、整洁、舒适的工作场所和空间环境，营造企业特有的文化氛围，培养员工遵章守纪，养成良好的工作习惯，其最终目的是提高员工素养，提升企业整体形象和管理水平，从而实现规范化管理。

学生参观钳工实习场地，认识钳桌、台虎钳、砂轮机、钻床等设备，学习安全文明生产规章制度，并撰写参观体会。

第二单元
常 用 量 具

课题一　测量长度尺寸的常用量具

一、游标卡尺

游标卡尺是指利用游标原理对两同名测量面相对移动分隔的距离进行读数的测量器具。它具有结构简单、使用方便、测量精度中等及测量尺寸范围大等特点，可用来测量工件的外径、内径、长度、宽度、厚度、深度和孔距等，是一种应用较为广泛的常用量具。游标卡尺按其结构和用途的不同分类，有普通游标卡尺、游标深度卡尺和游标高度卡尺等，如图 2–1–1 所示，它们的刻线原理和读数方法相同。

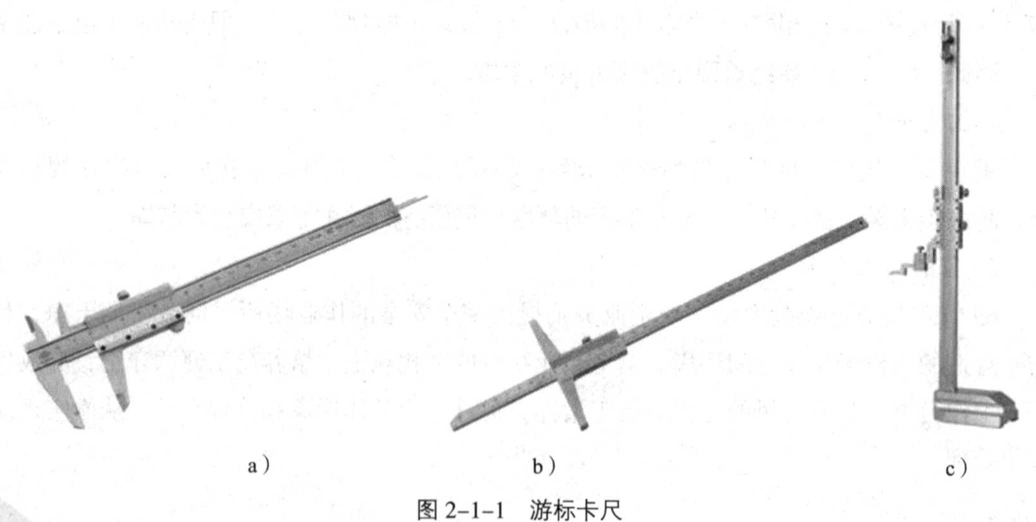

a）　b）　c）

图 2–1–1　游标卡尺

a）普通游标卡尺　b）游标深度卡尺　c）游标高度卡尺

游标卡尺按其分度值分为 0.10 mm、0.05 mm 和 0.02 mm 三种，其中分度值为 0.02 mm 的最为常用。

下面以普通游标卡尺为例进行介绍。

1. 结构（见图 2–1–2）

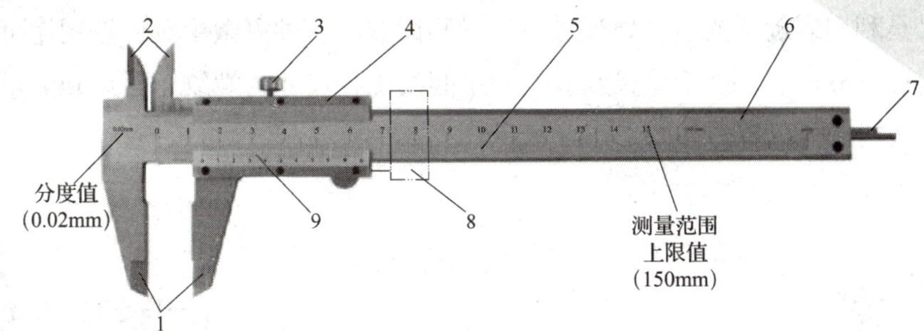

图 2–1–2　测量范围为 150 mm 的普通游标卡尺

1—外测量爪　2—刀口内测量爪　3—制动螺钉　4—尺框　5—主标尺

6—尺身　7—深度尺　8—微动装置　9—游标尺

2. 刻线原理和读数方法（见表 2–1–1）

表 2–1–1　　　　游标卡尺的刻线原理和读数方法

精度		0.05 mm	0.02 mm
刻线原理	图示	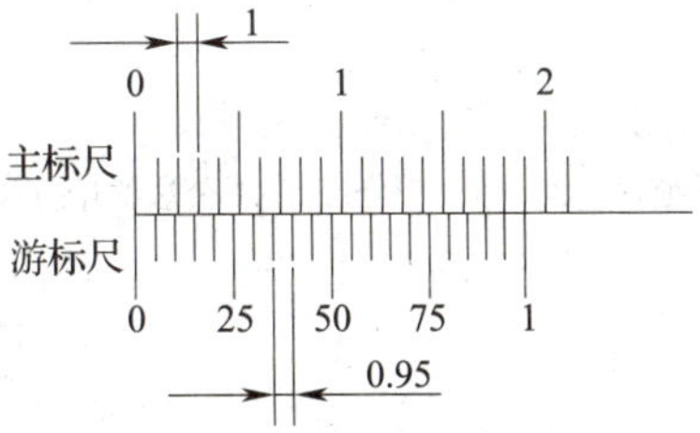 主标尺 游标尺 1 0.95	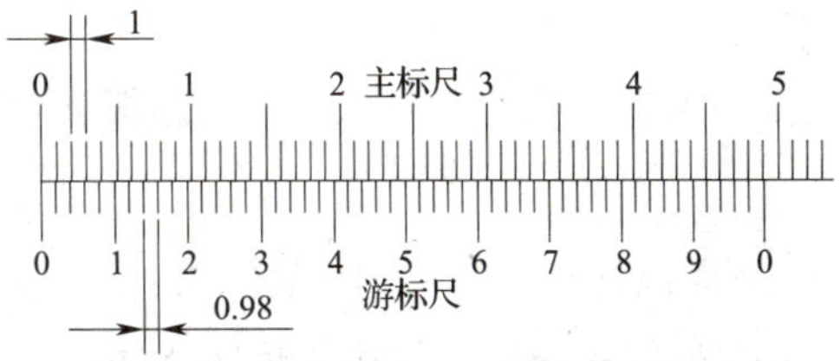 主标尺 游标尺 1 0.98
	原理	主标尺每格为 1 mm，游标尺刻线共 20 格，这 20 格的长度为 19 mm，即游标尺每格为 0.95 mm。主标尺与游标尺每格差为 0.05 mm	主标尺每格为 1 mm，游标尺刻线共 50 格，这 50 格的长度为 49 mm，即游标尺每格为 0.98 mm。主标尺与游标尺每格差为 0.02 mm
读数方法	图示	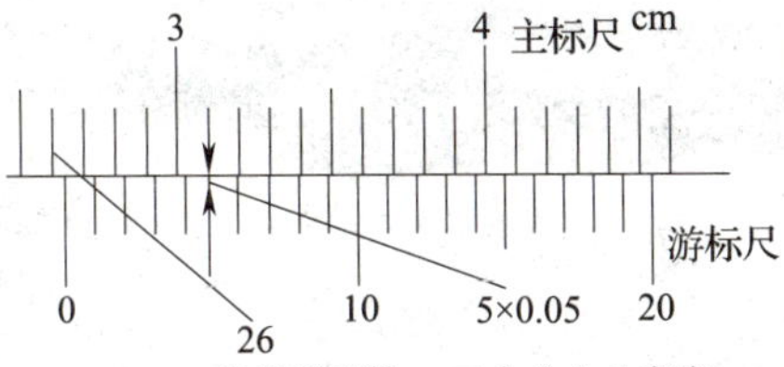 读数 = 整的毫米数（主标尺）+ 二十分之几毫米（游标尺） L=26mm+0.25mm=26.25mm	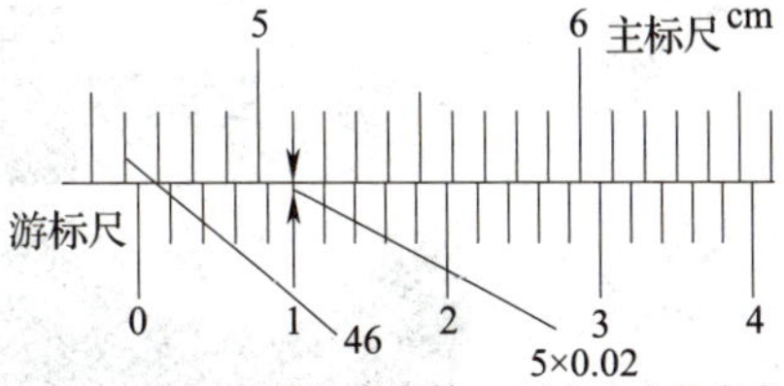 读数 = 整的毫米数（主标尺）+ 五十分之几毫米（游标尺） L=46mm+5×0.02mm=46.10mm
	读数	（1）读整数。在主标尺上读出位于游标尺零线左边最接近的整数值 （2）读小数。用游标尺上与主标尺对齐的刻线格数乘以游标卡尺的分度值 （3）把整数和小数相加，即为被测尺寸	

二、千分尺

千分尺是利用螺旋副的运动原理进行测量和读数的一种测微量具，按用途可分为外径千分尺、内径千分尺、深度千分尺及专门测量螺纹中径尺寸的螺纹千分尺和测量齿轮公法线长度的公法线千分尺等，如图 2–1–3 所示。

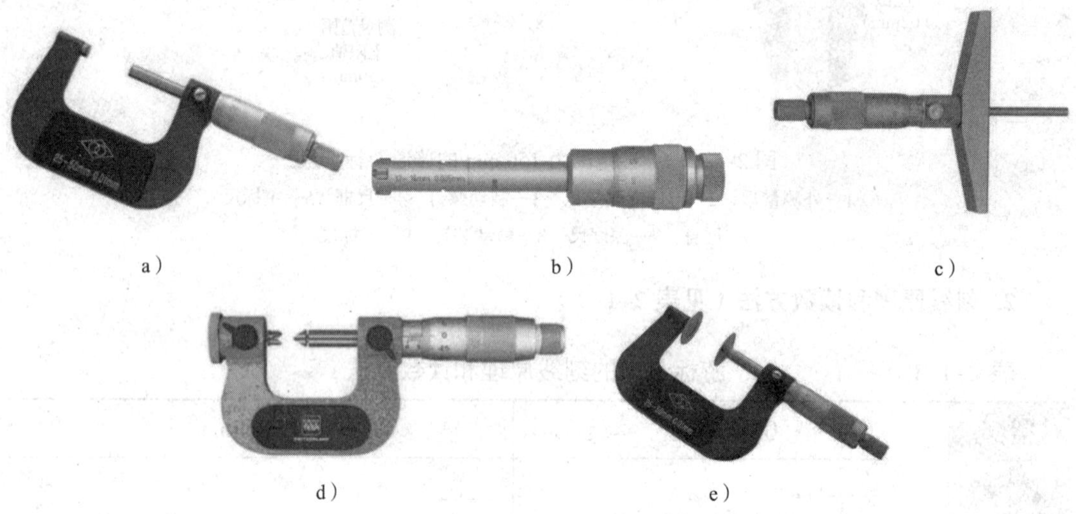

图 2–1–3　常用千分尺

a）外径千分尺　b）内径千分尺　c）深度千分尺　d）螺纹千分尺　e）公法线千分尺

下面以外径千分尺为例进行介绍。

1. 外径千分尺的结构（见图 2–1–4）

外径千分尺的尺架上装有测砧和锁紧装置，固定套管与尺架结合成一体，测微螺杆与微分筒和测力装置结合在一起。当旋转测力装置时，就带动微分筒与测微螺杆一起转动，并利用螺旋传动副沿轴向移动使测砧与测微螺杆的两个测量面之间的距离发生变化。

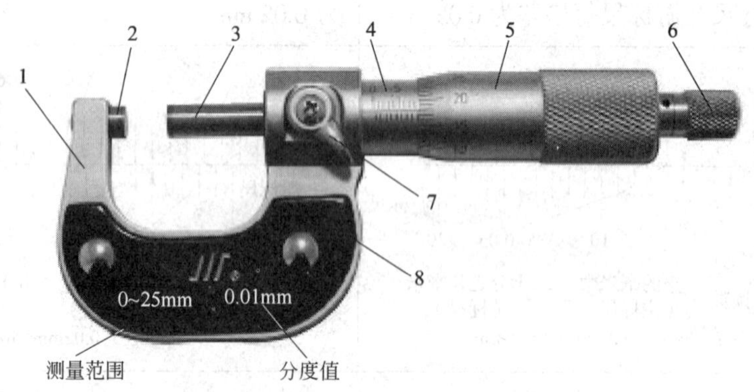

图 2–1–4　外径千分尺的结构

1—尺架　2—测砧　3—测微螺杆　4—固定套管　5—微分筒
6—测力装置（棘轮）　7—锁紧装置　8—隔热板

千分尺测微螺杆的移动量一般为 25 mm，少数大型千分尺也有制成 100 mm 的。

2. 外径千分尺的刻线原理

在外径千分尺的固定套管上刻有轴向中线，作为微分筒读数的基准线。在中线的两侧，刻有两排刻线，每排刻线的间距为 1 mm，上下两排相互错开 0.5 mm。测微螺杆的螺距为 0.5 mm，微分筒的外圆周上刻有 50 等分的刻度。当微分筒旋转一周时，测微螺杆轴向移动 0.5 mm。如微分筒只转动一格时，则测微螺杆的轴向移动为 0.5 mm/50=0.01 mm，因而 0.01 mm 就是外径千分尺的分度值。

3. 外径千分尺的读数方法

（1）读出固定套管上标尺所显示的最大数值。

（2）在微分筒上找到与基准线对齐的标记，再乘以分度值。当微分筒上的标尺标记与基准线不对齐时，应估读到小数点后第三位数。

（3）把两个读数相加即得到该外径千分尺所显示的示值。

例　读取图 2–1–5 所示分度值为 0.01 mm 的外径千分尺示值。

解　从图 2–1–5 可以看出，固定套管上标尺所显示的最大数值为 7.5 mm；微分筒上数值为 35 的刻线对准基准线，乘以分度值 0.01 mm 后得 0.35 mm。所以外径千分尺的读数为 7.5 mm+0.35 mm=7.85 mm。

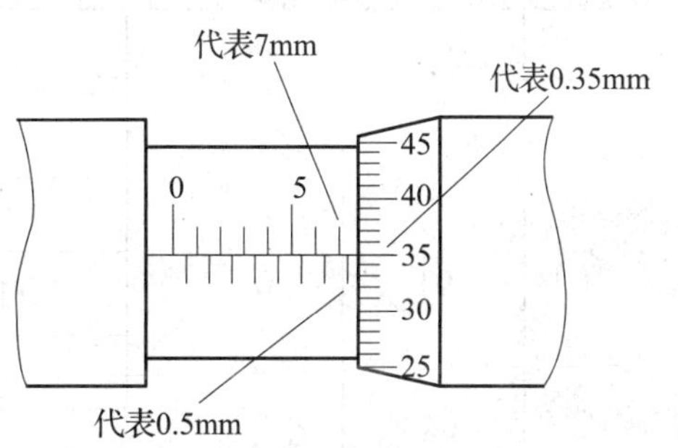

图 2–1–5　外径千分尺示值

三、量块

1. 量块概述

量块是指具有一对相互平行测量面，且两平面间具有准确尺寸，截面为矩形的实物量具，如图 2–1–6 所示。量块经过精密加工的十分平整、光滑的两个平行面称为测量面。两测量面之间的距离为工作尺寸，又称标称长度，该尺寸具有很高的精度。量块具有线膨胀系数小、不易变形、耐磨性好等特点。

量块的测量面非常平整、光滑，用少许压力推合两块量块，使它们的测量面紧密接触，两块量块就能黏合在一起，量块的这种特性称为研合性，如图 2–1–7 所示。利用量块的研合性，把不同标称长度的量块进行组合，可得到所需要的尺寸。

量块主要用于量具和量仪的检验校正、精密划线、精密机床的调整以及较高精度工件的测量。

2. 量块的尺寸系列

量块有两个工作面和四个非工作面。工作面是一对相互平行而且平面度误差及表面粗糙度值极小的平面（即测量面），具有较好的研合性，其准确度等级分为 K 级、0 级、1 级、2 级和 3 级共五个级别（K 级最高，为校准级，3 级最低）。按量块的材质分为钢制量

块、硬质合金量块和陶瓷量块等。为了便于使用和管理，量块一般成套组装在特制的木盒中。常用成套量块的标称长度和块数见表 2–1–2。

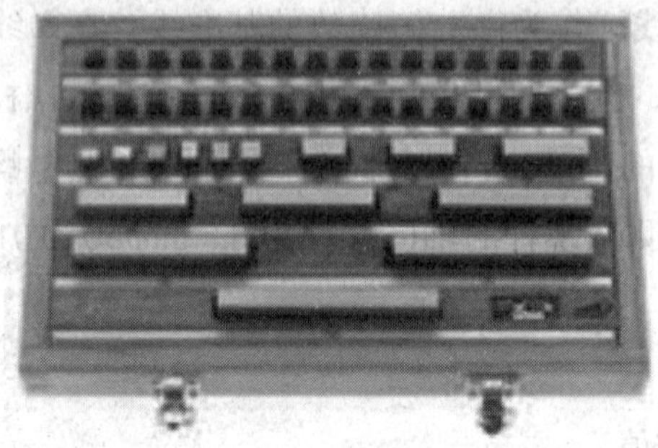

图 2–1–6　量块

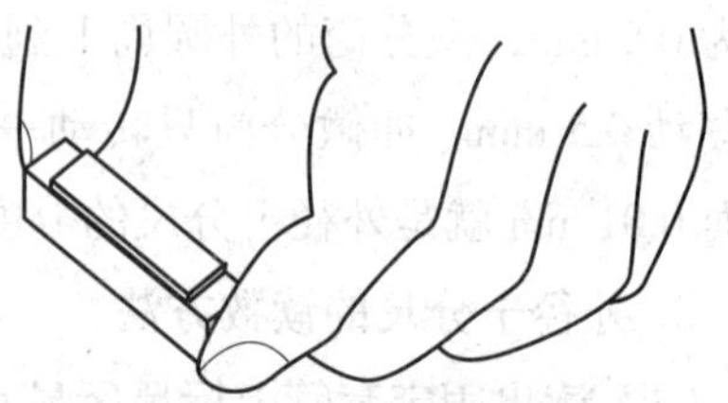

图 2–1–7　量块的研合性

表 2–1–2　　常用成套量块的标称长度和块数（摘自 GB/T 6093—2001）

套别	总块数	级别	尺寸系列 /mm	间隔 /mm	块数
1	91	0、1	0.5	—	1
			1	—	1
			1.001、1.002、…、1.009	0.001	9
			1.01、1.02、…、1.49	0.01	49
			1.5、1.6、…、1.9	0.1	5
			2.0、2.5、…、9.5	0.5	16
			10、20、…、100	10	10
2	83	0、1、2	0.5	—	1
			1	—	1
			1.005	—	1
			1.01、1.02、…、1.49	0.01	49
			1.5、1.6、…、1.9	0.1	5
			2.0、2.5、…、9.5	0.5	16
			10、20、…、100	10	10
3	46	0、1、2	1	—	1
			1.001、1.002、…、1.009	0.001	9
			1.01、1.02、…、1.09	0.01	9
			1.1、1.2、…、1.9	0.1	9
			2、3、…、9	1	8
			10、20、…、100	10	10

续表

套别	总块数	级别	尺寸系列 /mm	间隔 /mm	块数
4	38	0、1、2	1	—	1
			1.005	—	1
			1.01、1.02、…、1.09	0.01	9
			1.1、1.2、…、1.9	0.1	9
			2、3、…、9	1	8
			10、20、…、100	10	10

3. 量块的尺寸组合及使用方法

为了减少量块组合的累积误差，选用量块时，应尽可能选用最少的组合块数，一般要求不超过 5 块。选取时，应根据所需组合的尺寸，从最后一位数字开始，每选一块，至少减少组合尺寸的一位数字，以此类推，直至组合成完整的尺寸。

例　用量块组成 38.935 mm 的尺寸，试选择组合的量块。

解　最后一位数字为 0.005，因而可采用 83 块一套或 38 块一套的量块。

若采用 83 块一套的量块，则有

```
  38.935
– 1.005  ———————— 第一块量块尺寸
  37.93
– 1.43   ———————— 第二块量块尺寸
  36.5
– 6.5    ———————— 第三块量块尺寸
  30     ———————— 第四块量块尺寸
```

若采用 38 块一套的量块，则有

```
  38.935
– 1.005  ———————— 第一块量块尺寸
  37.93
– 1.03   ———————— 第二块量块尺寸
  36.9
– 1.9    ———————— 第三块量块尺寸
  35
– 5      ———————— 第四块量块尺寸
  30     ———————— 第五块量块尺寸
```

可以看出，采用 83 块一套的量块只需 4 块，而用 38 块一套的量块需 5 块，相比而言，采用 83 块一套的量块更好一些。

课题二　测量角度尺寸的常用量具

一、游标万能角度尺

游标万能角度尺是用来测量工件的内、外角度的量具，按分度值分为 2′ 和 5′ 两种，测量范围是 0°～320°。

现以分度值为 2′ 的游标万能角度尺为例，介绍其结构、刻线原理及读数方法等。

1. 游标万能角度尺的结构

游标万能角度尺主要由主尺、游标尺、直角尺、直尺、基尺和扇形板等组成，如图 2-2-1 所示，其游标尺固定在扇形板上，基尺和主尺连成一体，游标尺与主尺可做相对回转运动，直角尺和直尺可根据需要通过卡块安装到扇形板上。

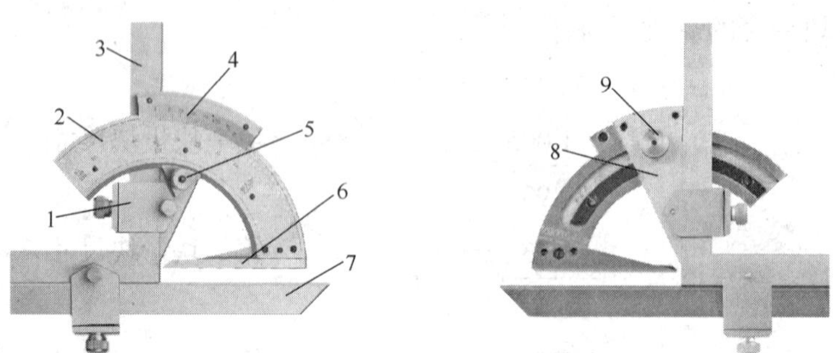

图 2-2-1　游标万能角度尺的结构

1—卡块　2—主尺　3—直角尺　4—游标尺　5—锁紧装置
6—基尺　7—直尺　8—扇形板　9—调节旋钮

2. 游标万能角度尺的刻线原理及读数方法

（1）刻线原理

如图 2-2-2 所示，主尺每格标记的弧长对应的角度为 1°，游标尺标记是将主尺上 29° 所占的弧长等分为 30 格，即每格所对应的角度为 $\frac{29°}{30}$，因此游标尺 1 格与主尺 1 格相差：

$$1° - \frac{29°}{30} = \frac{1°}{30} = 2'$$

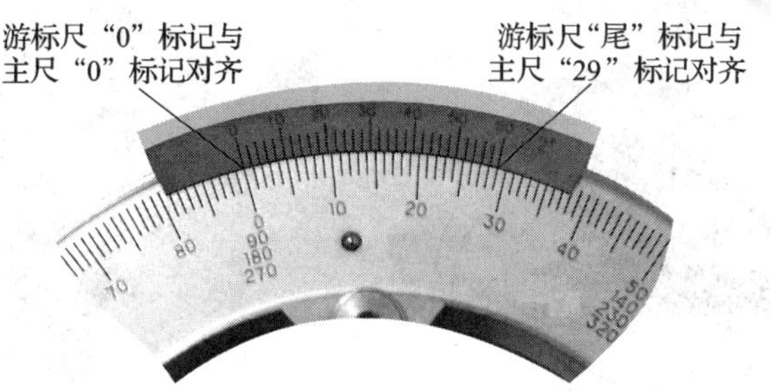

图 2-2-2　游标万能角度尺的刻线原理

即游标万能角度尺的分度值为 2′。

（2）读数方法

1）先从主尺上读出游标尺“0”标记前的整“度”数。

2）再从游标尺上分别读出“分”的十位数值和个位数值。

3）两者相加就是被测角度数值。

3. 游标万能角度尺的测量范围

使用游标万能角度尺时，可通过主尺与直角尺和直尺的不同组合形式，将测量范围（0°～320°）划分为四个测量段，其组合形式和测量范围如图 2-2-3 所示。

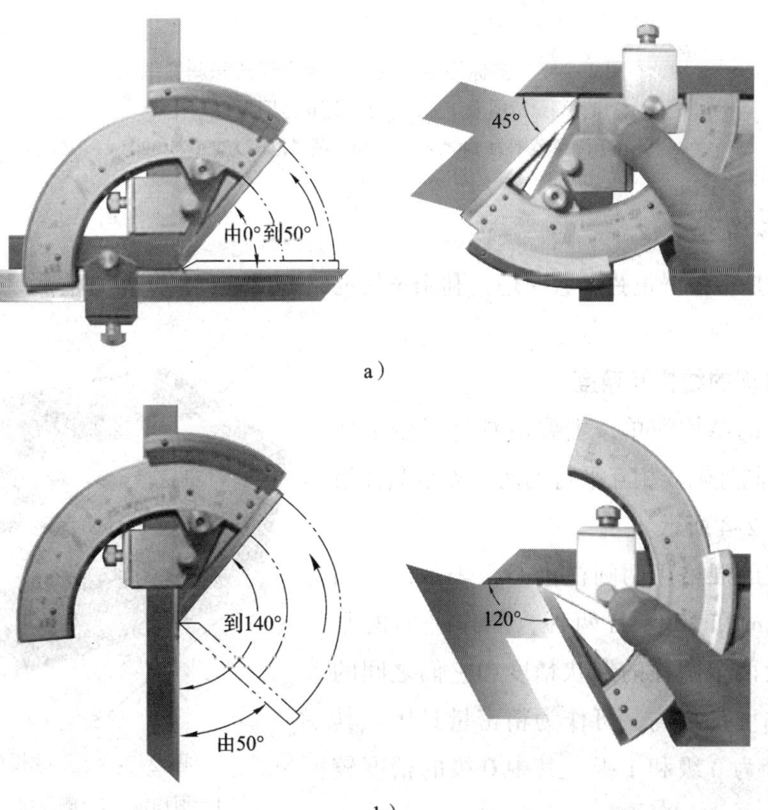

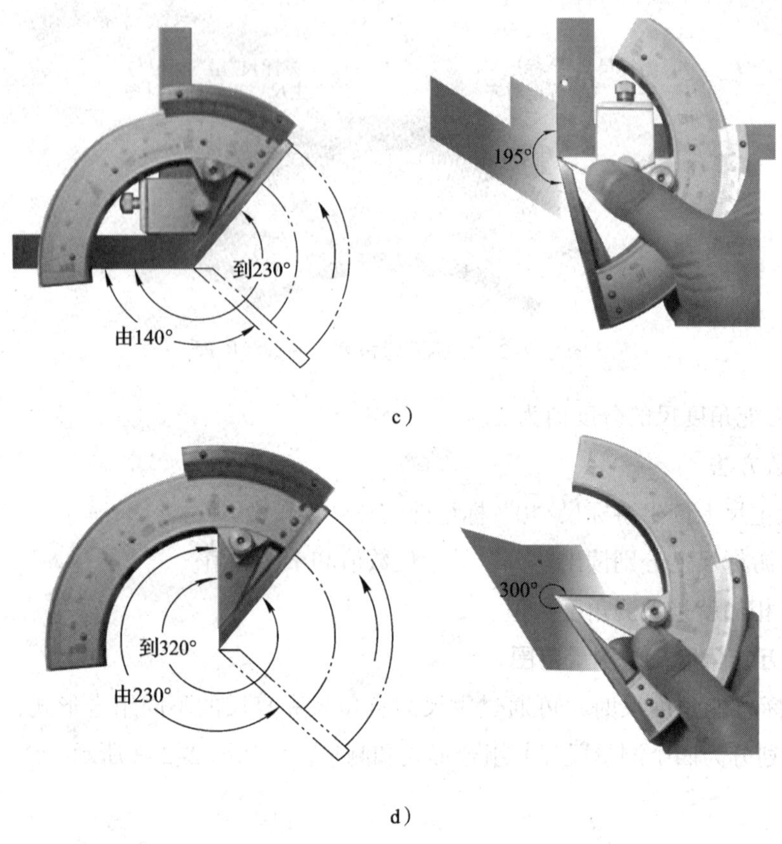

图 2-2-3　游标万能角度尺的组合形式和测量范围

a）测量范围为 0° ~ 50°　b）测量范围为 50° ~ 140°

c）测量范围为 140° ~ 230°　d）测量范围为 230° ~ 320°

二、正弦规

正弦规是指根据正弦函数原理，利用量块的组合尺寸，以间接方法测量角度或锥度的测量器具。

1. 正弦规的结构及精度

正弦规的结构简单，主要由具有平台工作面和直径相同且轴线相互平行的两个支承圆柱组成，如图 2-2-4 所示。

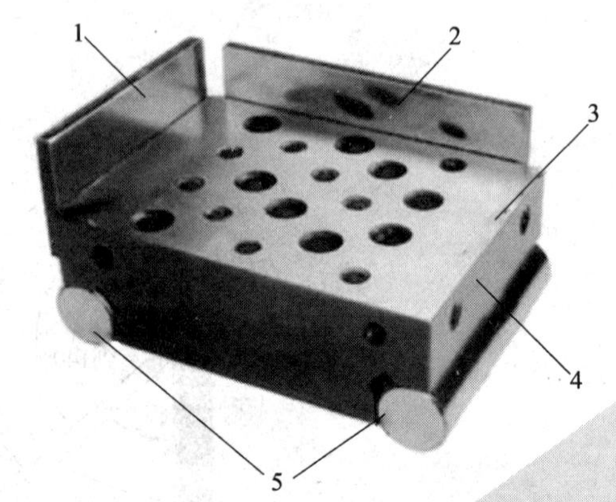

图 2-2-4　正弦规的结构

1—前挡板　2—侧挡板　3—工作面

4—主体　5—圆柱

正弦规的规格用两圆柱中心距表示，常用的有 100 mm 和 200 mm 两种，工作平面的平面精度以及两个圆柱的形状精度和它们之间的相互位置精度都很高，可作为精密量具用。其精度等级分为 0 级和 1 级，其中 0 级的精度较高。

2. 正弦规的使用

正弦规的使用方法如图 2-2-5 所示，将正弦规放置在精密平板上，工件放在正弦规的工作台面上，在正弦规的一个圆柱下面垫上一组量块（量块组的高度根据被测工件的角度或锥度通过计算获得），然后用指示表（或测微仪）测量工件两端的高度差。若两端高度相等，说明工件测量面与平板平行，此时工件的角度或锥度与计算值一致，否则说明工件的角度或锥度与计算值存在一定误差。

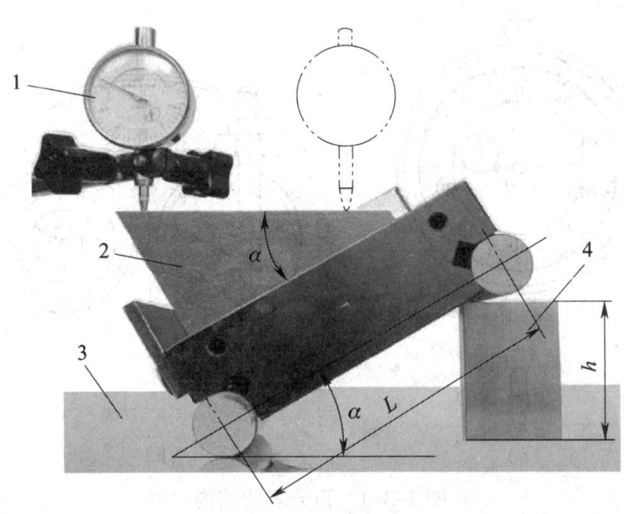

图 2-2-5　正弦规的使用方法

1—指示表　2—工件　3—平板　4—量块组

所需量块组的高度可按下式计算：

$$h=L\sin\alpha$$

式中　h——量块组高度，mm；

L——正弦规中心距，mm；

α——被测工件角度或锥度，(°)。

例　用中心距为 100 mm 的正弦规检验工件，当工件的角度为 30° 时（见图 2-2-5），求应垫量块组的高度尺寸。

解　由题意可知 L=100 mm，α=30°，则

$$h=L\sin\alpha=100\ \text{mm}\times\sin30°=50\ \text{mm}$$

即正弦规圆柱下应垫量块组尺寸为 50 mm。

课题三　其他量具简介

一、百分表

1. 百分表的结构及特点

百分表是应用最为广泛的机械式量仪之一，其结构如图 2–3–1 所示。

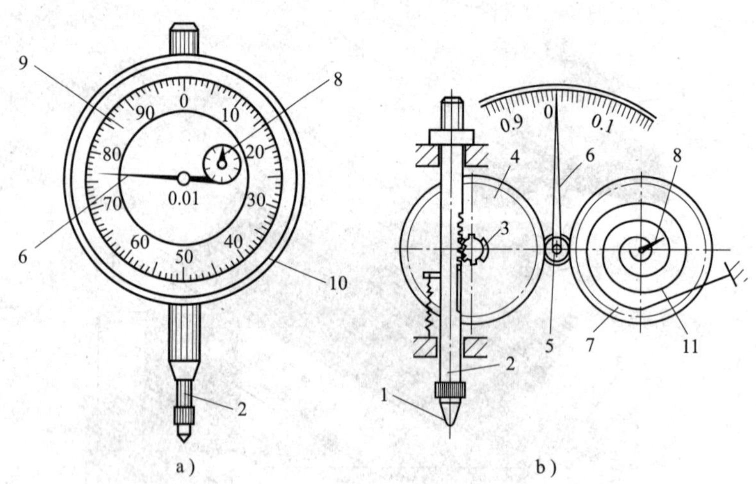

图 2–3–1　百分表的结构

a）外形　b）传动原理

1—测头　2—测杆　3—小齿轮（z=16）　4、7—大齿轮（z=100）　5—小齿轮（z=10）

6—指针　8—转数指针　9—表盘　10—表圈　11—拉簧

从图中可知，当测杆上下移动时，带动小齿轮 3 转动，此时与小齿轮固定在同一轴上的大齿轮也随着转动。通过大齿轮即可带动小齿轮 5 及与其同轴的指针转动。这样通过齿轮传动系统即可将测杆的微小位移放大并转变成指针的转动，并在表盘上指示出相应的示值。

百分表体积小、结构紧凑、读数方便、测量范围大、用途广泛。

2. 百分表的分度原理

百分表的测杆移动 1 mm，通过齿轮传动系统使指针回转一周。表盘沿圆周等分 100 格，当指针转过 1 格时，表示所测量的尺寸变化为 1 mm/100=0.01 mm，所以百分表的分度值为 0.01 mm。

百分表的示值范围有 0 ~ 3 mm、0 ~ 5 mm、0 ~ 10 mm 三种。

3. 百分表的使用

使用时，必须把百分表可靠固定在表架或夹持架上；测量时，不要使测杆的行程超过它的测量范围；测量平面时，百分表的测杆要与被测平面垂直；测量圆柱形工件时，测杆要与工件的中心线垂直，否则将使测杆活动不灵活，测量结果不准确；为方便读数，在测量前一般将指针与表盘的“0”标记对齐。百分表的安装如图 2–3–2 所示。

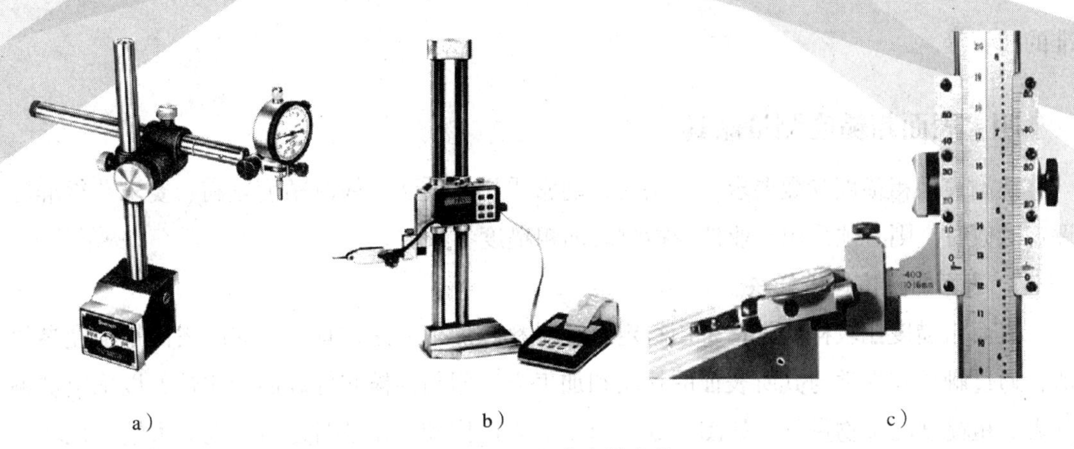

a）　　b）　　c）

图 2–3–2　百分表的安装

a）在磁性表座上安装　b）在专用表座上安装　c）在游标高度卡尺上安装

二、塞尺

塞尺是指具有准确厚度尺寸的单片或成组的薄片，是用于检测间隙的实物量具。成组塞尺由多片厚度不同的单片塞尺组成，如图 2–3–3 所示。用塞尺检测间隙时，如果用 0.09 mm 厚度的塞尺能塞入间隙，而用 0.10 mm 厚度的塞尺无法塞入间隙，则说明此间隙为 0.09 ~ 0.10 mm。塞尺可以单片使用，也可以几片重叠在一起使用。

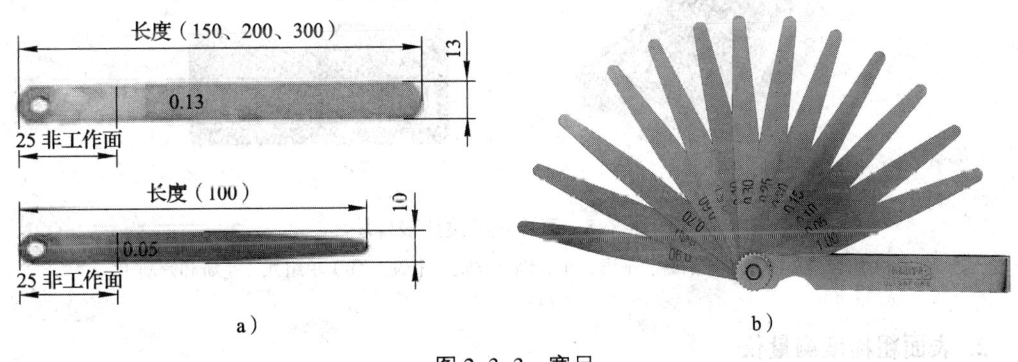

a）　　b）

图 2–3–3　塞尺

a）单片塞尺　b）成组塞尺

三、直角尺

直角尺是指测量面与基面相互垂直，用以检验直角、垂直度和平行度的实物量具。它具有结构简单、使用方便、制造精度高、稳定性好等特点。直角尺结构形式较多，其中最常用的是刀口形直角尺，如图 2–3–4 所示。

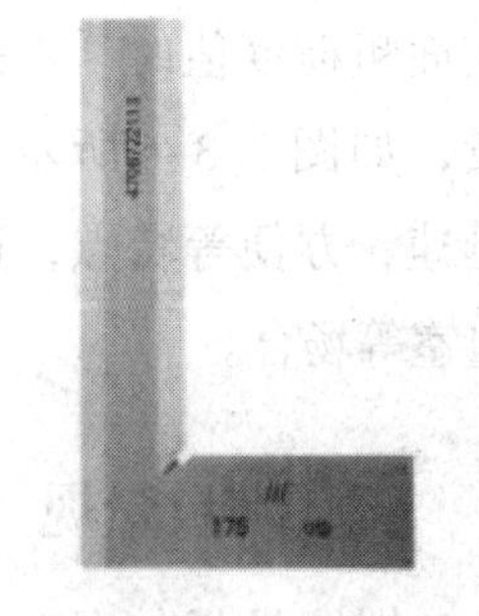

图 2–3–4　刀口形直角尺

刀口形直角尺可以检测工件的直角，结合塞尺使用还可以检测工件被测表面与基准面之间的垂直度误差，并可用于划线和基准的校正等。

四、表面粗糙度测量器具

检测表面粗糙度参数要求不严格时，通常采用比较法；检测精度较高、要求获得准确评定参数时，则必须采用专业仪器检测表面粗糙度参数。

1. 表面粗糙度比较样块

表面粗糙度比较样块是指采用特定合金材料和加工方法，具有不同的表面粗糙度参数值，通过触觉和视觉与其所表征的材质和加工方法相同的被测件表面做比较，以确定被测件表面粗糙度的实物量具，如图 2–3–5 所示。采用比较法比较时还可借助放大镜、比较显微镜等工具，以减少误差，提高判断的准确性。比较时，应使样块与被测表面的加工纹理方向保持一致。这种方法简便易行，适于在车间现场使用。但其评定的可靠性在很大程度上取决于检测人员的经验，往往误差比较大。

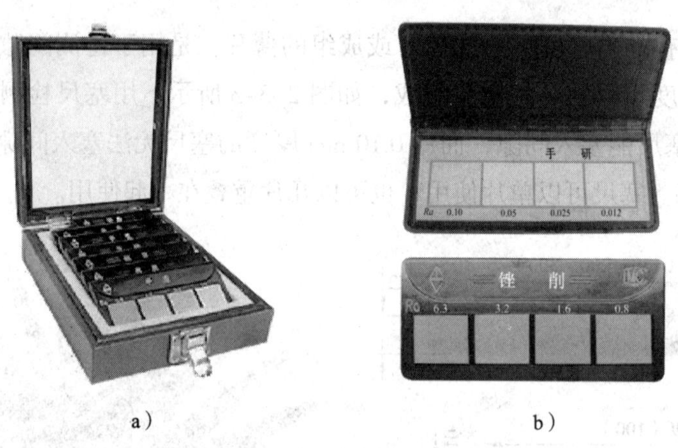

a） b）

图 2–3–5 表面粗糙度比较样块

a）组合式（研磨、外圆磨、平磨、车、刨、立铣和平铣） b）单组式（手研和锉削）

2. 表面粗糙度测量仪

随着制造技术的不断提高，人们对所加工的工件表面质量要求越来越高，当工件需要获得精确的表面粗糙度值时，常采用表面粗糙度测量仪进行测量，如图 2–3–6 所示。它具有体积小、测量精确、迅速、方便等特点，适用于生产现场、试验室、计量室等场合。

图 2–3–6 表面粗糙度测量仪

五、螺纹量规

螺纹量规如图 2–3–7 所示，有环规和塞规。环

规用于测量外螺纹，塞规用于测量内螺纹。在测量时，如果通端能过而止端不能过，则所加工的螺纹是合格的。

a）　　　　　　　　b）

图 2-3-7　螺纹量规

a）环规　b）塞规

根据本单元所介绍的常用量具使用方法，练习使用游标卡尺、千分尺、游标万能角度尺进行测量并读数。

第三单元
划　　线

课题一　平面划线

划线是指在毛坯或工件上，用划线工具划出待加工部位的轮廓线或作为基准的点、线。

平面划线指在工件的一个表面上划线后即能明确表示加工界线的划线方法。

一、划线的作用和要求

1. 划线的作用

（1）确定工件的加工余量，使机械加工有明确的尺寸界线。

（2）在板料上按划线下料，可做到正确排料。

（3）便于在机床上安装复杂工件，使其可以按划线找正定位。

（4）能够及时发现和处理不合格的毛坯，避免加工后造成损失。

（5）采用借料划线可以使误差不大的毛坯得到补救，使加工后的工件仍能符合要求。

2. 划线的要求

划线除要求划出的线条清晰、均匀外，最重要的是保证尺寸准确，划线精度一般为 0.25 ~ 0.5 mm。

二、划线基准的选择

1. 基准的概念

（1）基准是指用来确定其他点、线、面位置的点、线、面。

（2）设计基准指在零件图上用来确定其他点、线、面位置的基准，如图 3–1–1a 所示。

（3）划线基准是指在划线时选择工件上的某个点、线、面作为依据，用它来确定工件的各部分尺寸、几何形状及工件上各要素的相对位置，如图 3–1–1b 所示。

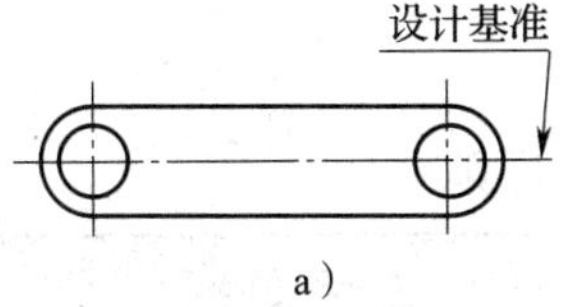

a）

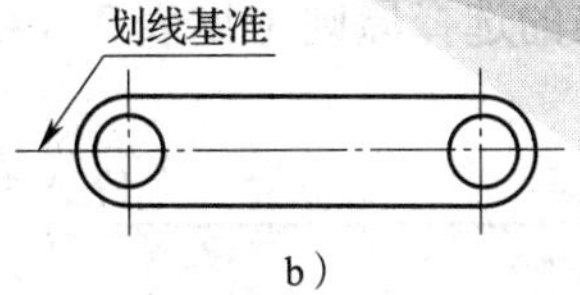

b）

图 3-1-1　设计基准与划线基准
a）设计基准　b）划线基准

2. 划线基准的常见类型（见表 3-1-1）

表 3-1-1　划线基准的常见类型

类型	图示
以两条中心线为基准	
以两个互相垂直的平面（或线）为基准	
以一个平面和一条中心线为基准	

3. 划线基准的选择原则（见表 3–1–2）

表 3–1–2　　　　　　　　　划线基准的选择原则

原则	图示及说明
划线基准应尽量与设计基准重合	划线基准 设计基准 $\phi 8$ R6 40 第一划线基准 第二划线基准 第一划线基准：选择 ϕ8 mm 孔的水平中心线，用来划出 $R6$ mm 圆的尺寸线 第二划线基准：选择 ϕ8 mm 孔的垂直中心线，用来划出 40 mm 的尺寸线
形状对称的工件，应以对称中心线为基准	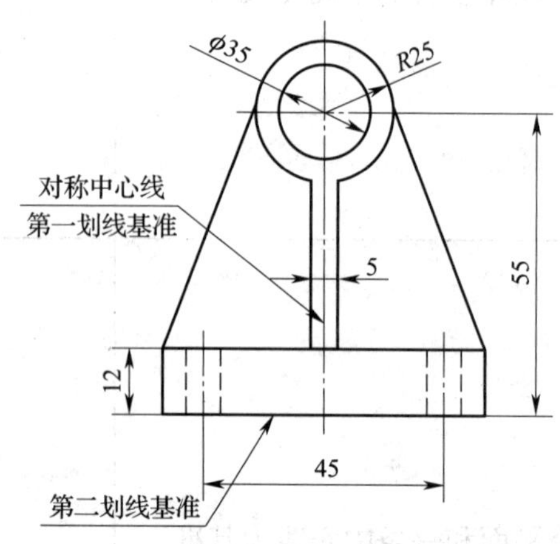 第一划线基准：选择工件的对称中心线，用来划出 5 mm、45 mm 的尺寸线 第二划线基准：选择工件的底平面，用来划出 55 mm 的尺寸线

续表

原则	图示及说明
有孔的工件，应以主要孔的中心线为基准	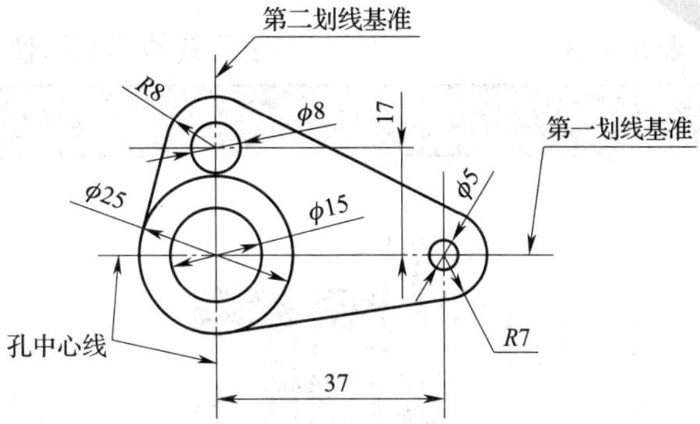 第一划线基准：选择 ϕ15 mm 孔的水平中心线，用来划出 17 mm 的尺寸线 第二划线基准：选择 ϕ15 mm 孔的垂直中心线，用来划出 37 mm 的尺寸线
在未加工的毛坯上划线，应以主要不加工面为基准	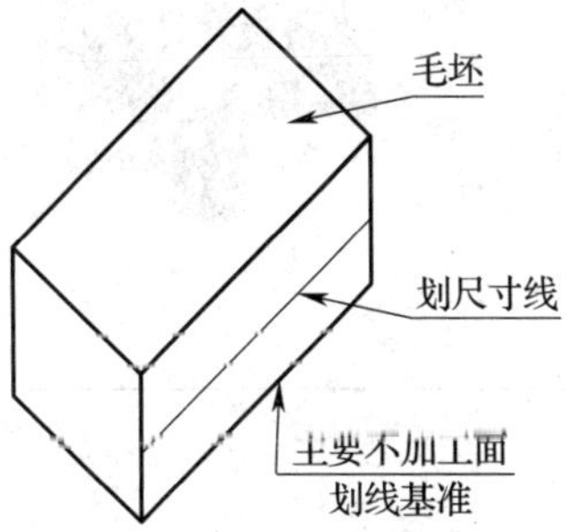
在已经加工过的表面上划线，应以已加工面为基准	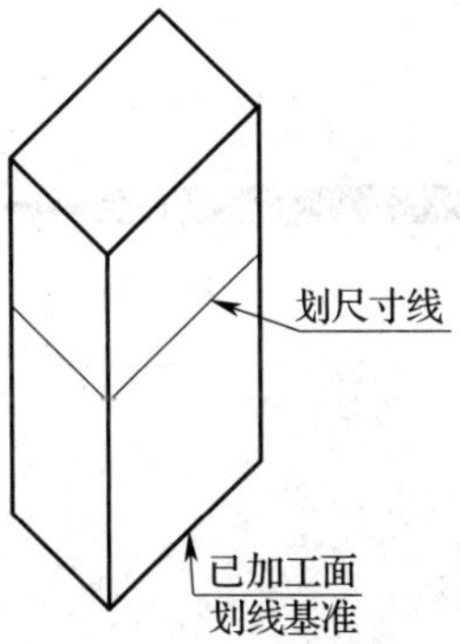

三、常用划线工具

划线所使用的工具主要有钢直尺、划针、平板、游标高度卡尺、划规、样冲。这些划线工具的作用和使用方法见表 3–1–3。

表 3–1–3　　　　　　　　划线工具的作用和使用方法

名称	图示	作用	使用方法
钢直尺	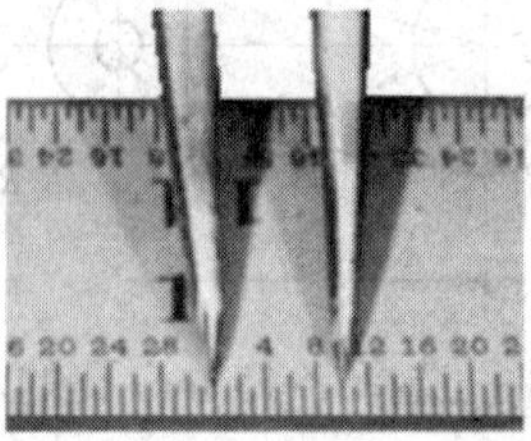 a） 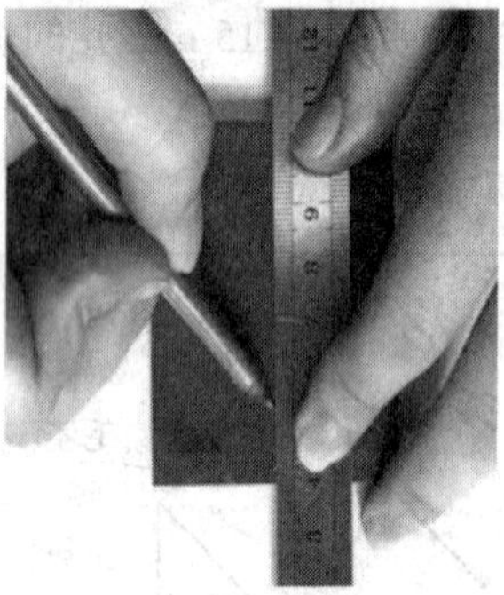b）	钢直尺主要用于量取尺寸（见图 a）及测量工件，并作为划直线的导向工具（见图 b）	用钢直尺连接两点划直线：先用钢直尺定好其中一点的划线位置，然后调整钢直尺与另一点的划线位置对准，再划出两点的连接直线
划针		用来在工件上划出线条	划针划线时，划针针尖要紧靠导向工具的边缘，上部向外侧倾斜 15°～20°，向划线移动方向倾斜 45°～75°。针尖要保持尖锐，划线要尽量做到一次划成，使划出的线条既清晰又准确

续表

名称	图示	作用	使用方法
平板		作为工件划线或检测时的基准平面	把划线工件放在平板上，并使工件的基准面与平板紧密接触
游标高度卡尺		用来在工件的高度方向上划出线条	把游标高度卡尺放在平板上校零，在尺身上找到要划线的尺寸，用量爪在工件上划线
划规		主要用来划圆和圆弧，等分线段、角度以及量取尺寸等	划圆：把划规一尖脚对准圆心处，再把另一尖脚张开至圆的半径处，圆心处的尖脚保持不动，划动另一尖脚

续表

名称	图示	作用	使用方法
样冲	 40°或60°	样冲用于在所划加工线条或圆弧中心上冲眼。它一般用工具钢制成，尖端处淬硬，顶角磨成 40° 或 60°（40° 用于加强界线标记，60° 用于钻孔时找正和定心）	冲眼方法通常是先将样冲外倾使尖端对准线的正中，然后将样冲立直冲眼 冲眼时，位置要准确，样冲眼不可偏离线条；在曲线上冲眼距离要小些，如直径小于 20 mm 的圆周线上应有 4 个样冲眼，而直径大于 20 mm 的圆周线上应有 8 个以上样冲眼；在直线上冲眼距离可大些，但短直线至少应有 3 个样冲眼；在线条的交叉转折处则必须冲眼。冲眼的深浅要掌握适当，在薄壁上或光滑表面上冲眼要浅，粗糙表面上要深些，精加工表面禁止冲眼

四、常用划线涂料

为了使划出的线条清晰，一般应在工件的划线部位薄而均匀地涂上一层涂料。常用的划线涂料见表 3-1-4。

表 3–1–4　　常用的划线涂料

名称	配制方法	应用
石灰水	石灰水加适量牛皮胶	用于铸件、锻件等表面较为粗糙的毛坯（白底黑线）
划线蓝油	2% ~ 4% 龙胆紫加 3% ~ 5% 虫胶漆和 91% ~ 95% 酒精混合而成	用于已加工表面或黄铜等有色金属（蓝底白线）

五、基本划线方法

1. 游标高度卡尺的划线方法

（1）游标高度卡尺

游标高度卡尺是精确的量具及划线工具，不仅可用其测量高度，还可用它直接划线。其读数精度为 0.02 mm，划线精度可达 0.1 mm 左右，一般用于半成品件的划线，不允许用于毛坯件的划线，若在毛坯件上划线，容易碰坏其硬质合金划线量爪。

游标高度卡尺的结构如图 3–1–2 所示。

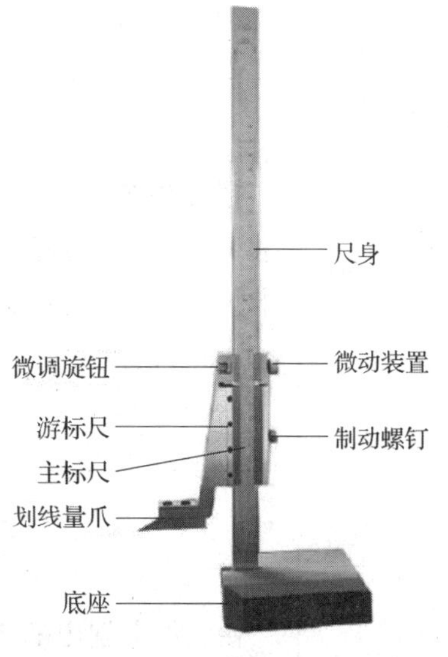

图 3–1–2　游标高度卡尺的结构

（2）划线方法

以划出 30.5 mm 尺寸线为例，游标高度卡尺的划线方法见表 3–1–5。

表 3–1–5　　游标高度卡尺的划线方法

序号	步骤	图示
1	在平板上校对游标高度卡尺的零位	
2	找到尺身上的 30 mm，并拧紧微动装置旋钮	

续表

序号	步骤	图示
3	转动微调旋钮调整至尺寸 30.5 mm，并拧紧制动螺钉	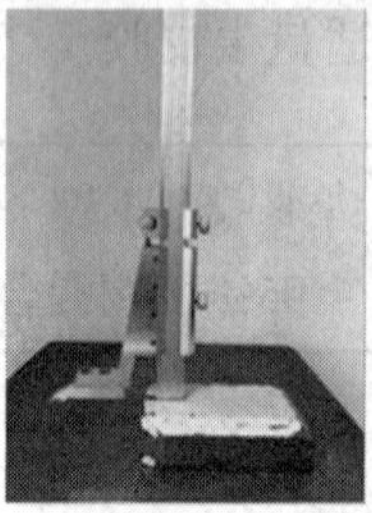 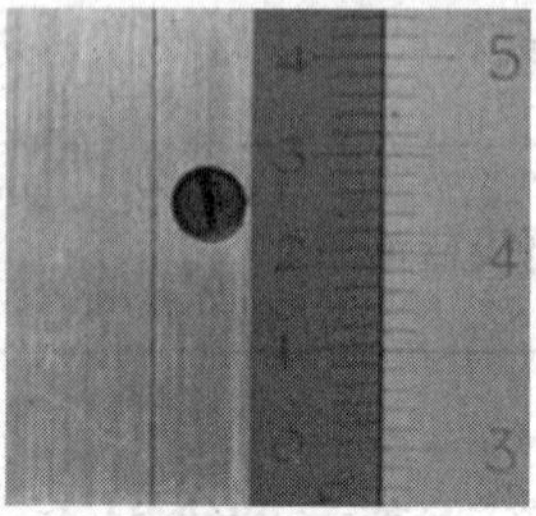
4	把工件放在平板上并贴紧 V 形架，用游标高度卡尺划线量爪的尖角划出 30.5 mm 的尺寸线	
5	在工件上划出的 30.5 mm 的尺寸线	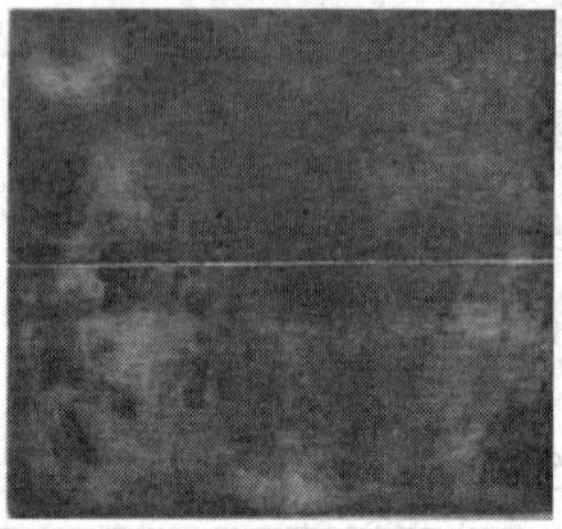

2. 分度头等分圆周划法

分度头是铣床上等分圆周用的附件，钳工在划线时也常用分度头对工件进行分度和划线。利用分度头可在工件上划出水平线、垂直线、倾斜线和圆的等分线或不等分线。分度头的外部结构如图 3–1–3a 所示。

（1）主要规格

分度头的主要规格以顶尖（主轴）中心线到底面的高度（mm）表示。常用的分度头有 FW100 型、FW125 型、FW160 型等。

（2）传动系统

分度头的传动系统如图 3–1–3b 所示。分度前应先将分度盘 10 固定（使之不能转动），再调整定位插销 11，使它对准所选分度盘的孔圈。分度时先拔出定位插销，转动手柄 12，经各传动机构带动主轴转至所需要分度的位置，然后将定位插销重新插入分度盘中。

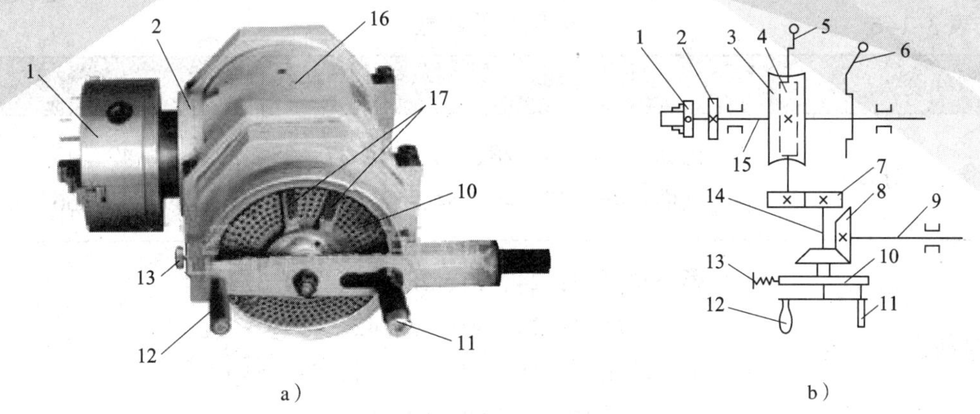

图 3–1–3　分度头的外部结构及传动系统

a）外部结构　b）传动系统

1—卡盘　2—刻度盘　3—蜗轮（z=40）　4—单头蜗杆　5—蜗杆脱落手柄
6—主轴锁紧手柄　7—圆柱齿轮传动副（1∶1）　8—圆锥齿轮传动副（1∶1）　9—挂轮轴　10—分度盘
11—定位插销　12—手柄　13—分度盘锁紧螺钉　14—传动轴　15—主轴　16—回转体　17—分度叉

（3）分度原理

当手柄转一周时，单头蜗杆也转一周，与蜗杆啮合的 40 齿的蜗轮转过一个齿，即转 1/40 周，被卡盘夹持的工件也转 1/40 周。如果将工件 z 等分，即每次主轴应转 $1/z$ 周，手柄每次分度应转过的圈数为

$$n=\frac{40}{z}$$

式中　n——工件转过每一等份时分度头手柄转过的圈数；

z——工件的等分数。

有时，由工件等分数计算出来的手柄转数不是整数。例如，要把一圆周 12 等分，手柄转过的圈数 $n=\frac{40}{12}=3\frac{1}{3}$，这时就要利用分度盘，根据表 3–1–6 所列分度盘各孔圈的孔数，将$\frac{1}{3}$的分子、分母同时扩大相同的倍数，使扩大后的分母数等于某一孔圈的孔数，而扩大后的分子数就是手柄转过的孔距数。根据表 3–1–6，若将$\frac{1}{3}$分母、分子同时扩大相同的倍数，则分度手柄的转数有 $n=\frac{40}{12}=3\frac{1}{3}=3\frac{8}{24}=3\frac{10}{30}=3\frac{14}{42}=3\frac{17}{51}=3\frac{18}{54}=3\frac{19}{57}=3\frac{22}{66}$等多种选择。一般情况下，应尽可能选用孔数较多的孔圈，因为孔圈的孔数越多，分度误差越小。

表 3-1-6　　分度盘的孔数

分度头形式	分度盘的孔数
带一块分度盘	正面：24、25、28、30、34、37、38、39、41、42、43 反面：46、47、49、51、53、54、57、58、59、62、66
带两块分度盘	第一块正面：24、25、28、30、34、37 反面：38、39、41、42、43 第二块正面：46、47、49、51、53、54 反面：57、58、59、62、66

例　在工件某一圆周上划出均匀分布的 12 个孔，试求每划完一个孔的位置后，手柄应转过多少转？

解　由 $n=\frac{40}{z}$ 得

$$n=\frac{40}{z}=\frac{40}{12}=3\frac{1}{3}$$

整数部分保留不动，将分数部分分子、分母同时扩大相应倍数，并使扩大后的分母数等于分度盘上的某一个孔数，则

$$n=3\frac{1}{3}=3\frac{10}{30}$$

因此，每划完一个孔的位置以后，分度手柄应在 30 孔的孔圈上转 3 转后再转过 10 个孔距才能划下一个孔的位置。

（4）分度头使用注意事项

1）用分度头分度时，为使分度准确而迅速，避免每分度一次要数一次孔距数，可利用分度叉进行计数，即分度时先根据计算的孔距数调整好分度叉，在每次转动手柄前，应拨动调整好的分度叉到达定位插销的初始位置。

2）为了消除分度头中蜗杆与蜗轮或齿轮之间的间隙对分度产生的影响，手柄必须朝一个方向摇动，如发现已摇过了预定的孔位，则应反向摇过半圈后再重新摇到预定的孔位，并把定位插销插入孔内。

3）对于分度精度要求不高的工件，可利用装在主轴上的刻度盘直接分度。

课题二 立体划线

在工件上几个互成不同角度（通常是互相垂直）的表面上划线才能明确表示加工界线的划线方法称为立体划线，如图 3–2–1 所示。

一、立体划线的作用

立体划线在很多情况下是对铸、锻毛坯划线。各种铸、锻毛坯在前期加工中，由于种种原因形成形状歪斜、偏心、各部分壁厚不均匀等缺陷。当形状误差、位置误差不大时，可以通过划线找正和借料的方法来补救。

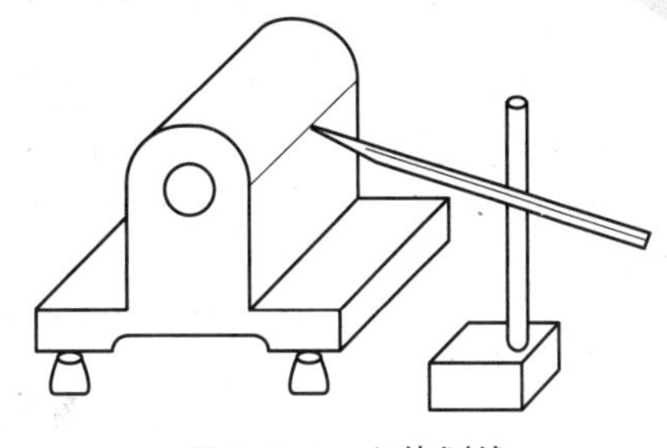

图 3–2–1 立体划线

二、立体划线时的找正和借料

1. 找正

找正就是利用工具和仪表（如划线盘、角尺、单脚规等）根据工件上有关基准，找出工件在划线时的正确位置，使各表面的加工余量得到合理分配。

（1）找正基准的确定

为了使工件在平板上处于正确的位置，必须确定好找正基准，一般的选择原则如下：

1）选择工件上与加工部分有关而且比较直观的面（如凸台、对称中心和非加工的自由表面等）作为找正基准，使非加工面与加工面之间厚度均匀，并使其形状误差反映在次要部位或不显著部位。

2）选择有装配关系的非加工部位作为找正基准，以保证工件经划线和加工后能顺利进行装配。

3）在多数情况下，还必须有一个与平板垂直或倾斜的找正基准，以保证该位置上的非加工面与加工面之间的厚度均匀。

（2）找正时的注意事项

1）毛坯上有不加工表面时，应按不加工表面找正后再划线，这样可使加工表面和不加工表面之间保持尺寸均匀。

图 3–2–2 所示的轴承座毛坯，内孔和外圆不同心，底面和上平面 A 不平行，划线前应找正。在划内孔加工线之前，应先以外圆为找正依据，用单脚规找正其中心，然后按找出的中心划出内孔的加工线。这样，内孔和外圆就可达到同心要求。在划轴承座底面之前，同样应以上平面（不加工表面 A）为依据，用划线盘找正 A 面与平板基本平行，然后划出底面加工线。这样底座各处的厚度就比较均匀。

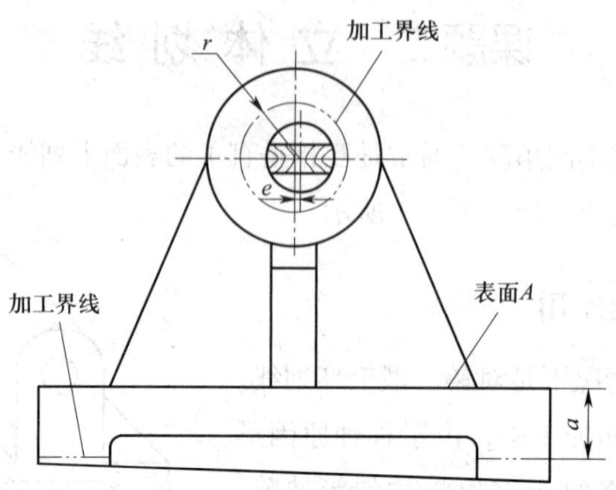

图 3-2-2　轴承座毛坯的找正

2）工件上有两个以上不加工表面时，应选重要的或较大的不加工表面为找正依据，兼顾其他不加工表面，这样可使划线后的加工表面与不加工表面之间尺寸比较均匀，而误差集中到次要或不明显的部位。

3）工件上没有不加工表面时，可通过对各需要加工的表面自身位置找正后再划线。这样可使各加工表面的加工余量均匀，避免加工余量相差悬殊。

由于毛坯各表面的误差和工件结构形状不同，划线时的找正要按工件的实际情况进行。

2. 借料

当工件尺寸、形状、位置上的误差和缺陷难以用找正划线方法补救时，就需要利用借料的方法来解决。借料就是通过试划和调整，将各加工表面的加工余量互相借用，合理分配，从而保证各加工表面都有足够的加工余量，而使误差和缺陷在加工后排除。借料划线时，应首先测量出工件的误差程度，确定借料的方向和大小，然后从基准开始逐一划线。若发现某一加工面的余量不足，应再次借料，重新划线，直至各加工表面都有允许的最小加工余量为止。图 3-2-3 所示是内孔、外圆偏心量较大的锻件毛坯。当不顾及内孔而先划外圆再划内孔时，加工余量不足（见图 3-2-3a）；如果不考虑外圆先划内孔，则划外圆时加工余量仍然不足（见图 3-2-3b）；只有内孔、外圆同时考虑，相互借用，才能保证内孔、外圆均有足够的加工余量（见图 3-2-3c）。

（1）借料步骤

1）测量工件各部分尺寸，找出偏移的位置和测出偏移量的大小。

2）合理分配各部位加工余量，根据工件的偏移方向和偏移量，确定借料的方向和大小，划出基准线。

3）以基准线为依据，按图样要求，依次划出其余各线。

4）检查各加工表面的加工余量，如果发现有余量不足的现象，应调整借料方向和大小，重新划线。

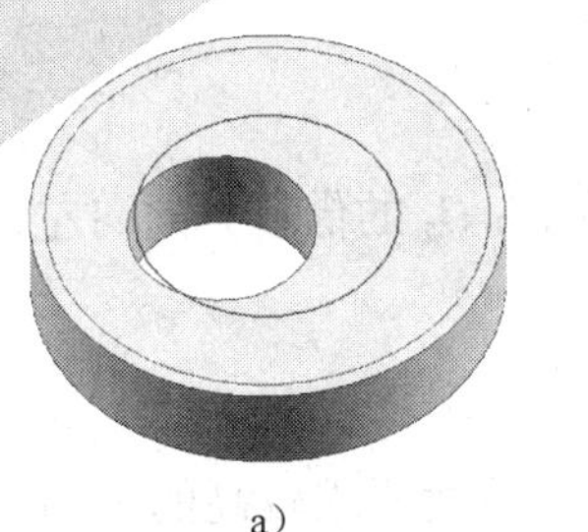

a)

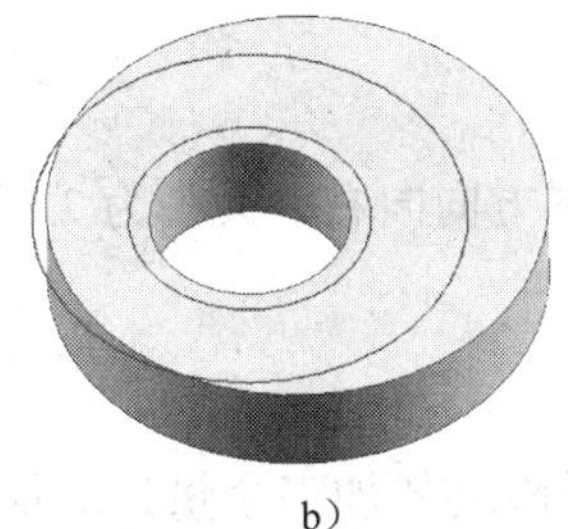

b)

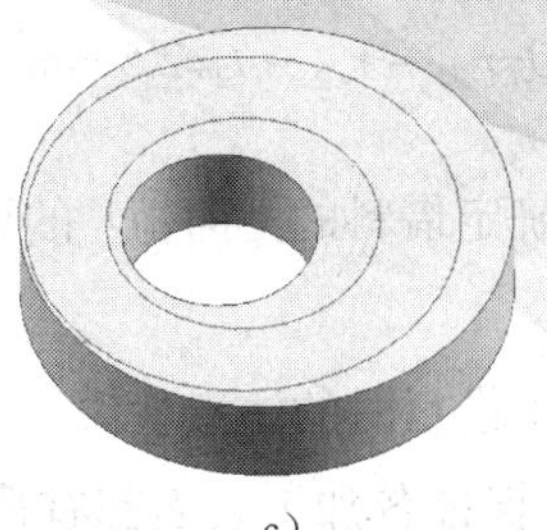

c)

图 3-2-3　圆环的借料划线

a）以外圆找正　b）以内孔找正　c）借料划线

例　现有一套筒的锻造毛坯如图 3-2-4 所示，要求其内、外圆都要加工，加工后内孔为 ϕ32 mm，外圆为 ϕ62 mm，试确定其借料的大小和方向。

解　①根据图样的加工要求，确定借料的中心为 O_1O_2 中心距之间的任意一点 O，并作出假设的借料图，如图 3-2-5 所示。

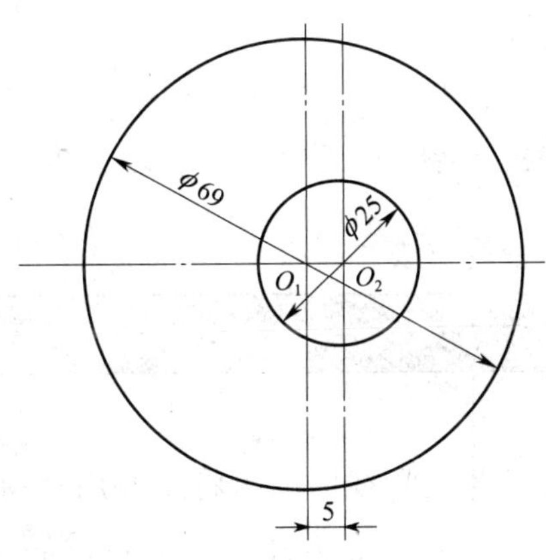

图 3-2-4　套筒的锻造毛坯

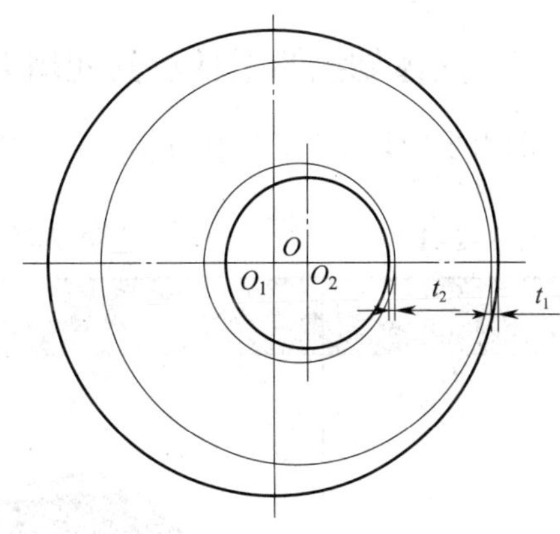

图 3-2-5　假设的借料图

② O_1 为毛坯外圆中心，O_2 为毛坯内孔中心，O 为借料中心，t_1 为毛坯外圆最小加工余量，t_2 为内孔最小加工余量。

③假设毛坯外圆和毛坯内孔在加工时 t_1=t_2，则：

$$t_1+t_2=\left(R_{毛}-O_1O_2-r_{毛}\right)-\left(R_{加}-r_{加}\right)=2\ \text{mm}$$

因为 t_1=t_2，所以 $t_1=t_2=\dfrac{t_1+t_2}{2}=1\ \text{mm}$

④根据 t_1、t_2 的大小，求出 O_1O 和 O_2O 的大小：

$$O_1O=R_{毛}-R_{加}-t_1=2.5\ \text{mm}$$

$O_2O=r_{加}-r_{毛}-t_2=2.5$ mm

⑤确定借料的方向：O_1 的借料方向向右，大小为 2.5 mm；O_2 的借料方向向左，大小为 2.5 mm。

（2）借料时的注意事项

1）保证各加工表面都有最低限度的加工余量，对加工精度要求较高的表面，应保证其有足够的加工余量。

2）应考虑到加工表面与非加工表面之间的相对位置。对一些运动零件要保证它的运动极限位置与非加工表面之间的最小间隙。

3）尽可能保证加工后工件外观匀称美观。

应该指出，在加工过程中，划线时的找正和借料这两项工作是密切结合进行的，找正和借料必须相互兼顾，使各方面都满足要求，如果只考虑一方面而忽略了另一方面是不能做好划线工作的。

三、立体划线的工具及其使用方法

常用的立体划线工具有方箱、V 形架、直角铁、垫铁和千斤顶等，见表 3–2–1。

表 3–2–1　　立体划线工具及其使用方法

名称	图示	使用方法
方箱		划线时，可将工件用夹持装置装夹在方箱上，通过翻转方箱，便可在一次安装的情况下，将工件上互相垂直的三个方向的线全部划出来。方箱上的 V 形槽可用于装夹圆柱形工件
V 形架		用来安放圆柱形工件，划出中心线，找出中心等

续表

名称		图示	使用方法
直角铁			可将工件装夹在直角铁的垂直面上进行划线。装夹时，可用C形夹头或压板
垫铁			用来支承、垫平和升高毛坯工件，只能做少量的高低调节
千斤顶	锥顶千斤顶		通常是三个一组，用于支承不规则的工件，其支承高度可做一定的调整
	带V形槽千斤顶	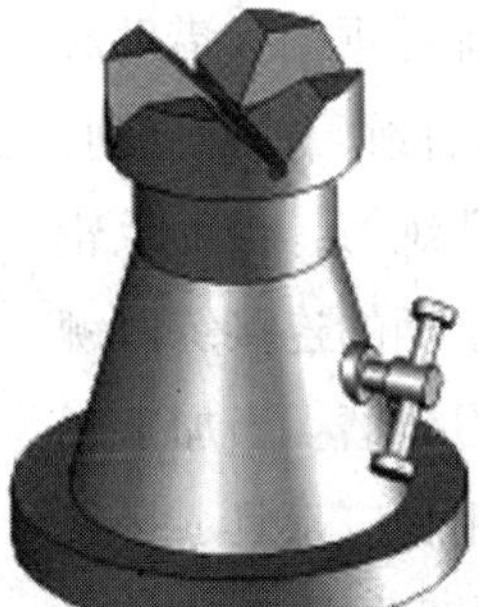	用于支承工件的圆柱面

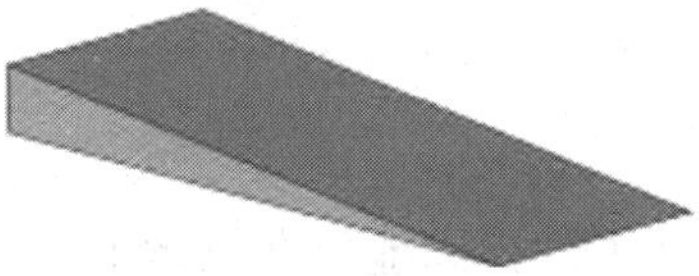

四、划线位置的选择原则

尺寸基准选定后，根据划线内容，首先应合理选择第一划线位置，以提高划线质量和简化划线过程。第一划线位置的选择一般有以下几项原则：

1. 尽量选择划线面积较大的位置作为第一划线位置。

2. 应选择精度要求较高的表面或主要加工表面的加工线作为第一划线位置。其目的是保证它们有足够的余量，经过加工后便于达到设计要求。

3. 应尽量选择复杂表面上需划线较多的一个位置作为第一划线位置，这样既能保证划线质量，提高工作效率，又便于校正。

4. 应尽量选择工件上平行于平板工作面的主要中心线或平行于平板工作面的加工线作为第一划线位置，这样可以简化划线过程，提高划线质量。

五、划线时的注意事项

1. 工件应在支承处打好样冲眼，使工件稳固地放在支承上，防止倾倒；对较大的工件，应加附加支承，使安放稳定、可靠。

2. 在对较大工件的划线必须使用吊车吊运时，绳索应安全、可靠，吊装的方法应正确。

3. 大型工件放在平板上使用千斤顶顶住时，应在工件下面垫上木块，以保证安全。

4. 调整千斤顶的高低时，不可用手直接调节，以防止工件掉下砸伤手。

技能训练

本书后续章节“技能训练”模块以小型手动冲床（见图 3–2–6）典型零件的制作作为钳工基本操作技能训练的内容。借助小型手动冲床的连杆零件让学生练习划线操作，借助底板零件练习直槽錾削，借助滑块零件练习锯削，借助底板零件的大平面练习锉削平面，借助连杆零件练习曲面锉削，借助盖板零件进行钻孔、扩孔、锪孔和铰孔练习，借助手轮及手轮轴练习加工内外螺纹，借助手轮与手柄的连接练习铆接，借助冲头与滑块配合面的精度要求练习研磨。当加工好所有零件后，按照本书介绍的装配工艺使用相应工具、量具等进行装配与调试，让小型手动冲床实现预期功能。

图 3–2–6　小型手动冲床

连杆的划线

一、图样（见图 3–2–7）

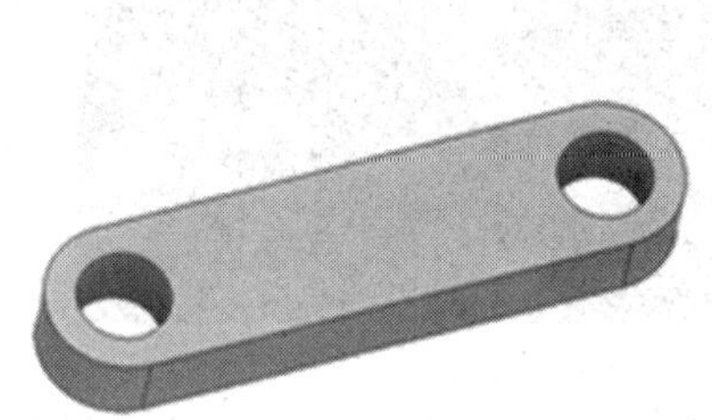

a）

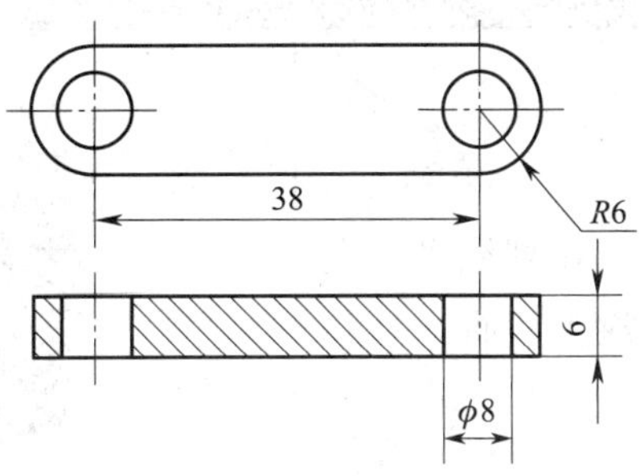

b）

图 3–2–7　连杆

a）立体图　b）零件图

二、工量具、设备及材料（见表 3–2–2）

表 3–2–2　工量具、设备及材料

名称	规格	件数	名称	规格	件数
钢直尺	0 ~ 150 mm	1	平板	500 mm × 500 mm	1
划针	ϕ3 ~ 5 mm	1	样冲	顶角为 60°	1
划规	长度（L）：100 mm	1	锤子	0.45 kg	1
蓝油		若干	毛坯	45 钢 60 mm × 20 mm × 6 mm	1
钢印	0 ~ 8 数字	1			

三、划线步骤（见表 3-2-3）

表 3-2-3　　连杆划线步骤

序号	步骤	图示
1	在划线平面上涂上蓝油	
2	在划线平面上划出两个 ϕ8 mm 孔的中心线	
3	在两个 ϕ8 mm 孔中心处打上样冲眼	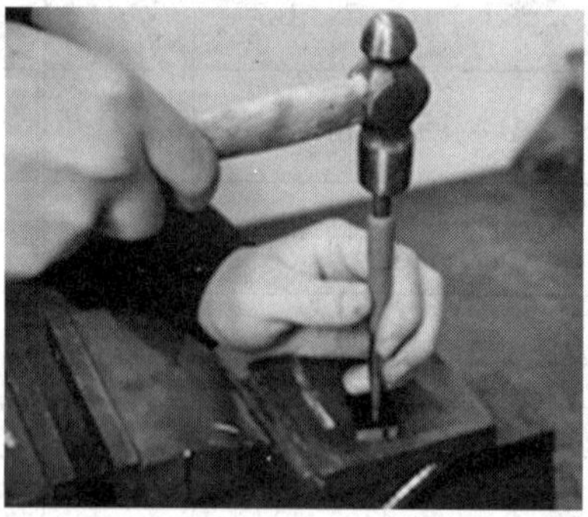
4	用划规划出两个 R6 mm 外圆的轮廓线	

续表

序号	步骤	图示
5	用划规划出两个 ϕ8 mm孔的轮廓线	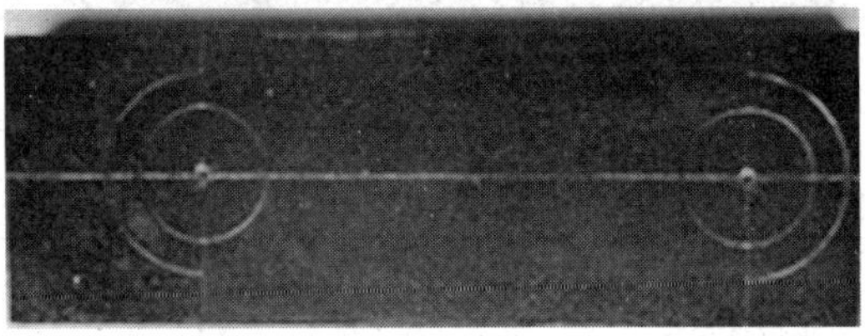
6	用划针、钢直尺划出两个 R6 mm外圆的外切连接线	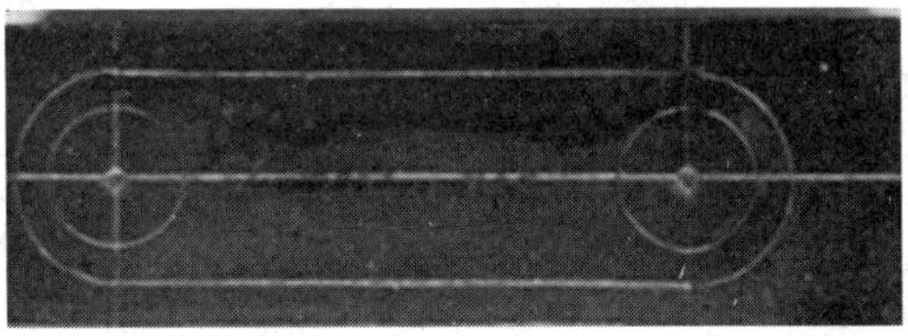
7	检查划线尺寸是否正确	
8	在工件上打上学号	

四、质量评价（见表 3–2–4）

表 3–2–4　　连杆划线质量评价表

序号	图样要求	配分	检测结果	得分
1	图形线条清晰，无重线	10 分		
2	尺寸及线条位置正确	10 分		
3	冲眼位置正确	10 分		
4	各圆弧连接圆滑	20 分		
5	选择及使用工具正确	20 分		
6	划线操作方法正确	20 分		
7	安全文明生产	10 分		

第四单元
錾削与锯削

课题一　錾　　削

用锤子打击錾子对金属工件进行切削加工的方法称为錾削。錾削是钳工一项较为重要的基本操作。

一、錾削的应用

錾削是一种粗加工，目前主要用于不便采用机床加工或机床加工不经济的场合。通过錾削训练，可以提高锤击的准确性，为机构的装拆或其他敲击性工作做好准备。錾削的应用见表 4–1–1。

表 4–1–1　　錾削的应用

应用	图示
去除毛坯上的凸缘、毛刺	
分割材料	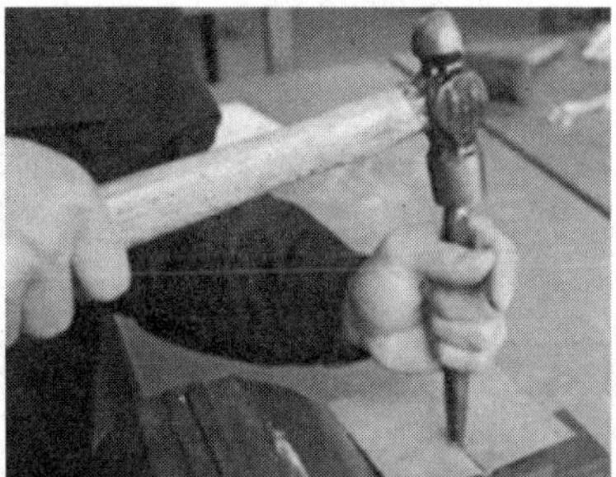

续表

应用	图示
錾削平面	
錾削沟槽	

二、錾削工具

1. 錾子

（1）錾子的结构

錾子由头部、切削部分以及錾身三部分组成，如图 4–1–1 所示。头部顶端略呈球形，以便锤击时作用力容易通过錾子的中心线；錾身多呈八棱形，以防錾削时錾子转动；切削部分刃磨成楔形。

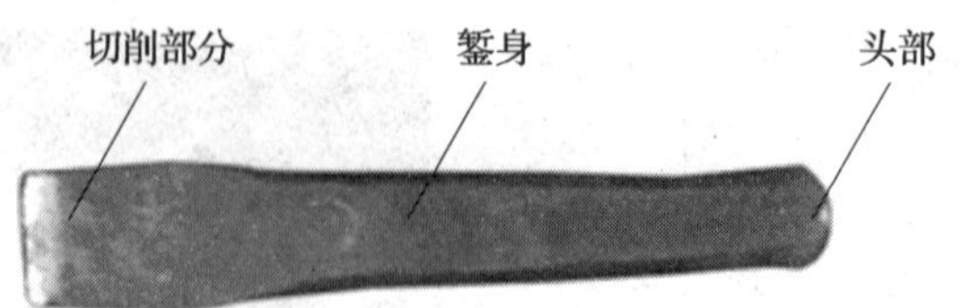

图 4–1–1　錾子的结构

（2）常用的錾子

常用的錾子有扁錾、尖錾和油槽錾，见表 4–1–2。

表 4-1-2　　常用的錾子

名称	图示	特征	用途
扁錾		切削部分扁平，刃口略带弧形	主要用来錾削平面、去毛刺和分割板材等
尖錾		切削刃两侧面略带倒锥，以防錾削沟槽时錾子被槽卡住	主要用于錾削沟槽和分割曲线形板材
油槽錾		切削刃较短并呈圆弧形，且与油槽截面一致。切削部分制成弯曲状	主要用于在内曲面上（如轴瓦）錾削油槽

2. 锤子

钳工常用的锤子（圆头锤）又称榔头，它由锤体、锤柄和倒楔等组成，如图 4-1-2 所示。锤体通常用碳素工具钢锻成，并经淬硬处理。锤柄用硬而不脆的木材制成，截面为椭圆形，以便锤体定向，准确敲击。锤柄装入锤孔后，打入倒楔，以防锤体脱落。锤子的规格用锤体的质量来表示，常用的有 0.22 kg、0.34 kg、0.45 kg、0.68 kg 和 0.91 kg 等。

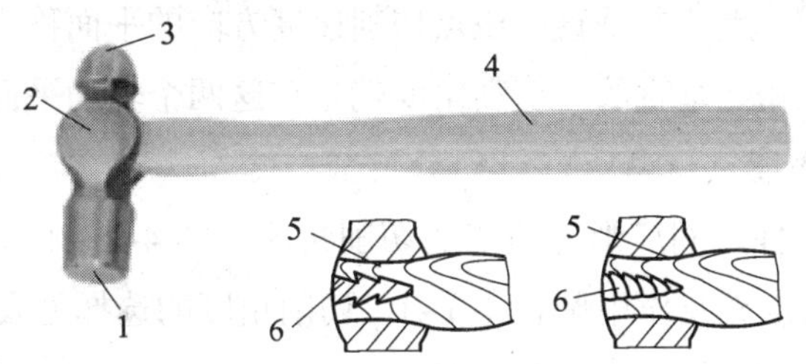

图 4-1-2　锤子的结构

1—锤击面　2—锤体　3—锤顶　4—锤柄　5—锤孔　6—倒楔

三、錾削切削原理

1. 錾削时形成的表面

錾削过程中，工件上形成三个表面，如图 4-1-3a 所示。

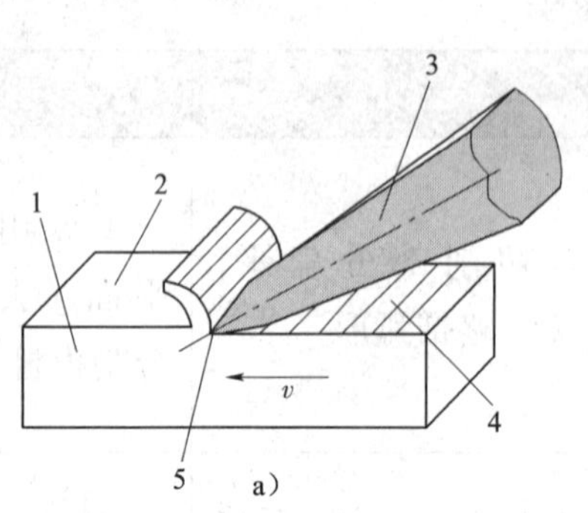

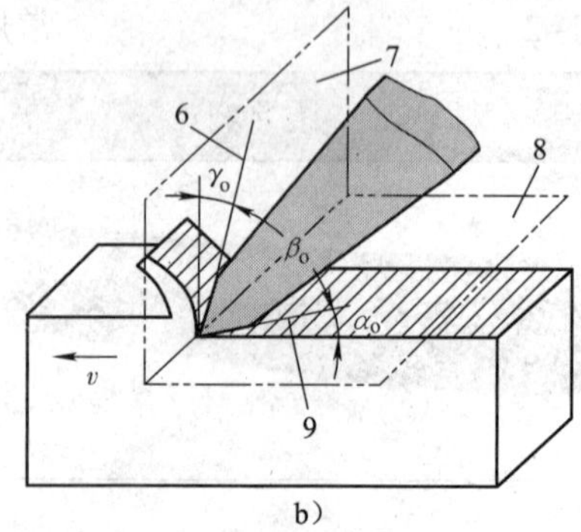

图 4–1–3　錾削时工件上形成的表面

a）錾削加工形成的表面　b）錾削时形成的角度

1—工件　2—待加工表面　3—錾子　4—已加工表面　5—过渡表面　6—前面　7—基面　8—切削平面　9—后面

（1）待加工表面

工件上即将被切去金属层的表面称为待加工表面。

（2）过渡表面

工件上正在被切削的表面称为过渡表面。

（3）已加工表面

工件上已经被切去金属层的表面称为已加工表面。

2. 确定切削角度的辅助平面

辅助平面是确定錾削时的几何角度的平面，如图 4–1–3b 所示。

（1）切削平面

通过主切削刃上任一点，与工件过渡表面相切的平面称为切削平面。

（2）基面

通过主切削刃上任一点，并垂直于该点切削速度方向的平面称为基面。

这两个辅助平面是相互垂直的，切削角度就是在这两个辅助平面内测量的。

3. 錾削时的切削角度

錾削时，錾子与工件之间应形成适当的切削角度，图 4–1–3b 所示为錾削平面时的情况。錾削时切削角度的定义及作用见表 4–1–3，切削角度的选择见表 4–1–4。

表 4–1–3　　　　錾削时切削角度的定义及作用

切削角度	定义	作用
楔角 β_o	錾子前面与后面之间的夹角，如图 4–1–3b 所示	楔角由刃磨形成，其大小对切削性能有直接影响。楔角小，錾削省力，但刃口薄弱，容易崩损；楔角大，錾削费力，錾削表面不易平整。通常根据工件材料的软硬选取楔角的大小

续表

切削角度	定义	作用
后角 α_o	錾子后面与切削平面之间的夹角，如图 4–1–3b 所示	后角大小取决于錾子被握持的方向，其作用是减小后面与切削表面之间的摩擦，使錾子容易切入材料。后角太大会使錾子切入过深，錾削困难；后角太小，易使錾子从切削表面滑出
前角 γ_o	錾子前面与基面之间的夹角，如图 4–1–3b 所示	前角的作用是减小錾削时的切屑变形。前角越大，切屑变形越小，切削越省力

表 4–1–4　　　　錾削时切削角度的选择

工件材料	楔角 β_o	后角 α_o	前角 γ_o
工具钢、铸铁等硬材料	60° ~ 70°	5° ~ 8°	γ_o=90°−（β_o+α_o）
结构钢等中等硬度材料	50° ~ 60°		
铜、铝、锡等软材料	30° ~ 50°		

四、錾削操作要领

1. 锤子的握法（见表 4–1–5）

表 4–1–5　　　　锤子的握法

方法	图示	说明
紧握法	15~30	用右手五指紧握锤柄，拇指合在食指上，虎口对准锤体方向，锤柄尾端露出 15 ~ 30 mm。在挥锤和锤击过程中，五指始终紧握锤柄

续表

方法	图示	说明
松握法		只用拇指和食指始终握紧锤柄。在挥锤时，小指、无名指、中指依次微放松；在锤击时，又以相反的次序收拢握紧

2. 錾子的握法（见表 4–1–6）

表 4–1–6　　　　錾子的握法

方法	图示	说明
正握法		手心向下，腕部伸直，用左手的中指、无名指握住錾子，小指自然合拢，食指和拇指自然地松靠，錾子头部伸出约 20 mm
反握法		手心向上，手指自然捏住錾子，手掌悬空

3. 錾削的站立姿势

錾削操作时的站立姿势如图 4–1–4 所示。左脚跨前半步，与台虎钳中心线约成 30° 角，膝盖处略有弯曲，保持自然；右脚站稳伸直，与台虎钳中心线约成 75° 角。操作者身体与台虎钳中心线大致成 45°，重心偏于左脚。

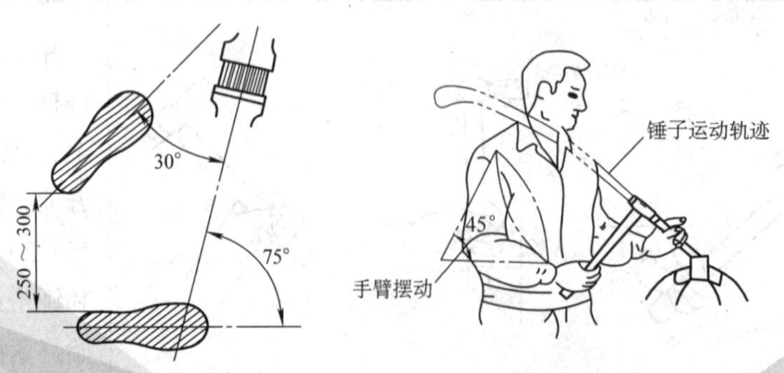

图 4–1–4　錾削操作时的站立姿势

4. 挥锤方法（见表 4–1–7）

表 4–1–7　　挥锤方法

方法	图示	说明
腕挥	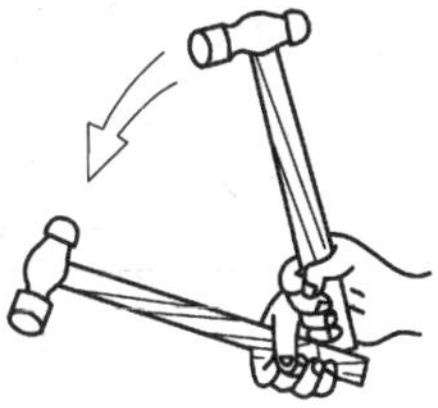	只做手腕的挥动，敲击力较小，一般用于錾削的开始和结尾时
肘挥	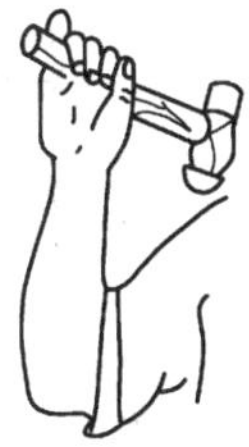	手腕和肘部一起挥动，敲击力较大，运用最广泛
臂挥	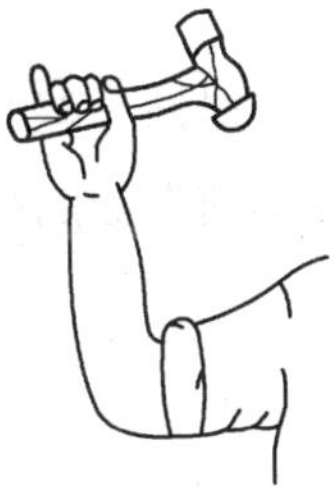	手腕、肘部和全臂一起挥动，敲击力最大

5. 锤击要领

（1）挥锤：肘收臂提，举锤过肩；手腕后弓，三指微松；锤面朝天，稍停瞬间。

（2）锤击：目视錾刃，臂肘齐下；收紧三指，手腕加劲；锤錾一线，锤走弧线；左脚着力，右腿伸直。

（3）錾削时的锤击要稳、准、狠，动作要一下一下有节奏地进行，一般在肘挥时约 40 次 /min，腕挥时约 50 次 /min。

五、錾削方法

1. 平面錾削

（1）起錾

錾削时的起錾方法有斜角起錾和正面起錾两种。

1）斜角起錾。起錾时，一般都应从工件的边缘尖角处着手，称为斜角起錾，如

图 4–1–5a 所示，从尖角处起錾时，錾子的切削刃先抵紧工件尖角，然后将錾子头部略向下倾斜，由于切削刃与工件的接触面小，故阻力小，只需轻敲，錾子即能切入材料。

2）正面起錾。当需要从工件的中间部位起錾时，錾子的切削刃应抵紧起錾部位，錾子头部向下倾斜，錾子与工件起錾端面基本垂直，然后轻敲錾子即可顺利起錾，这种起錾方法称为正面起錾，如图 4–1–5b 所示。

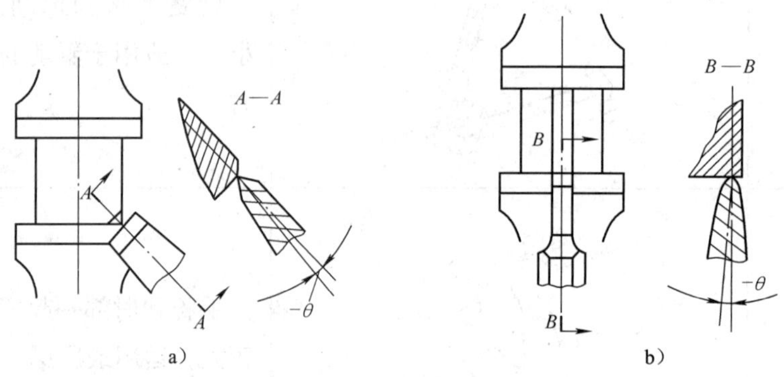

图 4–1–5　起錾方法
a）斜角起錾　b）正面起錾

（2）錾削动作

錾削过程中，一般每錾削两三次后，可将錾子退回一些，做一次短暂的停顿，然后将刃口抵住錾削处继续錾削。这样，既可随时观察錾削表面的平整情况，又可使手臂肌肉得到有节奏的放松。

（3）尽头部位的錾削方法

在一般情况下，当錾削至距尽头 10 ~ 15 mm 时，必须掉头錾去余下的部分，如图 4–1–6 所示。当錾削脆性材料时更应该注意，否则尽头部位部分材料会产生崩裂现象，造成废品。

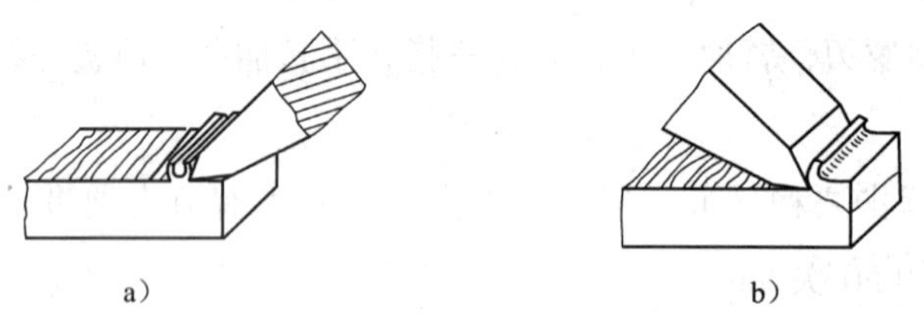

图 4–1–6　尽头部位錾削
a）正确　b）错误

2. 槽的錾削

（1）直槽錾削

1）錾削方法。直槽的錾削方法如图 4–1–7 所示。錾削直槽时，先根据图样要求划出加工线，并根据直槽宽度修磨好尖錾，采用正面起錾的方法，采用腕挥的挥锤方法，挥锤

用力大小要适当，防止錾子刃端崩裂。同时，用力轻重应一致，以保证槽底平整。

2）錾削量的确定

①开始第一遍錾削时，要根据线条（以一条线为依据）将槽的方向錾直，錾削量一般不超过 0.5 mm。

②以后每次的錾削量应根据槽深的不同而定，一般在 1 mm 左右。

③最后一遍錾削主要是保证加工质量，錾削量应控制在 0.5 mm 以内。

（2）油槽錾削

1）油槽的作用和加工要求。油槽的作用是向运动机件的摩擦部位输送润滑油并储存润滑油，因此油槽必须和机件的润滑油通道相连，槽形粗细均匀、深浅一致，槽面光洁圆滑。

2）錾削方法。如图 4–1–8 所示，根据油槽的位置尺寸划线，可按油槽的宽度画两条线，也可只划一条中心线，选宽度与油槽宽度相同的油槽錾。在平面上錾削油槽时，起錾时錾子要慢慢地切入，直至所要求的尺寸，錾到尽头时刃口必须慢慢翘起，保证槽底圆滑过渡。在曲面上錾削油槽时，錾子的切削情况应随着曲面而变动，使錾削时的后角保持不变。油槽錾好后，再修去槽边的毛刺。

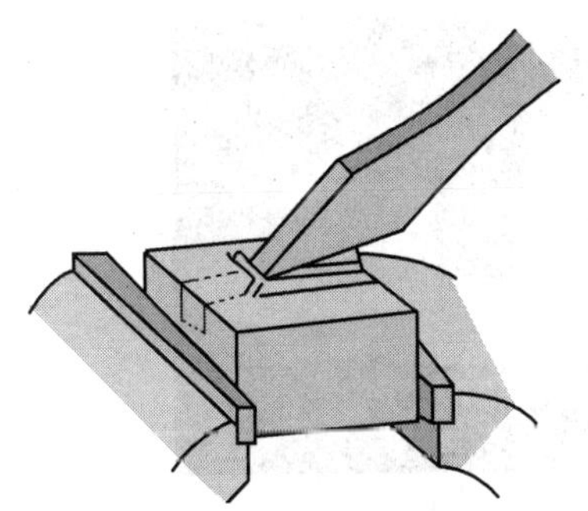

图 4–1–7 直槽的錾削方法

图 4–1–8 油槽的錾削方法

3. 錾切板料

（1）在台虎钳上錾切

切断薄板料时，可将其夹在台虎钳上錾切。如图 4–1–9 所示，将薄板料按划线夹成与钳口平齐，用阔錾沿着钳口并斜对着板料（约成 45° 角）自右向左錾切。注意：錾切线要与钳口夹平齐，且要夹持牢固；錾子的后面部分要与钳口平面贴平，刃口略向上翘，以防止錾坏钳口表面。

（2）在铁砧上錾切

对尺寸较大的板料或錾切线有曲线而不能在台虎钳上錾切时，可在铁砧（或在旧平板）上进行，如图 4–1–10 所示。切断用錾子的切削刃应磨有适当的弧形，使前后錾痕便于连接齐整，如图 4–1–11a、图 4–1–11b 所示。当用阔錾錾切直线段时，錾子切削刃的宽度可宽些，錾切曲线段时，切削刃的宽度应根据其曲率半径而定，使錾痕能与曲线基本一致。錾切时，应由前向后錾，开始时錾子应放倾斜些似剪切状，然后逐步放垂直錾切，如图 4-1-11c、d 所示。注意：錾子刃口必须先对齐錾切线并成一定斜度錾切，要防止后一錾与前一錾错开使錾切下来的边弯弯曲曲，同时，錾子不要錾到铁砧上，如不用垫铁时，应该使錾子在板料上錾出全部錾痕后再敲断或扳断。

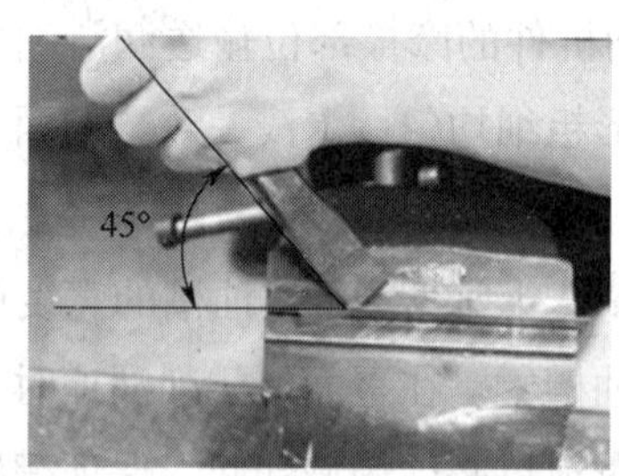

图 4-1-9　在台虎钳上錾切板料

图 4-1-10　在铁砧上錾切板料

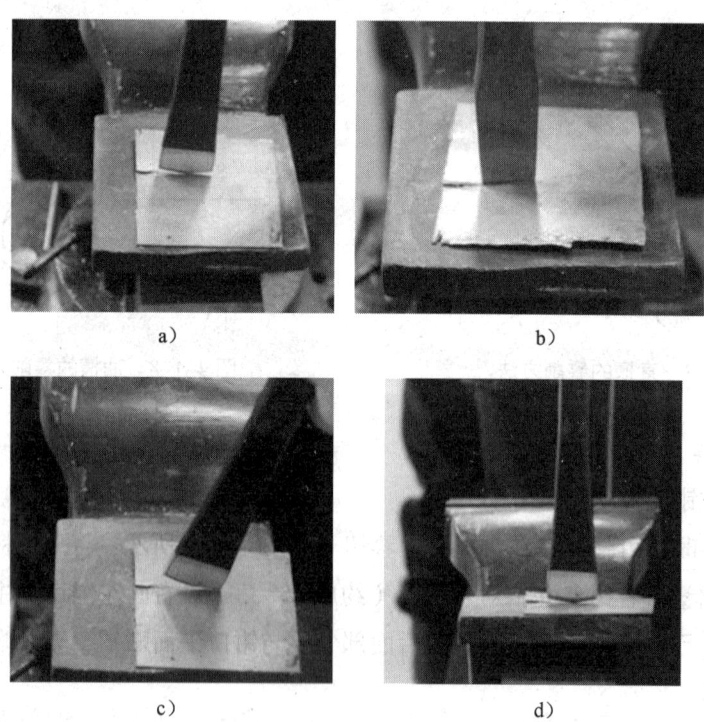

图 4-1-11　錾切板料方法

a）用圆弧刃錾錾痕整齐　b）用平刃錾錾痕易错位

c）倾斜錾切　d）垂直錾切

六、錾削时的注意事项

1. 工件必须夹紧，伸出钳口高度一般在 10 ~ 15 mm 为宜，同时，夹紧较大的工件时，为了防止工件在受力时产生松动现象，可在工件下端加上木衬垫。

2. 錾削时要防止切屑飞出伤人，须在钳工工作台的前端安装防护网，操作者在必要时还可戴上防护眼镜。

3. 錾屑要用刷子刷掉，不得用手擦或用嘴吹。

4. 錾削时要防止錾子从錾削部位滑出，为此，錾子用钝后要及时刃磨锋利，并保证正确的楔角。

5. 錾子和锤子的头部如有明显的毛刺时，要及时用砂轮机磨掉。

七、錾削质量分析

錾削平面和直槽时常见的质量问题及产生原因分别见表 4–1–8、表 4–1–9。

表 4–1–8　　　錾削平面时常见的质量问题及产生原因

质量问题	产生原因
表面粗糙	（1）錾子刃口崩裂或刃口磨钝后仍继续使用 （2）锤击力不均匀 （3）錾子头部已锤平，使受力方向经常改变
表面凹凸不平	（1）錾削中，后角在一段过程中过大，造成加工表面凹 （2）錾削中，后角在一段过程中过小，造成加工表面凸
表面有啃痕	（1）左手未将錾子握稳，而使錾刃倾斜，錾削时錾刃啃入 （2）刃磨錾子时刃口磨成中凹状
崩裂或塌角	（1）錾到尽头时未掉头錾削，使棱角崩裂 （2）起錾量太多，造成塌角
尺寸超差	（1）起錾时尺寸不准 （2）测量、检查不及时

表 4–1–9　　　錾削直槽时常见的质量问题及产生原因

质量问题	产生原因
槽不直	（1）錾子未放正 （2）没有按所划线条进行錾削 （3）掉头錾削时未錾在同一直线上

续表

质量问题	产生原因
槽底倾斜	（1）尖錾的刃口两端已磨钝或碎裂，但仍在使用 （2）在同一条直槽上錾削时，尖錾刃磨多次而使刃口宽度缩小
槽向一侧倾斜	（1）第一遍錾削时方向未把稳 （2）没有按照所划线条进行錾削
槽口爆裂	錾削量过大，或錾削到尽头时未掉头錾削
槽底高低不平	尖錾刃口磨成倾斜或錾子斜放錾削
槽口呈喇叭口	每次起錾位置向一侧偏移

錾削小型手动冲床底板直槽

一、图样（见图 4–1–12）

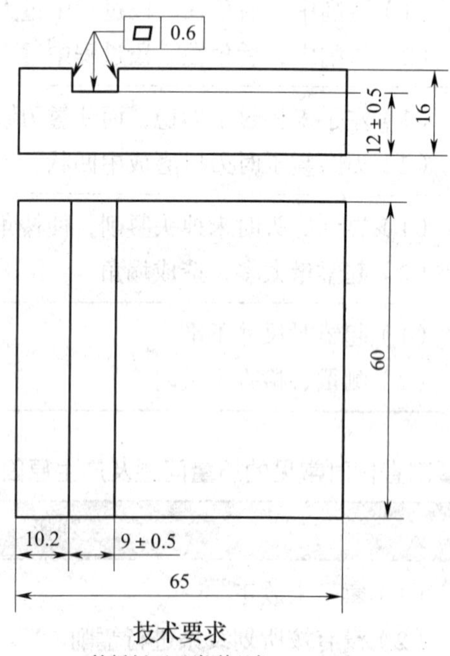

图 4–1–12　小型手动冲床底板直槽

二、工量具、设备及材料（见表 4–1–10）

表 4–1–10 工量具、设备及材料

名称	规格	件数	名称	规格	件数
台虎钳		1	钢印	0 ~ 8 数字	1
游标卡尺	0 ~ 150 mm	1	蓝油		若干
锤子	0.45 kg	1	尖錾		1
平板	500 mm × 500 mm	1	毛刷		1
游标高度卡尺	0 ~ 300 mm	1	毛坯	HT150 65 mm × 60 mm × 16 mm	1

三、加工步骤（见表 4–1–11）

表 4–1–11 錾削底板直槽的步骤

序号	步骤	图示
1	用游标卡尺检查毛坯尺寸，尺寸应为 65 mm × 60 mm × 16mm	
2	划出底板直槽的加工线	

续表

序号	步骤	图示
3	正面起錾，沿直槽中心线方向錾削，以 0.5 mm 的錾削量錾削第 1 次	
4	当錾削至距尽头 10 ~ 15 mm 时掉头錾去余下部分，完成第 1 次錾削	
5	沿直槽中心线方向以 0.5 mm 的錾削量进行第 2 ~ 6 次錾削	
6	最后 1 次錾削时修整槽底平整度，并保证錾削尺寸符合图样要求	

续表

序号	步骤	图示
7	在工件上打上学号	

四、质量评价（见表 4–1–12）

表 4–1–12　　　　　　　　錾削底板直槽的质量评价表

序号	图样要求	配分	检测结果	得分
1	（9 ± 0.5）mm	15 分		
2	（12 ± 0.5）mm	15 分		
3	▱ 0.6	15 分		
4	站立姿势正确	10 分		
5	握錾姿势正确	10 分		
6	挥锤姿势正确	10 分		
7	锤击准确率高	5 分		
8	工件无崩裂现象	10 分		
9	安全文明生产	10 分		

课题二 锯　　削

用锯削工具（手锯）对材料或工件进行切断或切槽的加工方法称为锯削。

一、锯削的应用

锯削是一种粗加工，平面度一般可控制在 0.5 mm 之内。它具有操作方便、简单、灵活，不受设备和场地限制等特点，锯削的应用见表 4–2–1。

表 4–2–1　　锯削的应用

应用	图示
锯断各种原材料或半成品	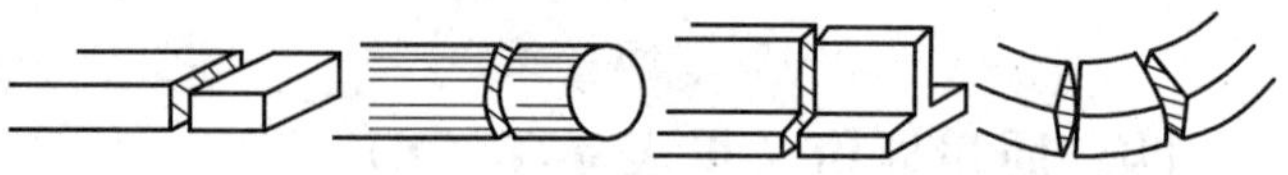
锯掉工件上多余部分	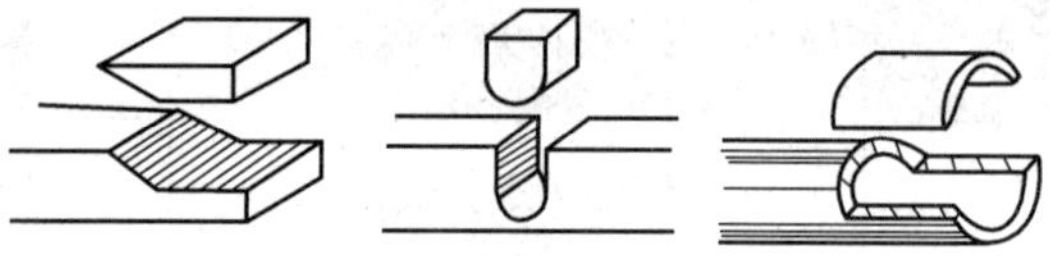
在工件上锯沟槽	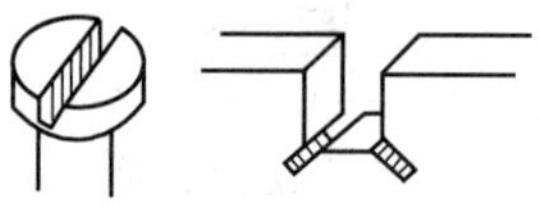

二、锯削工具

手锯由锯弓和锯条两部分组成。

1. 锯弓

锯弓用于装夹并张紧锯条，且便于双手操作。根据其构造可分为可调式和固定式两种，见表 4–2–2。

2. 锯条

锯条是用来直接锯削材料或工件的刀具。锯条一般用渗碳软钢冷轧而成，经热处理淬硬。

表 4–2–2　锯弓

类型	图示	说明
可调式		可以安装不同长度的锯条
固定式		只能安装一种长度（300 mm）的锯条

（1）锯条的规格

锯条的规格包括长度规格和粗细规格两部分。长度规格用两销孔中心距表示（钳工常用长度为 300 mm 的锯条，见图 4–2–1），粗细规格用 25 mm 长度内的锯齿数或用齿距（两相邻锯切刃之间的距离）表示。

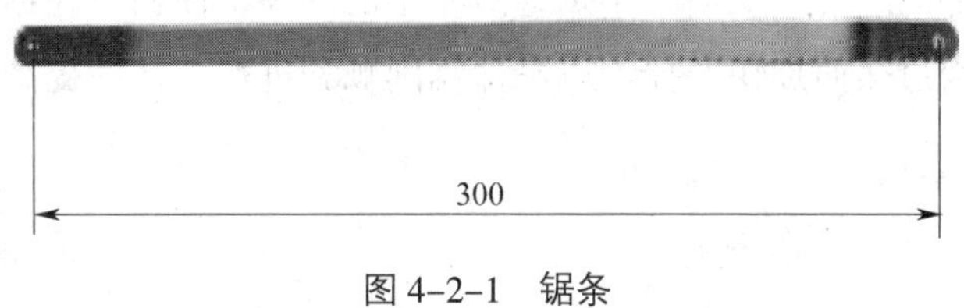

图 4–2–1　锯条

锯条锯齿的粗细应根据材料的软硬和薄厚来选用。粗齿锯条的容屑槽较大，适用于锯削软材料和较大的表面。细齿锯条适用于锯削硬材料，因硬材料不易锯入，每锯一次的切屑较少，不会堵塞容屑槽，而锯齿增多后，可使每齿的锯削量减少，材料容易被切除，故推锯比较省力，锯齿不易磨损。锯管子和薄板时必须用细齿锯条，否则锯齿容易被钩住而崩断。严格地讲，薄板材料的锯削截面上至少应有两个以上的齿同时参加切削，才可能避免锯齿被钩住或崩断。锯齿的粗细规格选择见表 4–2–3。

（2）锯条的安装

1）锯条安装应使齿尖的方向朝前，如图 4–2–2 所示。

表 4–2–3　　锯齿的粗细规格选择

规格	每 25 mm 长度内锯齿数	应用
粗齿	14 ~ 18	锯削铜、铝、铸铁、软钢等
中齿	22 ~ 24	锯削中等硬度钢，厚壁的钢管、铜管等
细齿	32	锯削薄壁管子、薄板材料等
细变中	32 ~ 20	一般工厂中用，易于起锯

图 4–2–2　锯条的安装

a）正确　b）不正确

2）松紧程度以手扳动锯条，感觉硬实为宜。

3）锯条安装好后，要保证锯条平面与锯弓纵向中心平面共面。

3. 锯路

锯路是指锯条在制造时，使锯齿按一定的规律左右错开，排成一定的形状，以提供锯削间隙。锯路有交叉形和波浪形两种，如图 4–2–3 所示。锯路的作用是使工件上的锯缝宽度大于锯条背部的厚度，从而减小锯缝对锯条的摩擦，使锯条在锯削时不被锯缝夹住或折断，也不会因为过热而加快磨损，以确保锯削顺利进行，从而提高锯削效率，延长锯条的使用寿命。

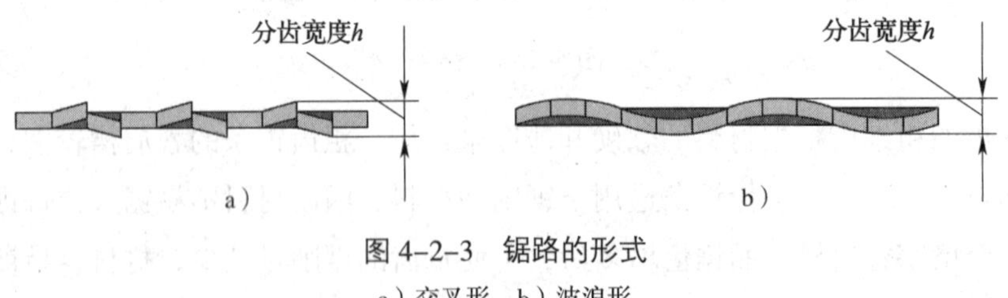

图 4–2–3　锯路的形式

a）交叉形　b）波浪形

三、锯削的方法

1. 工件的装夹

（1）工件应夹持在台虎钳的左侧。

（2）工件的伸出端应尽量短，工件的锯缝应尽量靠近钳口，一般锯缝离开钳口侧面

约 20 mm，如图 4-2-4 所示。

（3）锯缝与钳口侧面保持平行。

（4）工件要牢固地夹持在台虎钳上，但对于薄壁管子及已加工表面，要防止夹持太紧而使工件变形或夹坏已加工表面。

2. 锯削姿势及要领

（1）手锯握法

握锯时，要自然舒展，右手满握锯柄，也可将食指伸直靠在弓架上，控制锯削时的推力和压力；左手轻扶锯弓前端，配合右手扶正手锯，如图 4-2-5 所示。

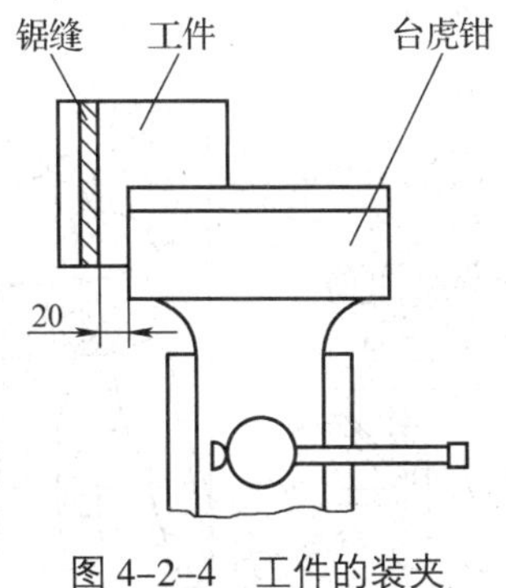

图 4-2-4 工件的装夹

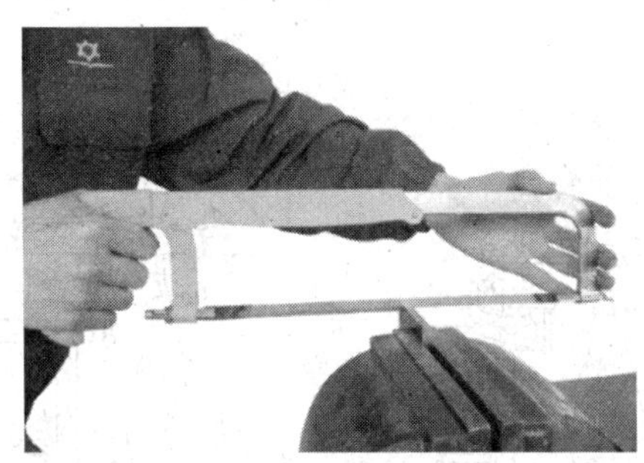

图 4-2-5 手锯握法

（2）站立位置和姿势

锯削的站立位置和姿势与錾削基本相同，左脚前跨半步，膝部要自然并稍弯曲，右脚在后，右腿伸直，两脚均不要过分用力，身体自然稍前倾。双手握锯放在工件上，左臂略弯曲，右臂与锯削方向保持平行，如图 4-2-6 所示。

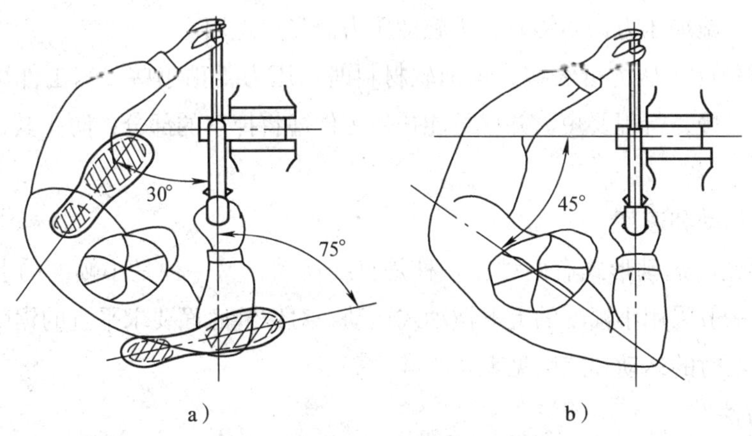

图 4-2-6 锯削站立位置和姿势

a）站立位置 b）姿势

（3）锯削动作

1）锯削开始时，右腿站稳伸直，左腿略有弯曲，身体向前倾斜 10° 左右，保持自然，

重心落在左脚上。双手握正手锯，左臂略弯曲，右臂尽量向后收，与锯削方向保持平行，如图 4–2–7a 所示。

2）向前锯削时，身体与手锯一起向前运动，当行程达 1/3 时，左腿向前弯曲，右腿伸直向前倾约 15° 左右，重心落在左脚上，如图 4–2–7b 所示。

3）随着手锯行程的继续推进，身体倾斜的角度也随之增大，当行程达 2/3 时，身体倾斜约 18° 左右，左右手臂均向前伸出，如图 4–2–7c 所示。

4）当锯削最后 1/3 行程时，身体停止前进，两臂继续推进手锯向前运动，身体随着锯削的反作用力，重心后移，退回到 15° 左右，如图 4–2–7d 所示。锯削行程结束后，取消压力，将手和身体恢复到最初位置，做第二次锯削。

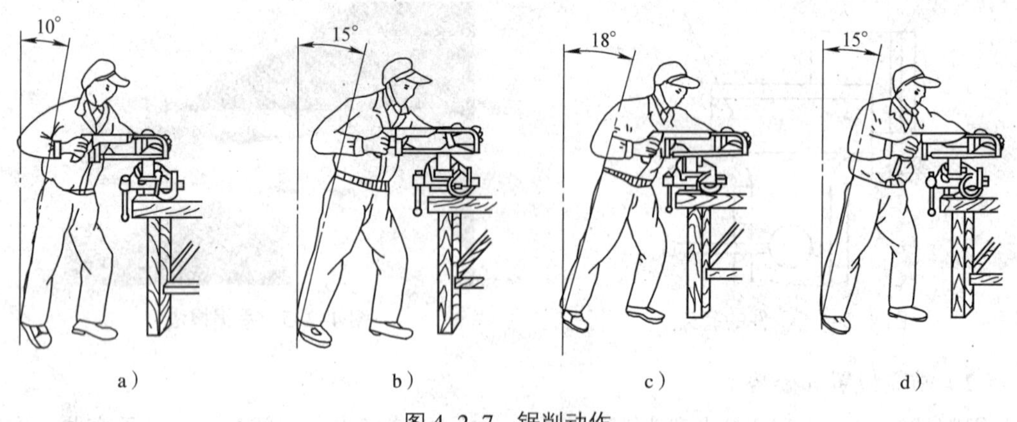

图 4–2–7　锯削动作

（4）锯削压力

锯削时，手锯推出为锯削过程，退回时不参加切削，为避免锯齿磨损，提高工作效率，推锯时，应施加压力，回锯时，不施加压力而自然返回。

锯削硬材料时，压力可大些，锯削软材料时，压力要稍小些。当工件快锯断时，压力要小，速度要慢，行程要短，并尽可能扶住工件即将掉落的部分，防止其自由落下可能造成的事故。

（5）锯削运动和速度

锯削时手锯的运动形式有两种：一种是直线运动，另一种是小幅度的上下摆动式运动。锯削运动一般采用小幅度的上下摆动式运动，对锯缝底面要求平直的锯削，必须采用直线运动。锯削时的运动和速度见表 4–2–4。

3. 起锯方法

起锯是锯削工作的开始，起锯质量的好坏直接影响锯削质量。如果起锯不当，一是常出现锯条跳出锯缝将工件拉毛或者引起锯齿崩裂，二是起锯后的锯缝与划线位置不一致，而使锯削尺寸出现较大偏差。起锯方法见表 4–2–5。

表 4-2-4 锯削时的运动和速度

锯削运动	操作	锯削速度
上下摆动式运动	手锯推进时，左手上翘，右手下压	40 次 /min 左右，速度过快，容易使锯条发热，磨损加重；速度过慢，则影响锯削效率。一般在锯削软材料时可适当快些，锯削硬材料时可慢些。锯削行程应保持匀速，返回时速度相应快些
	手锯回程时，右手上抬，左手自然跟回	
直线运动	手锯推进时，右手前推，左手扶持	
	手锯回程时，右手后拉，左手扶持	

一般情况下采用远起锯的方法。无论采用哪种起锯方法，起锯角度均要合适，一般约为 15°。如果起锯角度太大，则起锯不易平稳，锯齿容易被棱边卡住而引起崩齿，尤其是近起锯时。但起锯角度也不宜太小，否则，由于同时与工件接触的锯齿数多而不易切入材料，锯条还可能打滑而使锯缝发生偏离，在工件表面锯出许多锯痕，影响表面质量。

表 4-2-5 起锯方法

方法	图示	特点
远起锯	15°	逐步切入材料，锯齿不易被卡住，起锯也较方便，优先采用
近起锯	15°	锯齿容易被工件的棱边卡住

4. 各种型材的锯削方法

（1）棒料的锯削

锯削棒料时，若要求锯出的断面比较平整，则应从一个方向起锯直到结束，称为一次起锯，如图 4–2–8a 所示。若对断面的要求不高，为了减小切削阻力和摩擦力，可以在锯到一定深度后，将棒料转过一定的角度重新起锯。反复几次从不同的方向锯削，最后锯断，称为多次起锯，如图 4–2–8b 所示。

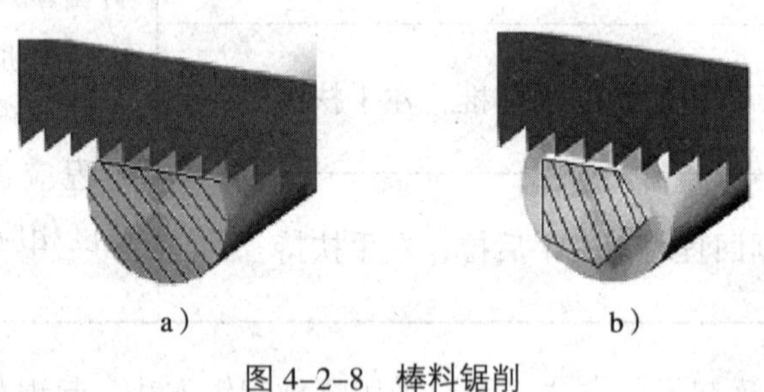

图 4–2–8　棒料锯削
a）一次起锯　b）多次起锯

（2）管子的锯削

锯削管子前，可划出垂直于轴线的锯削线，由于锯削时对划线的精度要求不高，最简单的方法可用矩形纸条（划线边必须直）按锯削尺寸绕住工件外圆，如图 4–2–9 所示，然后用滑石划出。锯削时必须把管子夹正。对于薄壁管子和精加工过的管子，应使用两块木制 V 形或弧形槽垫块夹持，以防止夹扁管子或夹坏管子表面，如图 4–2–10 所示。

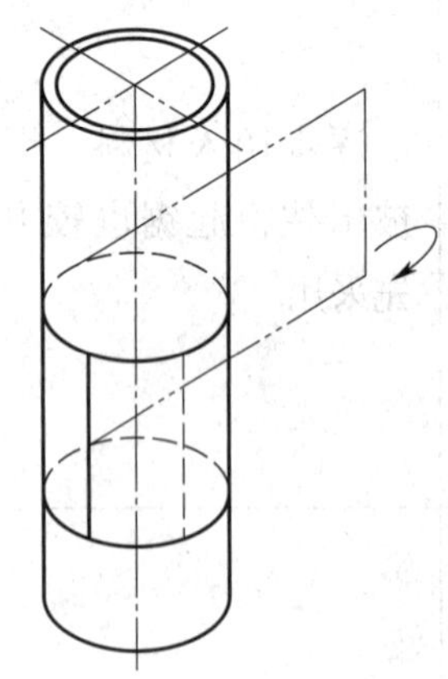

图 4–2–9　用矩形纸条按锯削尺寸绕住工件外圆

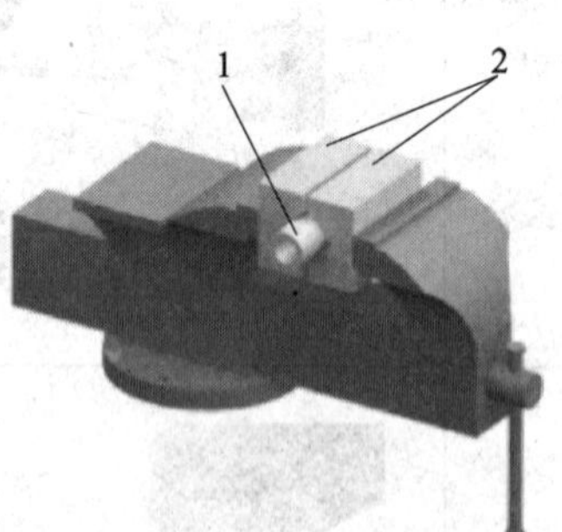

图 4–2–10　管子夹持
1—圆管零件　2—木制 V 形槽垫块

锯削时，应选用细齿锯条，不能仅从一个方向起锯锯至结束，否则管壁易钩住锯齿而使锯齿崩裂或锯条折断，如图 4–2–11a 所示。正确的锯削方法是采用转位锯削，即从

锯削处起锯到管子内壁处，再将管子顺着推锯方向转动一个角度，仍旧锯到管子内壁处，如此不断改变方向，直到锯断管子为止，如图 4–2–11b 所示。

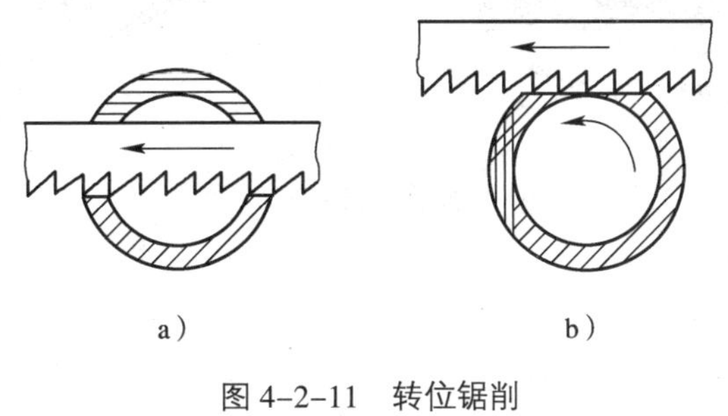

图 4–2–11　转位锯削

a）错误　b）正确

（3）薄板料的锯削

薄板料由于截面小，锯齿容易被钩住而崩齿，因此，锯削时除选用细齿锯条外，还要尽可能从宽面上锯削，这样锯齿就不易被钩住。常用的薄板料锯削方法有两种：一种是将薄板料夹在两木块或金属块之间，连同木块或金属块一起锯下，如图 4–2–12a 所示，这样既避免了锯齿被钩住，又增加了薄板的刚度，锯削时不会出现振动；另一种是将薄板料夹在台虎钳上，如图 4–2–12b 所示，手锯沿着钳口做横向斜推，这样使锯齿与薄板料接触的截面增大、锯齿数增加，避免锯齿被钩住，但在使用这种方法时，要用金属垫对钳口进行保护，防止锯坏钳口。

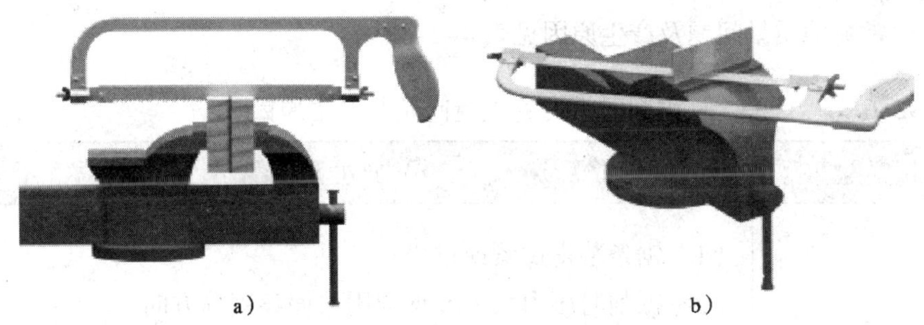

图 4–2–12　薄板料锯削

（4）厚板料的锯削

在锯削时，当锯缝深度大于锯弓高度时，可将锯条转过 90°后重新安装，使锯弓在工件的外侧，如图 4–2–13a 所示，或转过 180°，使锯弓放置在工件的底部，继续进行锯削，如图 4–2–13b 所示。板料锯削应使锯条从一个方向锯到底，保证锯缝断面平整。

四、锯削时的注意事项

1. 锯条安装松紧要适当，锯削速度不要过快，压力不要过大，锯削时避免突然用力过猛，防止锯削过程中锯条突然折断弹出伤人。

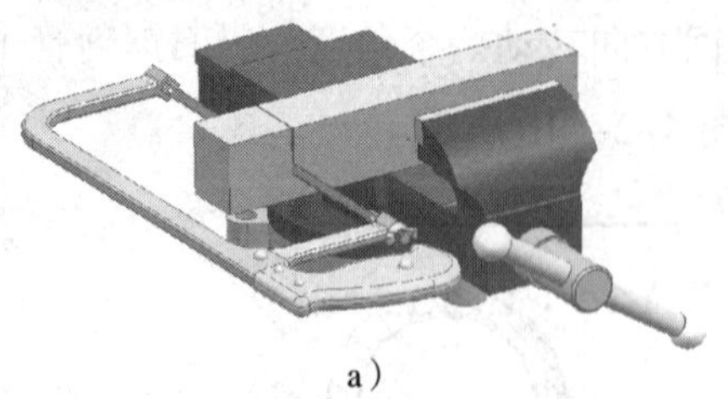
a）

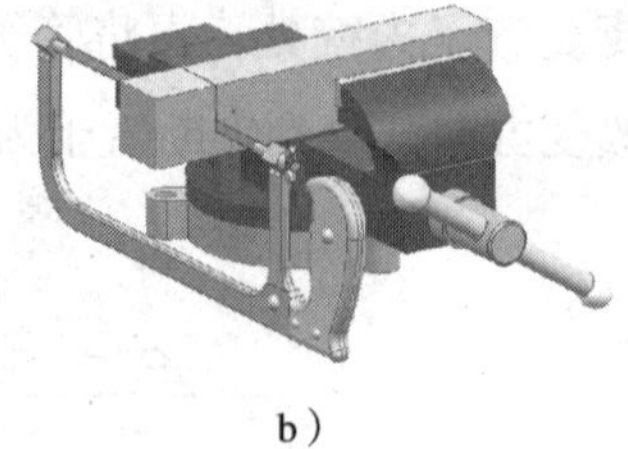
b）

图 4-2-13　厚板料锯削

2. 工件夹持应正确。

3. 所划线条应清晰。

4. 起锯方法和起锯角度应正确合理。

5. 时刻注意锯缝的平直情况，出现偏移应及时纠正。

6. 锯削过程中应尽可能使最多的锯齿参与切削。

7. 锯削时可适当加切削液，降低切削温度，延长锯条使用寿命。

8. 工件将锯断时，要减小在锯弓上施加的压力，以避免压力过大使工件突然断开，手向前冲而碰到工件造成事故。工件将锯断时，要用手扶住被锯下部分，防止工件落下砸伤脚或损坏工件。

9. 锯削面不允许修整。

10. 锯削完毕，应将锯弓上的张紧螺母拧松些，但不要拆下锯条，以免零件散落。

五、锯削质量分析

锯削时常见的质量问题及产生原因见表 4-2-6。

表 4-2-6　　锯削时常见的质量问题及产生原因

质量问题	产生原因
锯条折断	（1）锯条装得过紧或过松 （2）锯削时压力太大或锯削用力偏离锯缝方向 （3）工件未夹紧，锯削时有松动 （4）锯缝歪斜后强行纠正 （5）新锯条在旧锯缝中卡住而折断 （6）工件锯断时，用力过猛使锯条与台虎钳等物相撞而折断 （7）中途停止使用时，手锯未从工件中取出而碰断锯条
锯齿崩裂	（1）锯齿的粗细选择不当，如锯管子、薄板时用粗齿锯条 （2）起锯角度太大，锯齿被卡住后仍用力推锯 （3）锯削速度过快或锯削摆动突然过大，使锯齿受到猛烈撞击

续表

质量问题	产生原因
锯齿过早磨损	（1）锯削速度太快，使锯条发热过度而加剧锯齿磨损 （2）锯削硬材料时，未加切削液 （3）锯削过硬材料
锯缝歪斜	（1）工件装夹时，锯缝未与铅垂线方向一致 （2）锯条安装太松或与锯弓平面产生扭曲 （3）使用两面磨损不均匀的锯条 （4）锯削时压力太大而使锯条左右偏摆 （5）锯弓未扶正或用力歪斜，使锯条偏离锯缝中心平面
尺寸超差	（1）划线不正确 （2）锯缝歪斜过多，偏离划线范围
工件表面拉毛	起锯方法不对，把工件表面锯坏

锯削小型手动冲床滑块

一、图样（见图 4–2–14）

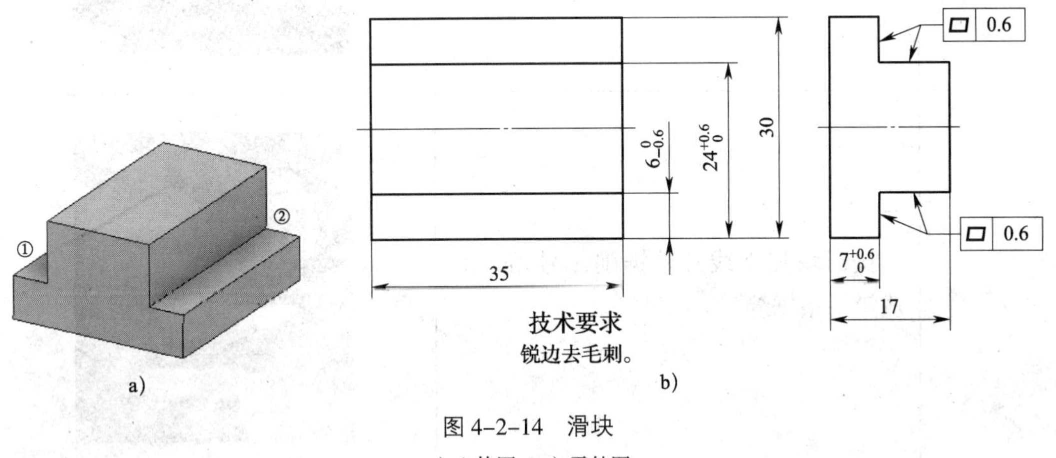

图 4–2–14　滑块

a）立体图　b）零件图

二、工量具、设备及材料（见表 4-2-7）

表 4-2-7　　工量具、设备及材料

名称	规格	件数	名称	规格	件数
游标卡尺	0 ~ 150 mm	1	平板	500 mm × 500 mm	1
划针	ϕ3 ~ 5 mm	1	游标高度卡尺	0 ~ 300 mm	1
锯弓	300 mm	1	锯条	300 mm，中齿	若干
样冲	顶角为 60°	1	锤子	0.45 kg	1
刀口形直角尺	63 mm × 100 mm	1	板料	45 钢 35 mm × 30 mm × 17 mm	1
钢印	0 ~ 8 数字	1			

三、加工步骤（见表 4-2-8）

表 4-2-8　　锯削滑块的步骤

序号	步骤	图示
1	划出滑块的加工线	
2	按滑块加工线开始锯削①号角，形成第一条锯缝	

续表

序号	步骤	图示
3	将滑块翻转 90° 继续锯削，形成第二条锯缝，去掉①号角	
4	掉头装夹工件，开始锯削②号角，形成第三条锯缝	
5	将滑块翻转 90° 继续锯削，形成第四条锯缝，去掉②号角	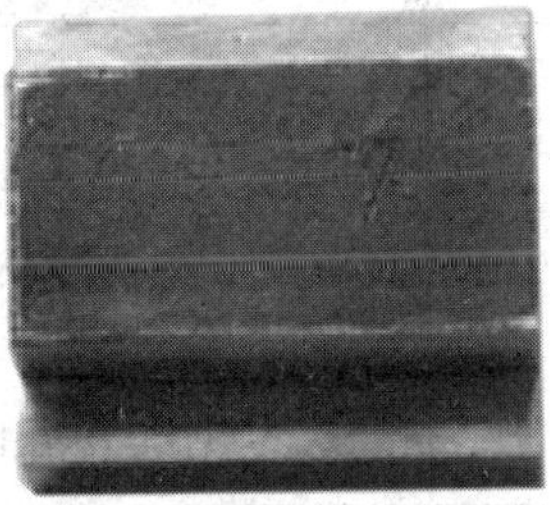
6	去除工件上的毛刺	

续表

序号	步骤	图示
7	在工件上打上学号	

四、质量评价（见表 4–2–9）

表 4–2–9　　锯削滑块质量评价表

序号	图样要求	配分	检测结果	得分
1	$6_{-0.6}^{0}$ mm	15 分		
2	$24_{0}^{+0.6}$ mm	15 分		
3	$7_{0}^{+0.6}$ mm	15 分		
4	□ 0.6	5 分 ×4		
5	锯条安装正确	10 分		
6	锯削姿势正确	10 分		
7	锯面无修整痕迹	10 分		
8	安全文明生产	5 分		

第五单元
锉　　削

课题一　平 面 锉 削

用锉刀对工件表面进行切削加工，使工件的尺寸、形状、位置和表面粗糙度等都达到要求的加工方法称为锉削。

一、锉削的应用

锉削一般是在錾削、锯削之后对工件进行的精度较高的加工，其精度可达 0.01 mm，表面粗糙度 *Ra* 可达 0.8 μm。锉削是钳工的重要操作之一，尽管其效率不高，但在现代工业生产中的用途仍很广泛，锉削的应用见表 5–1–1。

表 5–1–1　　　　锉削的应用

应用	图示
锉削单一平面	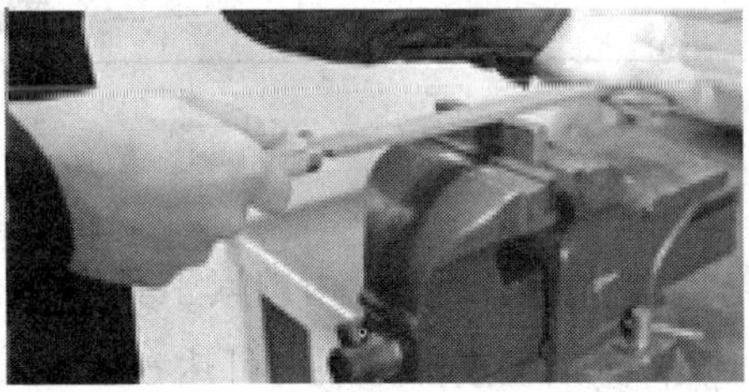
锉削曲面	

续表

应用	图示
锉削沟槽	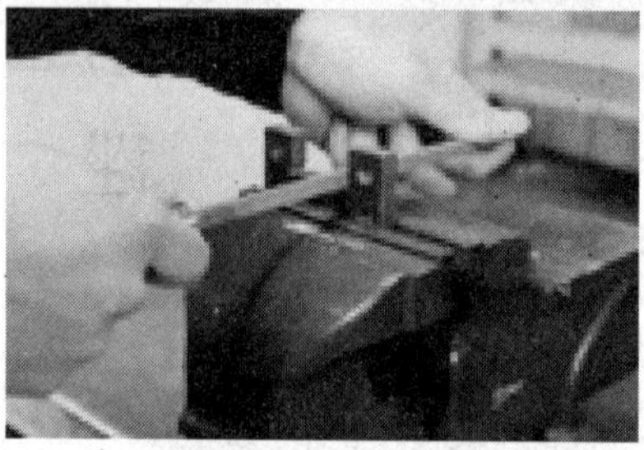
锉削内孔	
锉削样板	

二、锉刀

锉刀是锉削的主要刀具，由碳素工具钢 T12、T13 或优质碳素工具钢 T12A、T13A 制成，经热处理淬火后切削部分硬度可达 60HRC 以上。

1. 锉刀的结构

（1）锉刀的结构（见图 5–1–1）

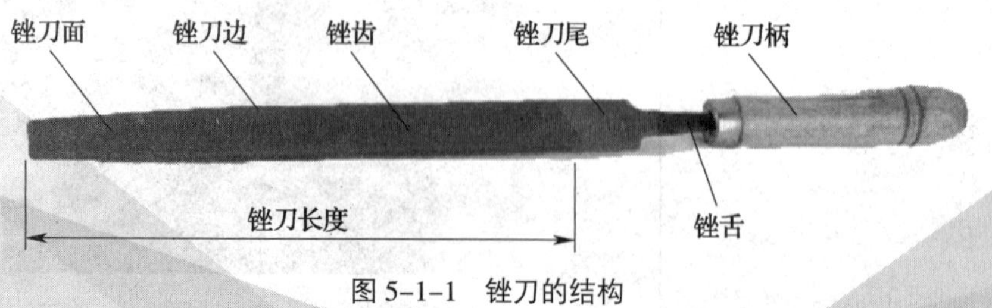

图 5–1–1　锉刀的结构

锉刀面是锉削的主要工作面。锉刀面在前端做成凸弧形，上下两面都制有锉齿，便于进行锉削。

锉刀边即锉刀的两个侧面，其中没有锉纹的侧面称为光边，在锉内直角时，将它靠在内直角的一个面上锉削另一个面，可使不加工的表面免受损坏。另一个侧面有齿，用来锉削工件表面的氧化皮。

锉刀柄一般用硬木或塑料制成，圆柱部分应镶铁箍。

（2）锉刀柄的安装与拆卸

从仓库领取锉削工具时，锉刀上没有安装锉刀柄，锉刀需要安装锉刀柄后才能使用，锉刀柄的安装与拆卸方法见表 5–1–2。

表 5–1–2　　锉刀柄的安装与拆卸方法

方法	步骤	图示
装锉刀柄	先将锉舌放入锉刀柄孔中，再用左手轻握锉刀柄，右手将锉刀扶正，逐步镦紧，或用锤子轻轻击打直到锉舌插入锉刀柄的长度约 3/4 为止	
拆锉刀柄	在平板上或台虎钳钳口轻轻将锉刀柄敲松后取下	

2. 锉纹

根据锉齿的排列方式，锉刀的锉纹分为单齿纹和双齿纹两种，如图 5–1–2 所示。

图 5–1–2　锉刀的锉纹

a）单齿纹　b）双齿纹

单齿纹锉刀只有一个方向的锉纹，由于全齿宽同时参加切削，因此切削时较费力，主要用于锉削铝、铜等软材料。双齿纹锉刀有主、辅锉纹交叉排列，其中主锉纹起主要切削作用，辅锉纹起分屑作用。双齿纹锉刀锉削时，每个齿的锉痕交错而不重叠，锉削面比较光滑，锉屑是碎断的，不易堵塞锉刀面，锉削比较省力，锉齿强度也高，适于锉削硬材料。一般单齿纹采用铣齿加工，双齿纹采用剁齿加工。

3. 锉刀的种类

锉刀的种类很多，按用途不同，锉刀可分为普通锉、整形锉（什锦锉）和异形锉三类，其特点及应用见表 5–1–3。

表 5–1–3　　锉刀的分类、特点及应用

类型	图示	特点及应用
普通锉		该类锉刀按其断面形状分为平锉、方锉、三角锉、半圆锉和圆锉五种，是钳工最常用的锉削工具
整形锉		通常由多支不同断面形状的锉刀组成，常用的有 5 支、8 支或 10 支为一组。按断面形状有平锉、方锉、三角锉、圆锉、半圆锉、菱形锉、刀口锉、椭圆锉、单边三角锉等多种。主要用于修整工件上的细小结构
异形锉	BF-910 #150 BF-909 #150 BF-908 #150 BF-907 #150 BF-906 #150 BF-905 #150 BF-904 #150 BF-903 #150 BF-902 #150 BF-901 #150	其锉身形状各异，除扁锉、方锉、三角锉、半圆锉、圆锉外，还有刀形锉、菱形锉、单面三角锉、双半圆锉、椭圆锉等，主要用来锉削工件上的特殊表面

4. 锉刀的规格

（1）尺寸规格

圆锉以其断面直径为尺寸规格，方锉以其边长为尺寸规格，其他锉刀以锉身长度为尺寸规格，常用的有 100 mm、150 mm、200 mm、250 mm、300 mm、350 mm 等。异形锉和整形锉以锉刀全长为尺寸规格。

（2）粗细规格

以锉刀每 10 mm 轴向长度内的主锉纹条数来表示，共分为 1 ~ 5 号。普通锉刀的锉纹参数见表 5–1–4，锉纹号越小，锉齿越粗。

表 5–1–4　　普通锉刀的锉纹参数

规格 /mm	主锉纹条数（10 mm 内）				
	锉纹号				
	1	2	3	4	5
100	14	20	28	40	56
125	12	18	25	36	50
150	11	16	22	32	45
200	10	14	20	28	40
250	9	12	18	25	36
300	8	11	16	22	32
350	7	10	14	20	—
400	6	9	12	—	—
450	5.5	8	11	—	—

注：1 号锉纹为粗齿锉刀锉纹，2 号锉纹为中齿锉刀锉纹，3 号锉纹为细齿锉刀锉纹，4 号锉纹为双细齿锉刀锉纹，5 号锉纹为油光锉锉纹。

5. 锉刀的选用

通常应根据工件表面形状、尺寸大小、材料性质、加工余量大小以及加工精度和表面粗糙度要求来选用。

（1）断面形状的选择

锉刀断面形状应与工件被加工表面的形状相适应，如图 5–1–3 所示。

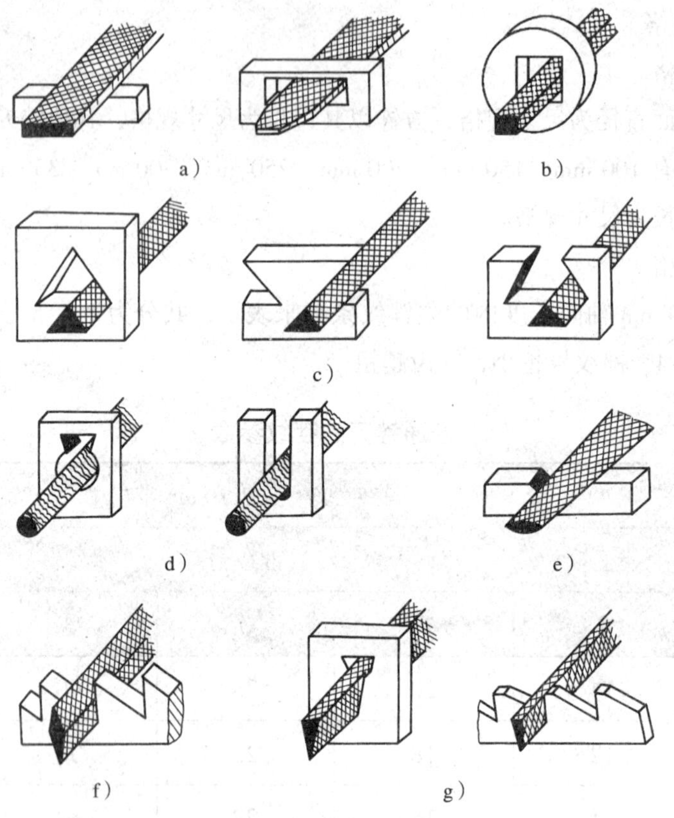

图 5-1-3　锉刀断面形状的选择

a）平锉　b）方锉　c）三角锉　d）圆锉　e）半圆锉　f）菱形锉　g）刀口锉

（2）粗细规格的选择

一般来说，粗齿锉刀用于锉削铜、铝等软金属及加工余量大、精度低和表面粗糙度数值较大的工件；细齿锉刀用于锉削钢、铸铁以及加工余量小、精度要求高和表面粗糙度数值较小的工件；油光锉则用于最后修光工件表面。锉刀粗细规格的选择见表 5-1-5。

表 5-1-5　锉刀粗细规格的选择

粗细规格	适用场合		
	锉削余量 / mm	尺寸精度 / mm	表面粗糙度 *Ra* / μm
1 号（粗齿锉刀）	0.5 ~ 1	0.2 ~ 0.5	100 ~ 25
2 号（中齿锉刀）	0.2 ~ 0.5	0.05 ~ 0.2	25 ~ 6.3
3 号（细齿锉刀）	0.1 ~ 0.3	0.02 ~ 0.05	12.5 ~ 3.2
4 号（双细齿锉刀）	0.1 ~ 0.2	0.01 ~ 0.02	6.3 ~ 1.6
5 号（油光锉）	0.1 以下	0.01	1.6 ~ 0.8

（3）尺寸规格的选择

锉刀尺寸规格根据加工面的大小和加工余量的多少来选择。加工面较大、加工余量多时，选择较长的锉刀，反之则选用较短的锉刀。

6. 锉刀的使用注意事项

（1）锉刀放置时避免与其他金属硬物相碰，也不能把锉刀重叠堆放，以免损伤锉纹。

（2）普通锉刀必须装锉刀柄使用，以免刺伤手腕。松动的锉刀柄应装紧后再用。

（3）防止锉刀沾水、沾油，以防锈蚀及锉削时锉刀打滑。

（4）锉削时应先使用一面，用钝后再用另一面，因用过的锉刀面容易锈蚀，两面同时使用会缩短锉刀的使用寿命。另外，锉削时要充分使用锉刀的有效工作长度，避免局部磨损。

（5）锉削过程中，要及时清除锉纹中嵌的切屑，以免切屑刮伤加工表面。锉刀用完后，应及时用锉刷刷去锉齿中的残留切屑，以免生锈。

（6）不能用锉刀来锉削毛坯的硬皮、氧化皮以及淬硬的工件表面，而应用其他工具或锉刀的锉梢端、锉刀边来加工。

（7）不能把锉刀当作装拆、敲击或撬物的工具，防止锉刀折断造成损伤。

（8）使用整形锉时，不能用力过猛，以免折断锉刀。

三、锉削的方法

1. 工件的装夹

（1）工件（特别是薄形工件）必须夹在台虎钳钳口的中部，需锉削的表面略高于钳口，不能太高，防止锉削时工件产生振动，如图 5–1–4 所示。

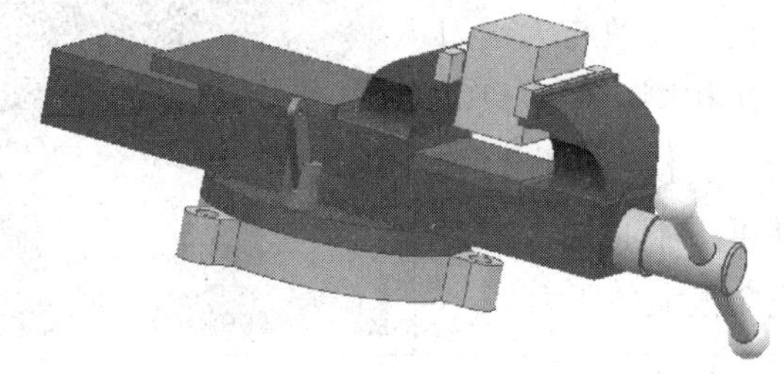

图 5–1–4　工件的装夹

（2）夹持工件要牢固，但不能使工件变形。

（3）夹持几何形状特殊的工件时要加衬垫，如圆形工件要衬 V 形架或弧形木块。

（4）夹持已加工表面或精密工件时，应在钳口与工件之间垫铜片或铝片，并保持钳口清洁。

2. 锉刀的握法（见表 5–1–6）

表 5–1–6　　　　锉刀的握法

分类	方法	图示
大锉刀（250 mm 以上）的握法	右手握锉刀柄，柄端顶住掌心，拇指放在锉刀柄的上面，其余四指由下向上满握锉刀柄（见图 a）。左手的握锉姿势有两种：一种是将左手拇指肌肉压在锉刀头上，中指、无名指捏住锉刀前端；另一种是用左手掌斜压在锉刀前端，各指自然平放（见图 b）	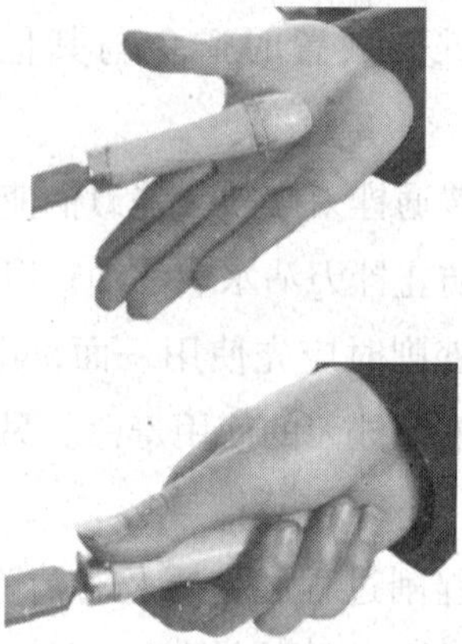 a） 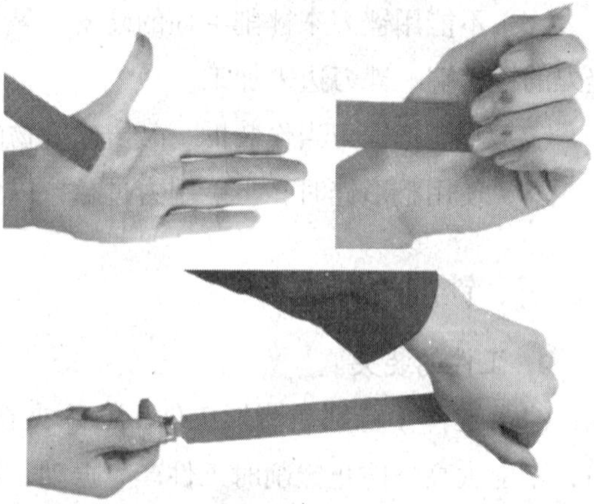 b）
中型锉刀（200 mm）的握法	右手握法大致与大锉刀右手握法相同；左手只需用拇指、食指和中指轻轻扶持即可，不必像大锉刀那样施加很大的压力	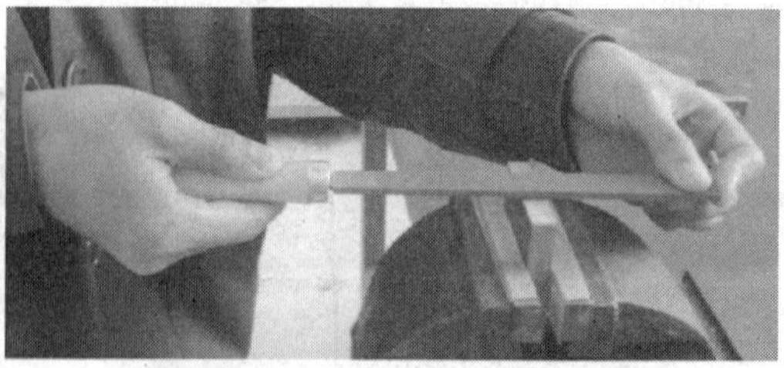
小型锉刀（150 mm）的握法	右手食指伸直，拇指放在锉刀柄上面，食指靠在锉刀的刀边；左手手指压在锉刀中部	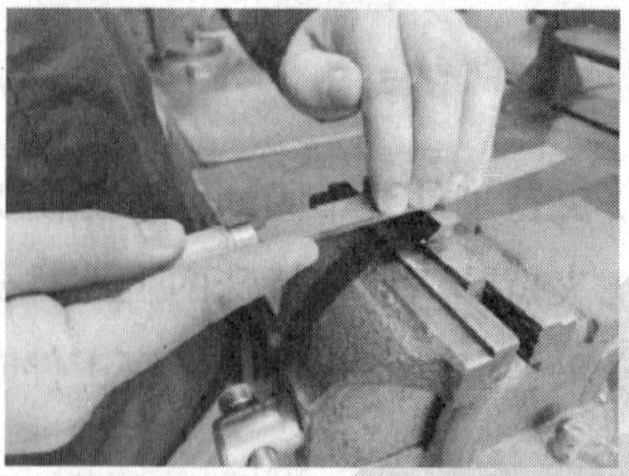

续表

分类	方法	图示
125 mm 以下的锉刀及整形锉的握法	一般只用右手拿着锉刀，食指放在锉刀上面，拇指放在锉刀的左侧	

3. 锉削的姿势及动作

锉削时，人的站立位置、姿势及动作与锯削相似，如图 5–1–5 所示。站立要自然，便于用力，以适应不同的锉削要求。锉削时两手握住锉刀放在工件上，左臂弯曲，小臂与工件锉削面的左右方向保持基本平行，右小臂与工件锉削面的前后方向保持基本平行。右腿伸直并稍向前倾，重心落在左脚，左膝随锉削时的往复运动而屈伸，锉削时要充分利用锉刀的有效长度。

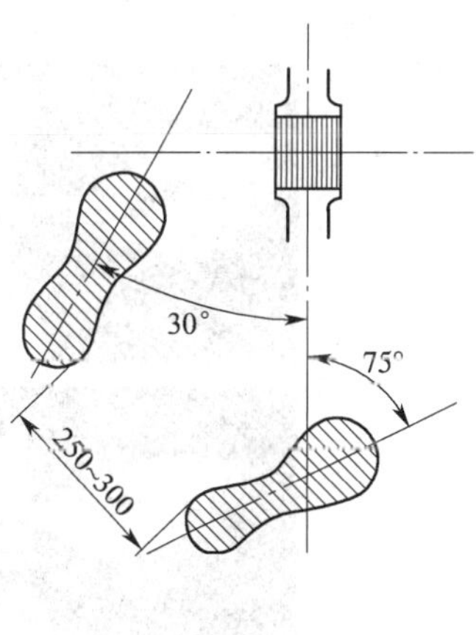

图 5–1–5　锉削时的姿势

锉削动作如图 5–1–6 所示，起锉时两手握住锉刀放在工件上面，左臂弯曲，小臂与工件锉削面的左右方向保持基本平行，右小臂与工件锉削面的前后方向保持基本平行，身体略向前倾，与铅垂线保持 10° 左右。锉削最初的 1/3 行程时，身体与锉刀一起向前，右腿伸直并在两手锉削作用下带动身体略向前倾，与铅垂线保持 15° 左右。当锉刀锉至约 2/3 行程时，身体停止前进，此时身体倾斜角度约为 18°。锉削到最后 1/3 行程时，两臂继续将锉刀向前推锉到头，同时，左腿自然伸直并随着锉削时的反作用力，将身体重心后移，使身体恢复原位，并顺势将锉刀收回。当锉刀收回将近结束，准备开始第二次锉削的向前运动。

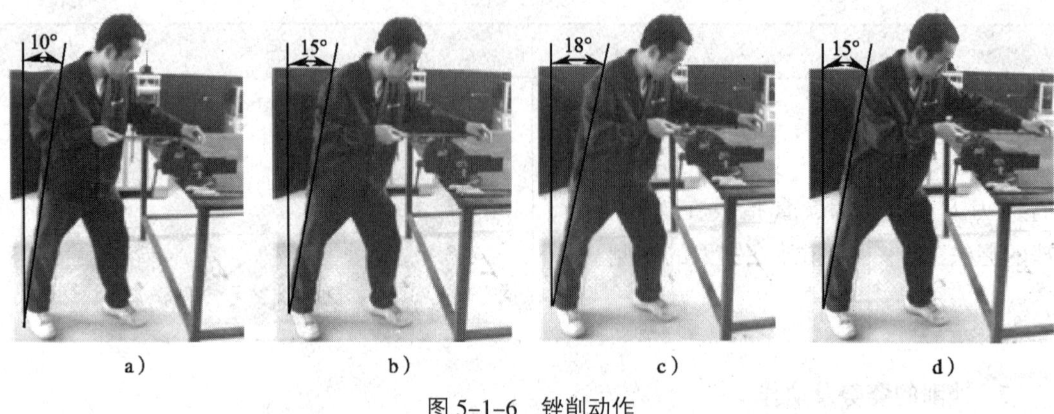

图 5-1-6　锉削动作

4. 锉削用力和锉削速度

（1）锉削用力

锉削时锉刀的平直运动是锉削的关键。锉削用力有水平推力和垂直压力两种。推力主要由右手控制，其大小必须大于锉削阻力才能锉去切屑；压力由两手控制，其作用是使锉齿深入工件表面，锉削时右手的压力要随锉刀的前进而逐渐增加，左手的压力要随锉刀的前进而逐渐减小，如图 5-1-7 所示。

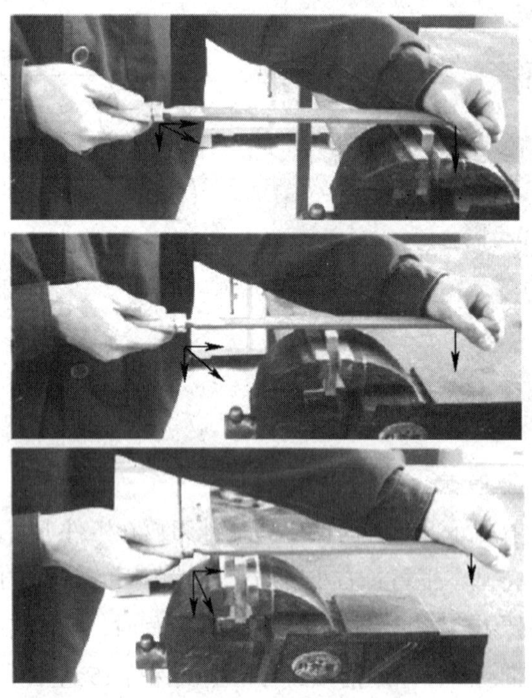

图 5-1-7　锉削用力

（2）锉削速度

锉削速度一般为 40 次 /min，推出时稍慢，回程时稍快，动作要自然协调。

5. 平面锉削方法

常用的平面锉削方法见表 5–1–7。

表 5–1–7　　常用的平面锉削方法

锉削方法	图示	特点及应用
顺向锉		顺向锉是最普通的锉削方法，锉刀运动方向与工件夹持方向始终一致，在锉宽平面时，为使整个加工表面能被均匀地锉削，每次退回锉刀时应在横向做适当的移动。顺向锉的锉纹整齐一致，比较美观，适用于面积不大的平面锉削和最后锉光
交叉锉		锉刀运动方向与工件夹持方向成 30° ~ 40°，且锉痕交叉。由于锉刀与工件的接触面大，锉刀容易掌握平衡，同时，从锉痕上可以判断出锉削面的高低情况，便于不断地修正锉削部位。交叉锉一般用于粗加工
推锉		推锉时，锉刀容易掌握平衡，一般用于狭长平面的平面度修整，或作为锉刀推进受阻碍时要求锉纹一致而采用的一种补偿方法。由于推锉时锉刀的运动方向不是锉齿的切削方向，且不能充分发挥手的力量，故效率低，只适用于加工余量小的场合和修整尺寸

续表

锉削方法	图示	特点及应用
铲锉		铲锉是利用锉刀前端的弧度对工件表面的局部进行锉削，主要适用于锉削面的修整

四、平面锉削时的注意事项

1. 选择最大的平面作为基准面，先把该面锉削平，使之达到平面度要求。

2. 先锉削大平面后锉削小平面。以大面控制小面，这样可使测量准确，修整方便，误差小，余量小。

3. 先锉削平行面，再锉削垂直面。一方面平行度比垂直度的测量方便，另一方面便于控制尺寸。

五、平面锉削质量分析

锉削平面时常见的质量问题和产生原因见表 5–1–8。

表 5–1–8　　锉削平面时常见的质量问题和产生原因

质量问题	产生原因
工件夹坏	（1）已加工表面被台虎钳钳口夹出伤痕 （2）夹紧力太大，使空心工件被夹扁
尺寸太小	（1）划线不正确 （2）未及时检测尺寸
平面不平	（1）锉削姿势不正确 （2）选用中凹的锉刀，而使锉出的平面中凸
表面粗糙，不光洁	（1）精加工时仍用粗齿锉刀锉削 （2）粗锉时锉痕太深，以至精锉无法去除 （3）切屑嵌在锉齿中未及时清除而将表面拉毛
不应锉削的部位被锉掉	（1）锉直角时未用光边锉刀 （2）锉刀打滑而锉坏相邻面

技能训练

锉削小型手动冲床底板

一、图样（见图 5–1–8）

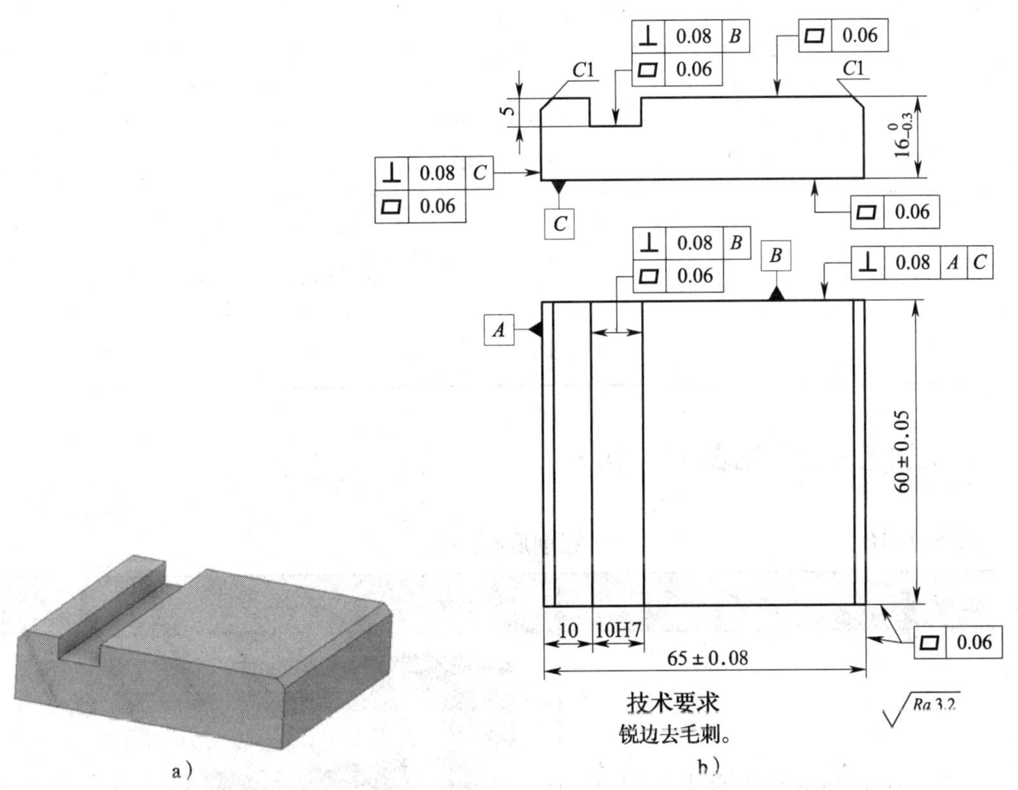

图 5–1–8 底板

a）立体图 b）零件图

二、工量具、设备及材料（见表 5–1–9）

底板的毛坯来源于第四单元课题一技能训练完成的底板直槽件。

表 5–1–9 工量具、设备及材料

名称	规格	件数	名称	规格	件数
游标卡尺	0 ~ 150 mm	1	钢印	0 ~ 8 数字	1
游标高度卡尺	0 ~ 300 mm	1	刀口形直角尺	100 mm × 63 mm	1

续表

名称	规格	件数	名称	规格	件数
锤子	0.45 kg	1	板锉	250 mm、350 mm	1
表面粗糙度比较样块	Ra6.3 ~ 0.8 μm	1 套	台虎钳		1
百分表	0 ~ 10 mm	1	方锉	8 mm × 8 mm	1
磁性表座	V 型	1	整形锉		1 组
毛刷		1	毛坯	45 钢 65 mm × 60 mm × 16 mm	1
锉刀刷		1			

三、加工步骤（见表 5–1–10）

表 5–1–10　　锉削底板步骤

序号	步骤	图示
1	用游标卡尺检查毛坯尺寸，尺寸应为 65 mm × 60 mm × 16 mm	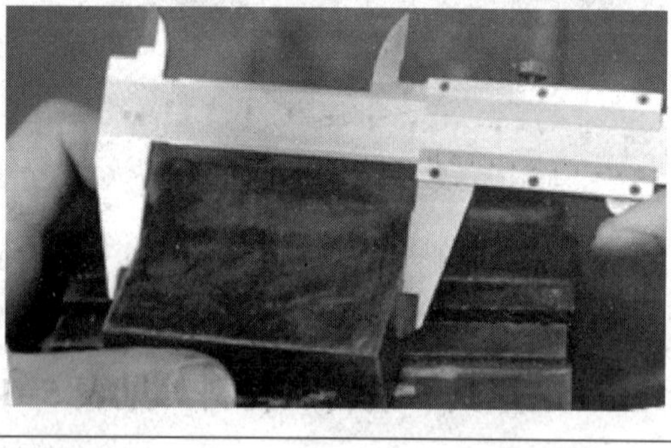
2	锉削基准面 C 面，控制好平面度和表面粗糙度	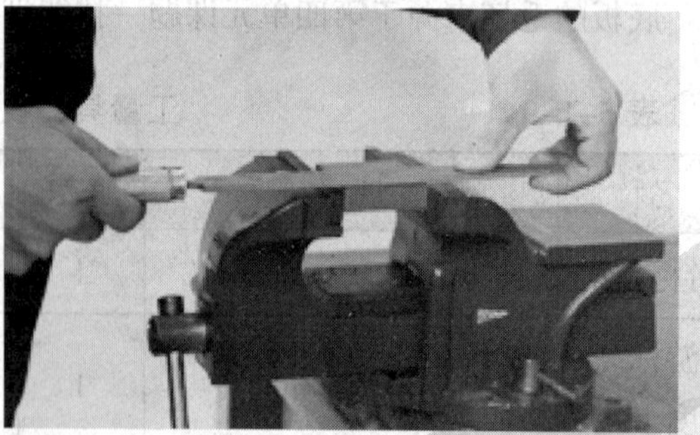

续表

序号	步骤	图示
3	以 *C* 面为基准面，锉削 *C* 面的对面，达到尺寸$16_{-0.3}^{0}$ mm，控制好平面度和表面粗糙度	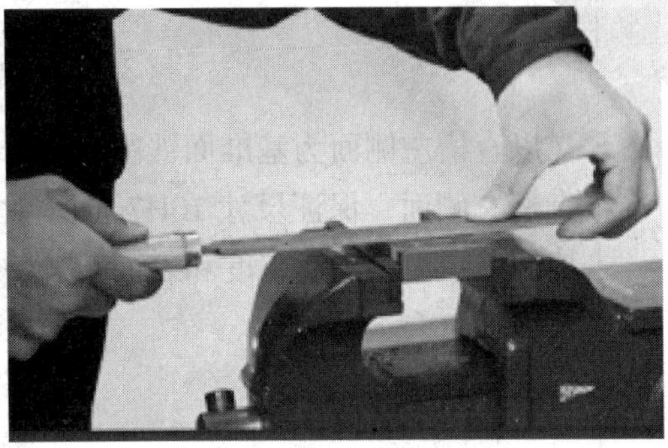
4	锉削基准面 *A* 面，保证 *A* 面垂直于 *C* 面，控制好垂直度、平面度和表面粗糙度	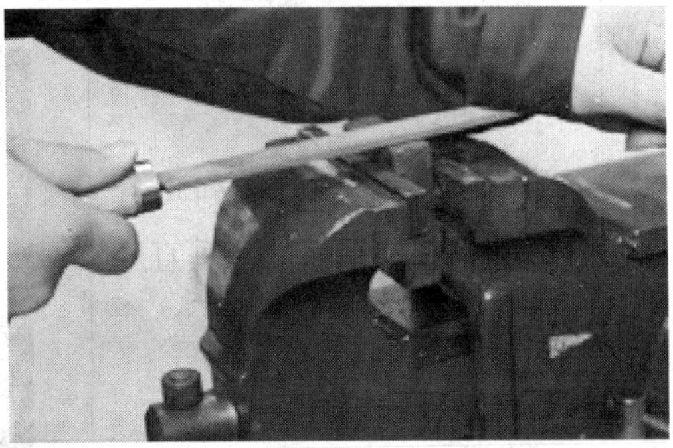
5	锉削基准面 *B* 面，保证 *B* 面与 *A* 面垂直、*B* 面与 *C* 面垂直，控制好平面度和表面粗糙度	
6	以 *A* 面为基准面锉削直槽左侧面，达到尺寸 10 mm，控制好平面度、垂直度和表面粗糙度	

续表

序号	步骤	图示
7	以直槽左侧面为基准面锉削直槽右侧面，保证尺寸 10H7，控制好平面度、垂直度和表面粗糙度	
8	锉削直槽底面，达到尺寸 5 mm，控制好平面度、垂直度和表面粗糙度	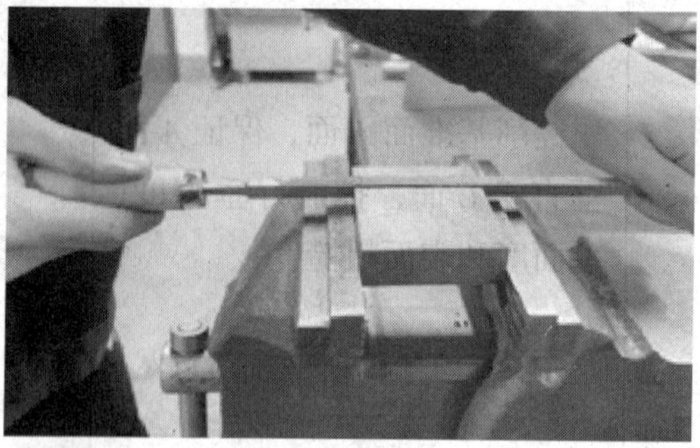
9	以 *A* 面为基准面锉削外形尺寸，达到（65 ± 0.08）mm，控制好平面度和表面粗糙度	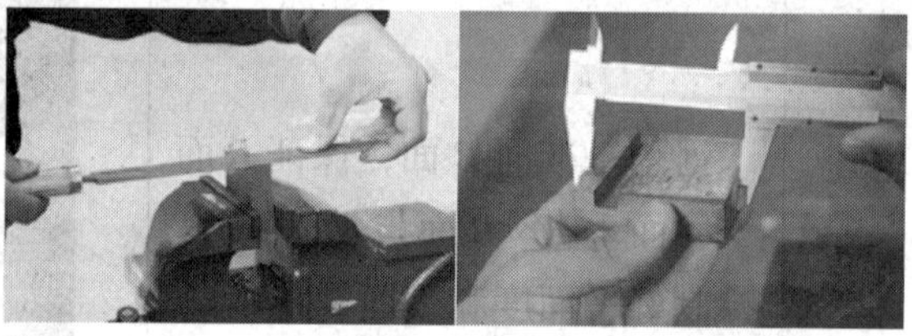
10	以 *B* 面为基准面锉削外形尺寸，达到（60 ± 0.05）mm，控制好平面度和表面粗糙度	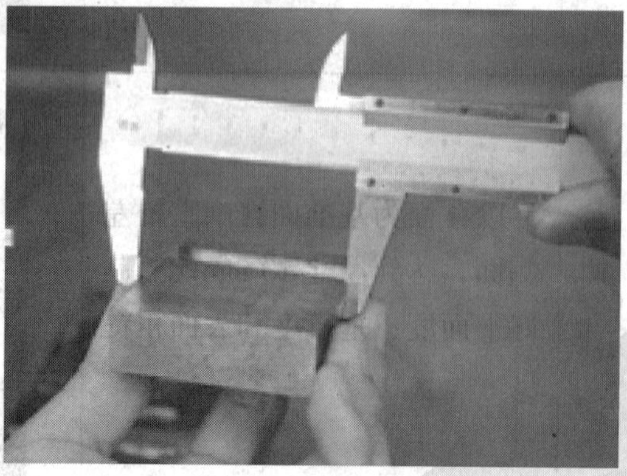

续表

序号	步骤	图示
11	在底板件左、右侧各加工出倒角 *C*1	
12	去除工件上的毛刺	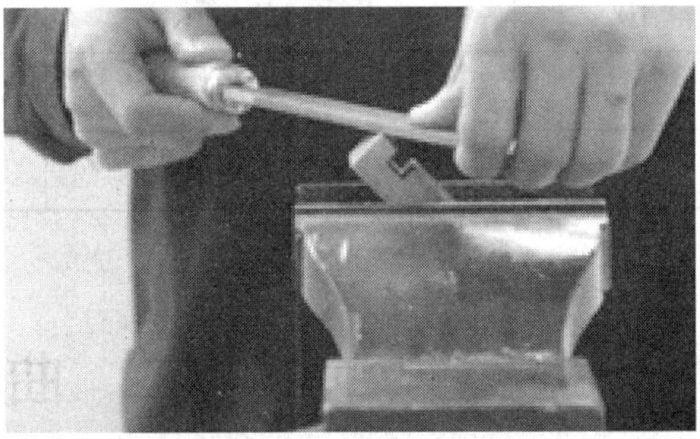
13	在工件上打上学号	

四、质量评价（见表 5–1–11）

表 5–1–11　　　　底板加工质量评价表

序号	图样要求	配分	检测结果	得分
1	⏥ 0.06	4 分 ×8		
2	⊥ 0.08 *B*	4 分 ×3		
3	⊥ 0.08 *C*	3 分		

续表

序号	图样要求	配分	检测结果	得分
4	⊥ 0.08 *A* *C*	3 分		
5	$16_{-0.3}^{0}$ mm	5 分		
6	10 mm	5 分		
7	10H7	5 分		
8	（65 ± 0.08）mm	5 分		
9	（60 ± 0.05）mm	5 分		
10	倒角 *C*1 mm	2 分 ×2		
11	*Ra* ≤ 3.2 μm	18 分		
12	安全文明生产	3 分		

课题二　曲 面 锉 削

一、曲面锉削的应用

曲面锉削的主要应用是配键、曲面零件的加工与修整和圆弧倒角等，见表 5–2–1。

表 5–2–1　　曲面锉削的应用

应用	图示	说明
配键	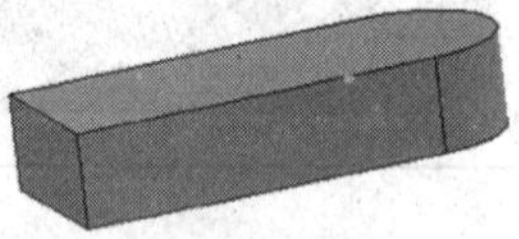	轴上键槽配键，如半圆头平键
曲面零件的加工与修整	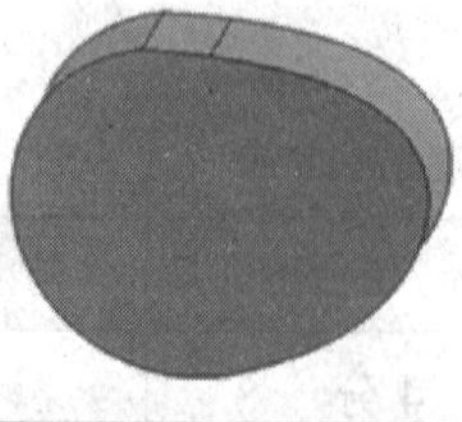	对机械加工较为困难的曲面零件，如曲面样板以及凸轮轮廓曲面等进行加工与修整
圆弧倒角		如零件棱边的圆弧倒角

二、曲面锉削的方法

锉削曲面时，锉刀的握法、锉削站立位置和姿势、锉削力控制、锉削速度的大小均与平面锉削相同，不同之处是锉削方法。

1. 外圆弧面的锉削方法

常见的外圆弧面锉削方法有横向锉法和顺圆弧锉法，锉削时要同时完成两种运动。

（1）横向锉法

横向锉时，锉刀沿着圆弧面的轴线方向做直线运动，同时锉刀不断随圆弧面转动，如图 5-2-1 所示。横向锉锉削效率高，且便于按划线位置均匀地锉近弧线，但只能锉成近似圆弧面的多棱形面，故多用于圆弧面的粗加工。

（2）顺圆弧锉法

顺圆弧锉时，锉刀在做前进运动的同时，还应绕工件圆弧摆动，如图 5-2-2 所示。顺圆弧锉能得到较光滑的圆弧面、较小的表面粗糙度值，但锉削位置不易掌握且效率不高，适用于精加工。

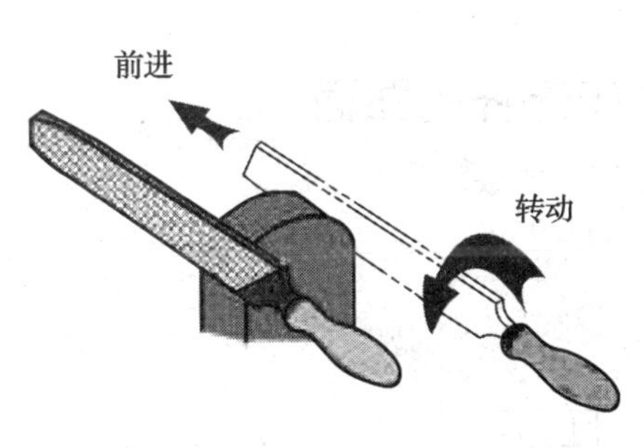

图 5-2-1　横向锉法

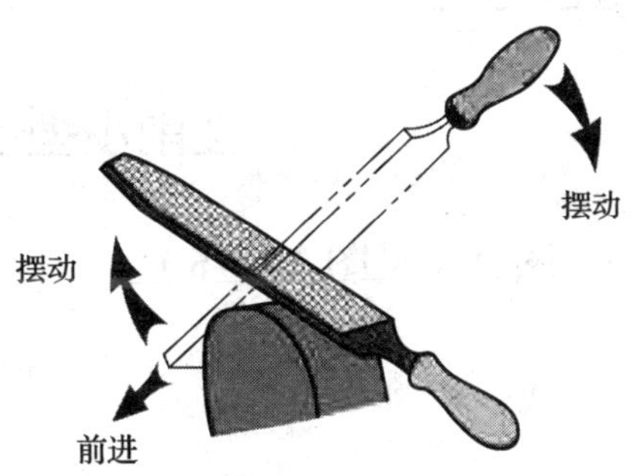

图 5-2-2　顺圆弧锉法

2. 内圆弧面的锉削方法

锉刀要同时完成三个运动：锉刀沿轴线做前进运动，沿圆弧面向左或向右移动，绕锉刀轴线转动，如图 5-2-3 所示。

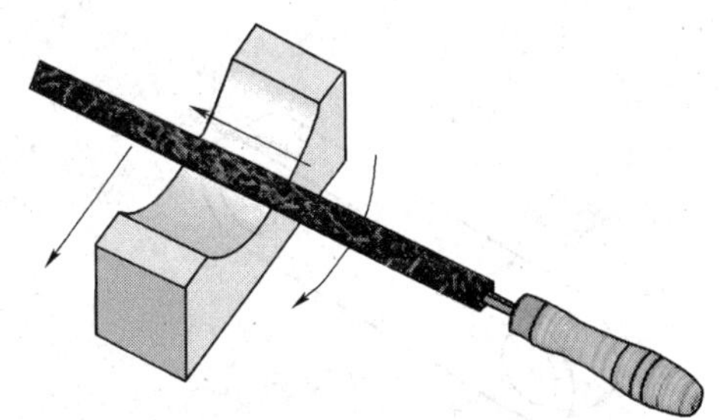
图 5-2-3　内圆弧面的锉削方法

3. 平面与曲面连接的锉削方法

在一般情况下，应先加工平面，然后加工曲面，便于曲面与平面圆滑连接。如果先加工曲面后加工平面，则在加工平面时，由于锉刀侧面无依靠（平面与内圆弧面连接时）而产生左右移动，会使已加工曲面损伤，同时连接处也不易锉得光滑，或圆弧不能与平面相切（平面与外圆弧面连接时）。

4. 球面的锉削方法

锉削球面时要同时完成三个运动，即锉刀的前进、转动和摆动，如图 5-2-4 所示。

三、曲面轮廓度的检查方法

在进行曲面锉削练习时，可用曲面样板通过塞尺或透光法检查曲面轮廓度误差，如图 5–2–5 所示。

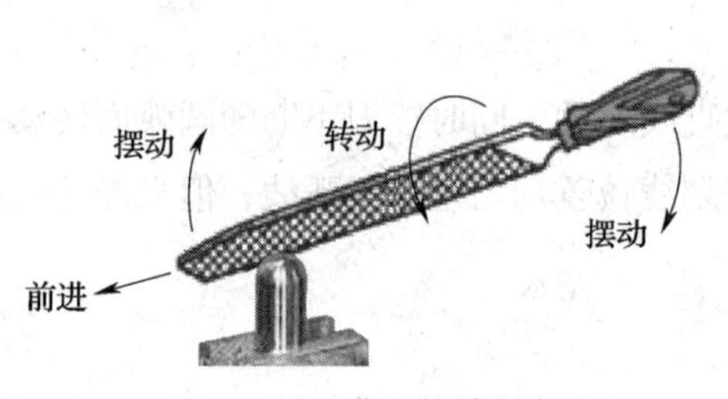

图 5–2–4　球面的锉削方法

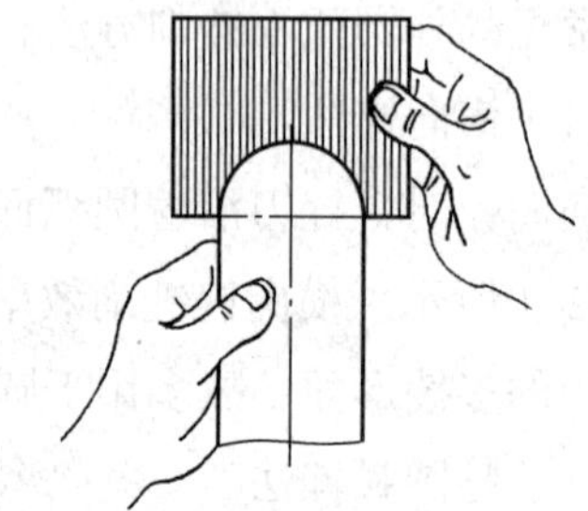

图 5–2–5　检查曲面轮廓度误差

锉削小型手动冲床连杆的曲面

一、图样（见图 5–2–6）

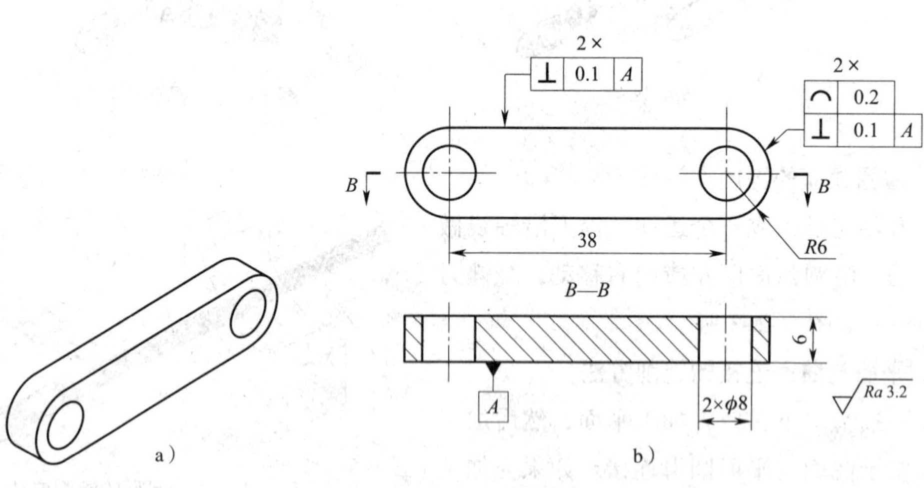

图 5–2–6　连杆

a）立体图　b）零件图

二、工量具、设备及材料（见表 5–2–2）

毛坯来源于第三单元技能训练连杆的划线件。

表 5-2-2 工量具、设备及材料

名称	规格	件数	名称	规格	件数
台虎钳		1	锯条	300 mm	若干
锯弓	300 mm	1	游标卡尺	0 ~ 150 mm	1
板锉	200 mm、250 mm	1	半径样板	*R*1 ~ 6.5 mm	1
表面粗糙度比较样块	*Ra*6.3 ~ 0.8 μm	1 套	毛刷		1
锉刀刷		1	毛坯	45 钢 60 mm × 20 mm × 6 mm	1
刀口形直角尺	100 mm × 63 mm	1			

三、加工步骤（见表 5-2-3）

表 5-2-3 连杆锉削步骤

序号	步骤	图示
1	用钢直尺或游标卡尺检查毛坯尺寸，尺寸应为 60 mm × 20 mm × 6 mm	
2	沿连杆轮廓加工线锯去多余材料	

续表

序号	步骤	图示
3	锉削连杆左右两半圆头间的连接平面，使其与基准面 *A* 垂直，垂直度误差≤ 0.1 mm，且保证尺寸 12 mm，*Ra* ≤ 3.2 μm	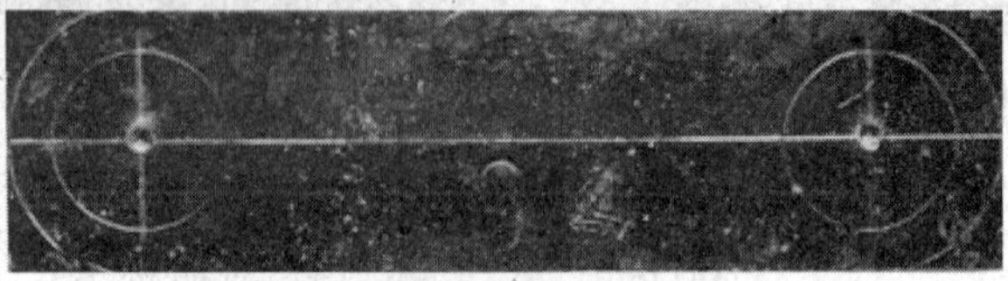 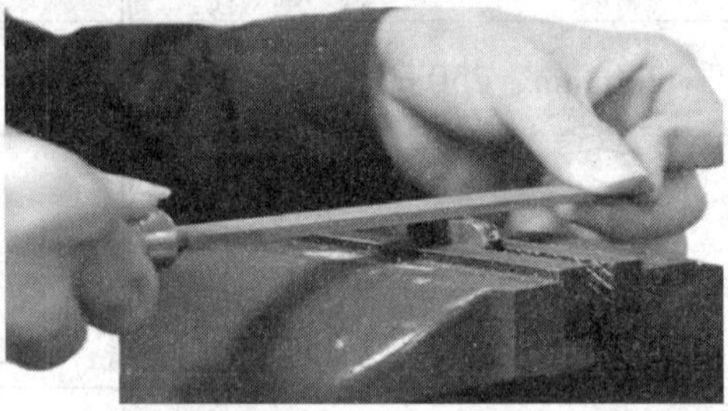
4	锉削连杆右侧半圆头，达到线轮廓度误差 ≤ 0.2 mm，并与基准面 *A* 垂直，垂直度误差 ≤ 0.1 mm；*Ra* ≤ 3.2 μm	
5	锉削连杆件左侧半圆头，达到线轮廓度误差≤0.2 mm，并与基准面 *A* 垂直，垂直度误差 ≤ 0.1 mm；*Ra* ≤ 3.2 μm	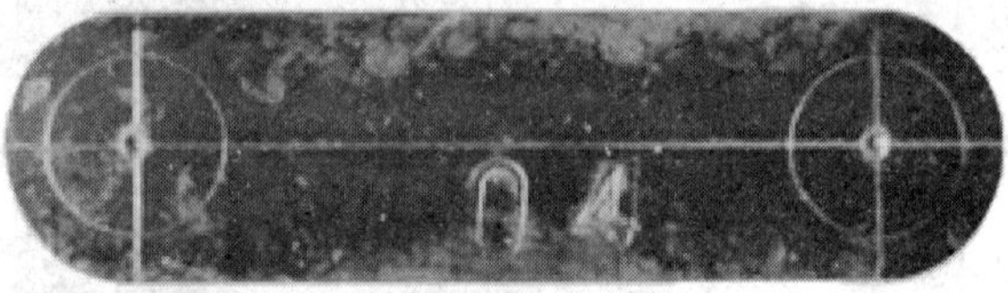
6	去除工件上的毛刺	

续表

序号	步骤	图示
7	用半径样板检测工件是否合格	

四、质量评价（见表 5-2-4）

表 5-2-4　　连杆件加工质量评价表

序号	图样要求	配分	检测结果	得分
1	⌒ 0.2	20 分 ×2		
2	⊥ 0.1 A	5 分 ×4		
3	圆弧与平面连接处光滑	5 分 ×4		
4	$Ra \leqslant 3.2$ μm	12 分		
5	安全文明生产	8 分		

第六单元
孔　加　工

孔加工是钳工的重要操作技能。根据孔的用途不同，孔加工方法可分为两大类：一类是在实体工件上加工出孔，即用麻花钻、中心钻等进行钻孔；另一类是对已有孔进行再加工，即用扩孔钻、锪钻和铰刀进行扩孔、锪孔、铰孔等，如图 6–1–1 所示。

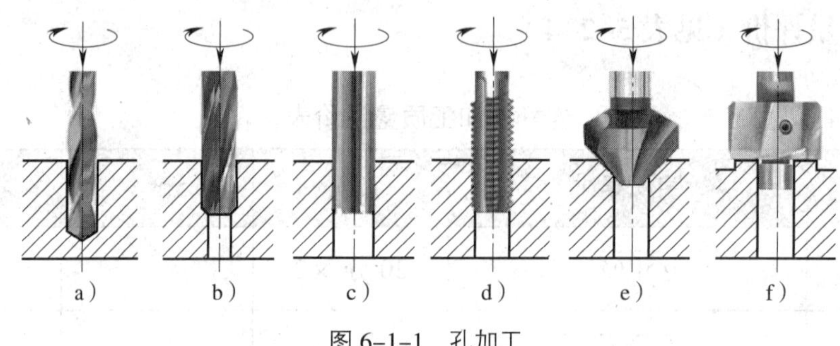

图 6–1–1　孔加工

a）钻孔　b）扩孔　c）铰孔　d）攻螺纹　e）锪埋头孔　f）锪平面

课题一　钻　　孔

一、钻孔概述

用钻头在实体工件上加工出孔的方法称为钻孔。

钻孔时的切削运动主要由两大运动组成：主运动和进给运动。因为在钻削过程中工件被固定在钻床上，切削运动的完成主要由钻床主轴保证，所以，钻削时的主运动为钻床主轴（或钻头）的旋转运动；钻削时的进给运动为钻床主轴（或钻头）的轴向移动，如图 6–1–2 所示。

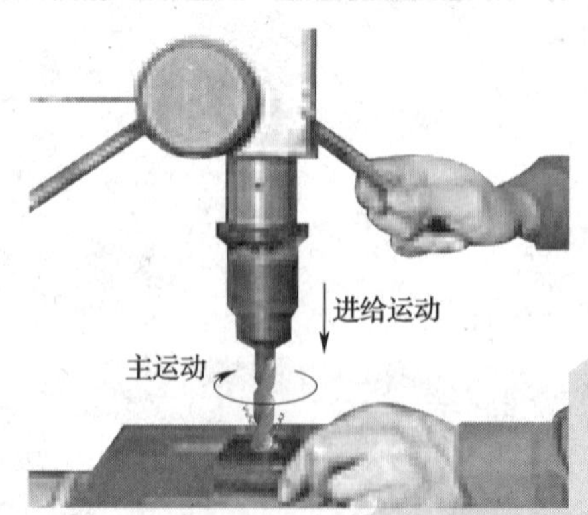

图 6–1–2　钻孔

钻削时，钻头在半封闭的状态下进行切削加工，转速高，切削量大，排屑困难。所以，钻削加工有如下几个特点：

1. 摩擦严重，需要较大的钻削力。

2. 产生的热量多，而且传热、散热困难，切削温度较高。

3. 钻头的高速旋转和较高的切削温度造成钻头磨损严重。

4. 钻削时的挤压和摩擦，容易导致孔壁的冷作硬化现象，给下一道工序增加困难。

5. 钻头细而长，钻孔容易产生振动。

6. 加工精度低，尺寸精度只能达到IT11 ~ IT10，表面粗糙度只能达到*Ra*50 ~ 12.5 μm，常用于加工精度要求不高的孔或作为孔的粗加工。

二、钻孔的方法

1. 钻孔设备

钳工常用的钻孔设备是钻床。钻床是一种用途广泛的孔加工机床，钻床主要是用钻头切削加工精度要求不高的孔，此外，还可以进行扩孔、锪孔、铰孔、攻螺纹等操作。常用钻床按其结构形式可分为台式钻床、立式钻床和摇臂钻床等。

（1）台式钻床

台式钻床简称台钻，是一种小型钻床，具有结构简单、操作方便、生产效率高、灵活性强、易于维修等特点，应用较为广泛。其规格用最大钻孔直径来表示，常用的有ϕ16 mm、ϕ12 mm、ϕ6 mm 等几种。

1）台式钻床的结构（见图 6-1-3）

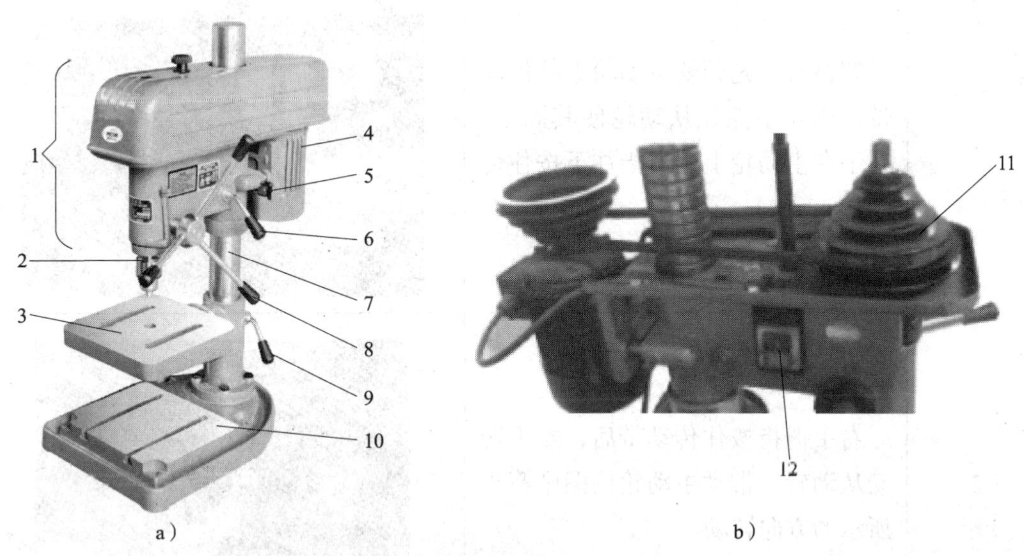

图 6-1-3　台式钻床的结构

1—机头　2—主轴　3—工作台　4—电动机　5—传动带调整锁紧手柄　6—机头锁紧手柄　7—立柱　8—三星进给手柄　9—工作台锁紧手柄　10—底座　11—主轴变速机构　12—电气控制部分

2）台式钻床的运动

①主运动：电动机→带轮、传动带→主轴，实现主轴的旋转运动。

②进给运动：进给手柄→齿轮、套筒→主轴，实现主轴的轴向进给运动。

3）台式钻床速度的调节。台式钻床的主轴一共可以实现五级不同的转速（480 ~ 4 100 r/min），在使用时需根据不同的加工直径及材料对速度进行调整，1 级转速最高，5 级转速最低，如图 6–1–4 所示，转速之间的转换主要依靠一组带轮，通过改变传动带在带轮中的位置来实现转速的调节。

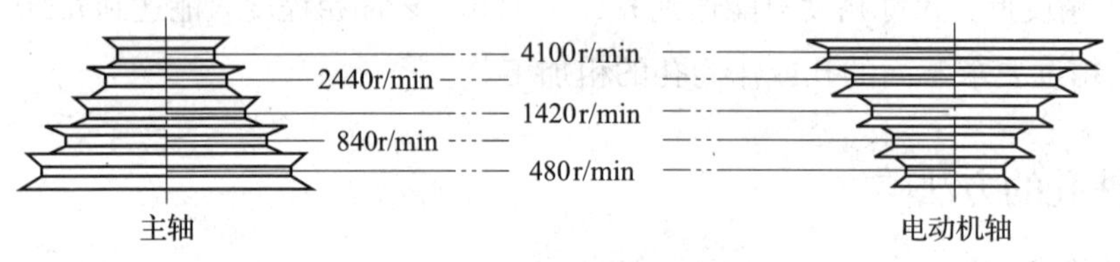

图 6–1–4　台钻的五级转速

调整台钻的速度时，由于电动机所带的塔轮为主动轮，与主轴相连的带轮为从动轮，所以在由高往低调整速度时应使主动轮的直径变小，从动轮的直径变大；由低往高调整速度时，应使主动轮的直径变大，从动轮的直径变小。

①台钻转速由高往低调整的方法（见表 6–1–1）

表 6–1–1　台钻转速调整方法

序号	步骤	图示
1	调整时，先调整主动轮上的传动带，用左手抓住从动轮使其固定，右手在主动轮上用拇指往下按住传动带	
2	右手拇指按住传动带后，左手转动从动轮，带动主动轮按图中箭头所示的方向转动	

续表

序号	步骤	图示
3	由于带轮的转动，使得主动轮的传动带自动滑下	
4	调整从动轮。调整时先用左手抓紧钻夹头固定住主轴，再用右手拇指向下按住传动带	
5	右手拇指按住传动带的同时，左手转动主轴，转动方向如箭头方向所示	
6	传动带在从动轮带动下自动滑入下级	

②台钻转速由低往高调整的方法。台钻转速由低往高调整的方法与由高往低调整相似，但要先往上调整从动轮，再调整主动轮。

4）传动带的张紧。传动带装好后，需要检查松紧程度是否合适，如果不合适则需要对带轮的中心距进行调整或者调整张紧轮。台钻是通过调节两带轮的中心距来张紧传动带的，具体步骤见表 6–1–2。

表 6–1–2　　　　　　　　　　　传动带张紧

序号	步骤	图示
1	钻床速度选好后，用手按传动带，如感觉明显没有张力，如图所示，就需要调节中心距	
2	调整台钻张紧力时移动的是电动机，在调节前先松开电动机止定一侧的止定螺钉，再松开另一侧的止定螺钉	
3	用锤子敲击电动机安装块，敲击时为了防止损伤安装块需垫一木块，或用铜棒敲击	
4	敲击另一侧的安装块	
5	若用手按传动带能明显感到张紧感，表明传动带已张紧。一般以能按下去 10 ~ 15 mm 为适当	

续表

序号	步骤	图示
6	拧紧两侧的止定螺钉，装上安全罩	

（2）立式钻床

立式钻床简称立钻，是一种中型钻床，其结构较为复杂，可实现自动进给，具有变速方便、使用范围广、性能全等优点，并配备了冷却系统，适用于单件、小批量的中、小型零件孔的加工。立式钻床的结构如图 6-1-5 所示。它的最大钻孔直径为 25 mm。在加工时，立式钻床可以实现九种不同的主轴转速（97 ~ 1 360 r/min）和九种不同的主轴进给量（0.1 ~ 0.81 mm/r）。

立式钻床除了能实现主运动和进给运动以外，还能实现两个辅助运动：进给箱的升降运动和工作台的升降运动。

（3）摇臂钻床

摇臂钻床是钳工使用的一种较为大型的孔加工设备，内部结构复杂。目前，该类钻床大部分将机械、液压和电气控制融为一体，其自动化程度较高，适用于在中、大型零件上进行钻孔、扩孔、铰孔、锪平面及攻螺纹等工作，在有工艺装备的条件下，还可以进行镗孔，是具有广泛用途的万能型机床。摇臂钻床的结构如图 6-1-6 所示。

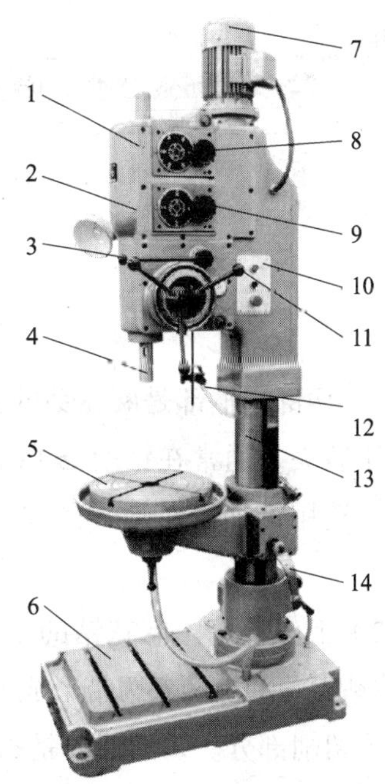

图 6-1-5　立式钻床的结构

1—主轴箱　2—进给箱　3—自动进给手柄　4—主轴　5—工作台　6—底座　7—主电动机　8—主轴变速手轮　9—进给量调节手柄　10—电气控制部分　11—三星手动进给手柄　12—照明装置　13—立柱　14—工作台升降手柄

2. 麻花钻

麻花钻是指容屑槽由螺旋面构成的钻头，工作部分的形状像麻花一样，它是钳工常用的主要钻孔刀具，主要用来在实体材料上钻削直径 100 mm 以下的孔。麻花钻的规格用直径表示（在靠近切削部分处测量）。麻花钻的工作部分用 W6Mo5Cr4V2 或其他同等性能的普通高速钢制造，淬火后硬度达 62.5 ~ 66.5HRC，也可用高性能高速钢制造，淬火后硬度可达 64 ~ 68HRC。

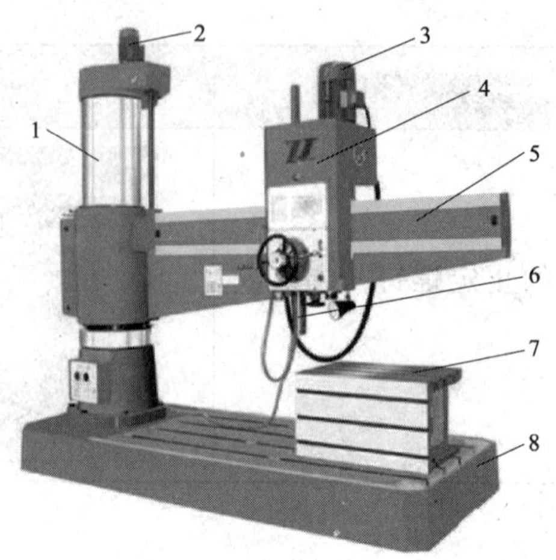

图 6–1–6　摇臂钻床的结构

1—立柱　2—升降电动机　3—主电动机　4—主轴箱　5—摇臂　6—主轴　7—工作台　8—底座

（1）标准麻花钻的结构

标准直柄麻花钻由柄部、工作部分组成，如图 6–1–7a 所示；标准锥柄麻花钻由柄部、颈部和工作部分组成，如图 6–1–7b 所示。

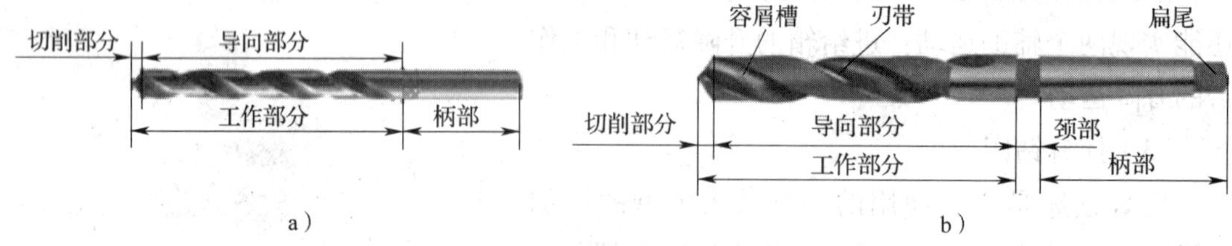

图 6–1–7　麻花钻的组成

a）直柄麻花钻　b）锥柄麻花钻

1）柄部。柄部是麻花钻的夹持部分，主要用来连接钻床主轴、定心并传递动力。为了便于装夹，通常在钻削 ϕ13 mm 以下的孔时，选用直柄麻花钻；钻削 ϕ13 mm 以上的孔时，选用锥柄麻花钻。在锥柄的小端有一扁尾，以备嵌入锥孔的槽中，作顶出钻头之用。

2）工作部分。麻花钻的工作部分包括切削部分（又称钻尖）和由两条刃带形成的导向部分。

①切削部分。切削部分是指由产生切屑的各要素（主切削刃、副切削刃、横刃、前面、后面、刀尖）所组成的工作部分，如图 6–1–8 所示，它承担着主要的切削工作。标准麻花钻的切削部分由五刃（两条主切削刃、两条副切削刃和一条横刃）、六面（两个前面、两个后面和两个副后面）和三尖（一个钻尖和两

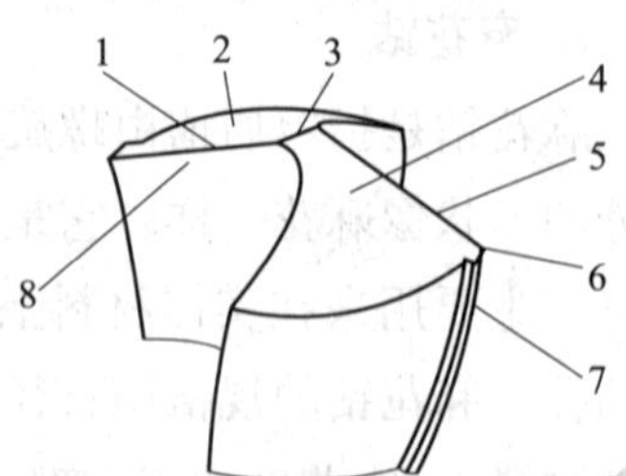

图 6–1–8　麻花钻的切削部分

1—主切削刃　2、4—后面　3—横刃　5—主切削刃　6—刀尖　7—副切削刃　8—前面

个刀尖）组成。

②导向部分。导向部分用来保持麻花钻钻孔时的正确方向，副切削刃（又称刃带导向刃，即刃带与容屑槽的交线）可修光孔壁。为了减少刃带与孔壁的摩擦，便于导向，麻花钻的导向部分直径略有倒锥（用倒锥度表示，每 100 mm 长度为 0.02 ~ 0.12 mm，但总倒锥量不应超过 0.25 mm）。

3）颈部。颈部是锥柄麻花钻的工作部分与柄部之间的过渡部分，是锥柄麻花钻在磨削加工时预留的退刀槽，钻头的规格、材料及商标常打印在颈部。

（2）麻花钻切削角度

1）确定麻花钻切削角度的辅助平面。为了确定麻花钻的切削角度，需要引进几个辅助平面，见表 6–1–3。

表 6–1–3　　确定麻花钻切削角度的辅助平面

名称	定义及说明	图示
结构基面	与主切削刃上的外缘转点和横刃转点连线相平行且通过钻心的平面	
基面	通过切削刃选定点，且垂直于该点切削速度方向的平面，实际上是通过该点与钻心连线的径向平面。由于麻花钻两主切削刃不通过钻心，所以主切削刃上各点的基面也就不同	
切削平面	切削刃选定点的切削平面，是由该点的切削速度方向和过该点切削刃的切线两者所成的平面。标准麻花钻主切削刃为直线，其切线就是切削刃本身。切削平面即该点切削速度方向与切削刃构成的平面	
正交平面	通过主切削刃上选定点并垂直于基面和切削平面的平面	
柱剖面	通过主切削刃上选定点作与麻花钻轴线平行的直线，该直线绕麻花钻轴线旋转所形成的圆柱面的切面	

2）标准麻花钻的切削角度（见图 6–1–9）。标准麻花钻切削角度的定义、作用及特点见表 6–1–4。

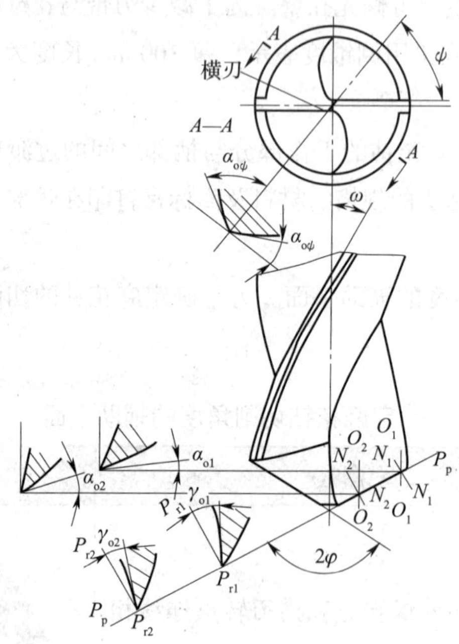

图 6–1–9　标准麻花钻的切削角度

表 6–1–4　　　　标准麻花钻切削角度的定义、作用及特点

切削角度	定义	作用及特点
螺旋角 ω	刃带导向刃上选定点的切线与包含该点及轴线组成的平面间的夹角	麻花钻不同直径处的螺旋角是不同的，外径处螺旋角最大，越接近中心螺旋角越小。螺旋角增大则前角增大，有利于排屑，但钻头刚度下降。麻花钻的螺旋角通常为 30°
前角 γ_o	在正交平面（图 6–1–9 中 N_1—N_1 或 N_2—N_2）内，前面与基面间的夹角	前角大小决定着切除材料的难易程度和切屑在前面上的摩擦阻力大小。前角越大，切削越省力。由于麻花钻的前面是一个螺旋面，因此主切削刃上的前角大小是变化的：近外缘处最大，可达 γ_o=30°；自外向内逐渐减小，在钻心至 D/3 范围内为负值；横刃处的前角 γ_o=–60° ~ –54°，接近横刃处的前角 γ_o=–30°

续表

切削角度	定义	作用及特点
主后角 α_o	在柱剖面（图 6-1-9 中 O_1—O_1 或 O_2—O_2）内，后面与切削平面间的夹角	主后角的作用是减小麻花钻后面与切削面间的摩擦。主切削刃上各点主后角也是变化的：外缘处较小，自外向内逐渐增大。直径 D=15 ~ 30 mm 的麻花钻，外缘处主后角 α_o=9° ~ 12°，钻心处主后角 α_o=20° ~ 26°，横刃处主后角 α_o=30° ~ 36°
顶角 2φ	两条主切削刃在其平行平面 M—M 上的投影间的夹角	顶角影响主切削刃上轴向力的大小。顶角越小，轴向力越小，外缘处刀尖角越大，利于散热和提高麻花钻的使用寿命。但在相同条件下，麻花钻所受转矩增大，切屑变形加剧，排屑困难，不利于润滑。顶角的大小一般根据麻花钻的加工条件而定。标准麻花钻的顶角 2φ=118° ± 2°，其大小对主切削刃形状的影响如图 6–1–10 所示
横刃斜角 ψ	主切削刃与横刃在垂直于麻花钻轴线的平面上投影间的夹角	当麻花钻后面磨出后，横刃斜角自然形成，其大小与主后角有关。主后角大，则横刃斜角小，横刃较长。标准麻花钻的横刃斜角 ψ =50° ~ 55°

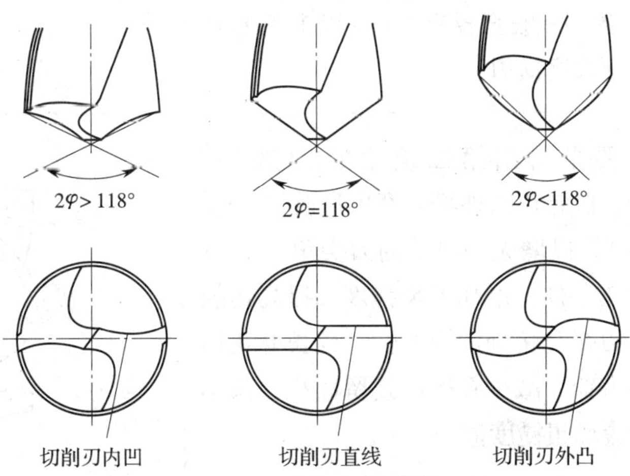

图 6–1–10　顶角对主切削刃形状的影响

（3）标准麻花钻的缺点

1）横刃较长，横刃处前角为负值，在切削中，横刃处于挤刮状态，产生很大的轴向力，定心不良。

2）主切削刃上各点前角大小不一样，致使各点切削性能不同。靠近钻心处前角为负，处于挤刮状态，切削性能差，产生热量大，磨损严重。

3）麻花钻刃带处副后角为零。靠近切削部分的刃带与孔壁摩擦比较严重，产生热量大，易磨损。

4）主切削刃外缘处的刀尖角较小，前角很大，刀齿薄弱，而此处的切削速度最高，故产生切削热最多，磨损极为严重。

5）主切削刃长，且全宽参与切削，分屑、断屑、排屑困难。

（4）标准麻花钻的修磨

由于麻花钻存在诸多缺点，因此在使用前，应根据工件材料和加工精度要求的不同，对其切削部分进行修磨，以改善麻花钻的切削性能，提高钻削效率和延长刀具使用寿命。标准麻花钻的修磨方法及要求见表 6–1–5。

表 6–1–5　　标准麻花钻的修磨方法及要求

修磨部位	修磨方法及要求	图示
修磨短横刃并增大靠近钻心处的前角	这是最基本的修磨方式。修磨后横刃的长度 b 为原来的 1/5 ~ 1/3，以减小轴向抗力和挤刮现象，提高麻花钻的定心作用和切削的稳定性。同时，在靠近钻心处形成内刃，内刃斜角 τ=20° ~ 30°，内刃处前角 γ_τ=–15° ~ 0°，切削性能得以改善。一般直径在 5 mm 以上的麻花钻均须修磨横刃	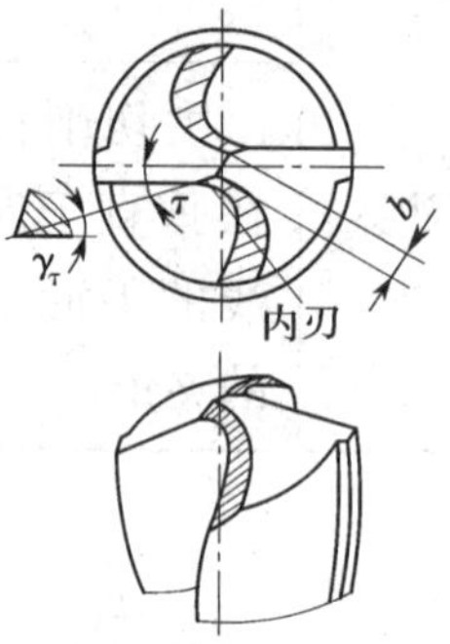 τ b γ_τ 内刃
修磨主切削刃	主要是磨出第二顶角 2φ_o（70° ~ 75°）。在麻花钻外缘处磨出过渡刃（f_o= 0.2 d），以增大外缘处的刀尖角 ε，改善散热条件，增加刀齿强度，提高切削刃与刃带交角处的耐磨性，延长麻花钻使用寿命，减少孔壁的残留面积，减小孔的表面粗糙度值	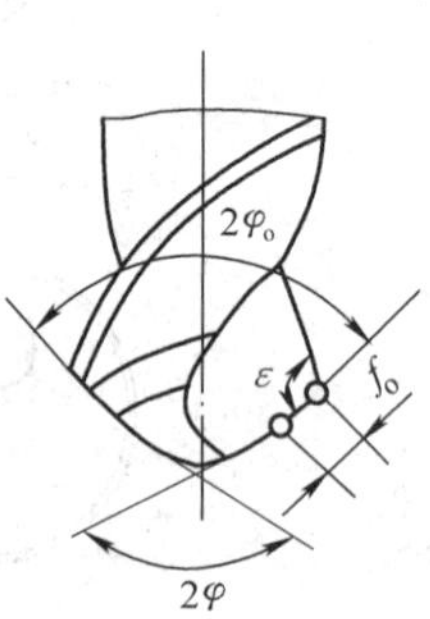 $2\varphi_o$ ε f_o 2φ
修磨刃带	在靠近主切削刃的一段刃带上，磨出副后角 α_{o1}=6° ~ 8°，并保留刃带宽度为原来的 1/3 ~ 1/2，以减少对孔壁的摩擦，延长麻花钻使用寿命	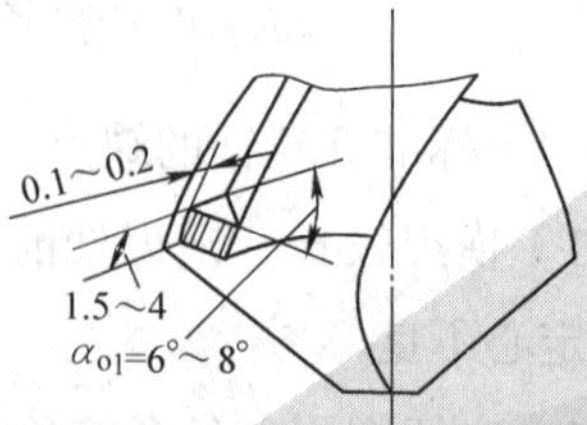 0.1～0.2 1.5～4 α_{o1}=6°～8°

续表

修磨部位	修磨方法及要求	图示
修磨前面	修磨外缘处前面，可以减小此处的前角，提高刀齿的强度。钻削黄铜时，可以避免“扎刀”现象	磨去 A—A
修磨分屑槽	在两个后面或前面上磨出几条相互错开的分屑槽，使切屑变窄，以利排屑。直径大于 15 mm 的麻花钻都可磨出分屑槽	前面开槽 后面开槽

3. 钻削用量

（1）钻削用量三要素

钻削用量三要素包括切削速度、进给量和背吃刀量，如图 6–1–11 所示。

1）切削速度（v）。钻孔时钻头直径上一点的线速度。可由下式计算：

$$v=\frac{\pi Dn}{1\ 000}$$

式中　v——切削速度，m/min；

D——钻头直径，mm；

n——钻床主轴转速，r/min。

2）进给量（f）。主轴每转一转，钻头沿主轴轴线相对工件的移动量，单位是 mm/r。

3）背吃刀量（a_p）。已加工表面与待加工表面之间的垂直距离。钻削时的背吃刀量为孔径的一半，即 $a_p=D/2$。

（2）钻削用量的选择

钻削用量的选用原则：在允许范围内，尽量先选较大的进给量 f，当进给量受到表面粗糙度和钻头刚度的限制时，再考虑选较大的切削速度 v。

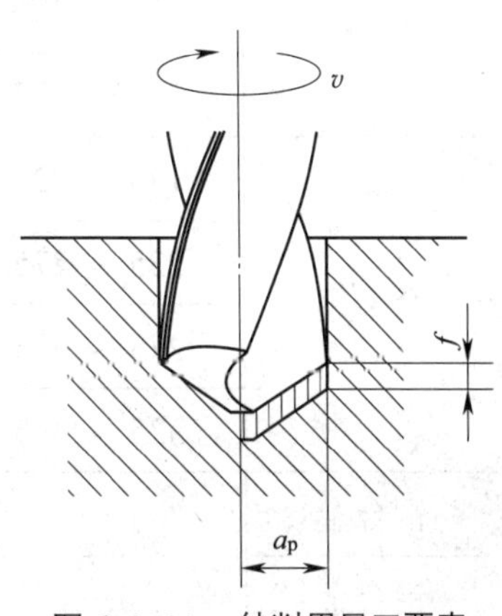

图 6–1–11　钻削用量三要素

1）背吃刀量的选择。直径小于 30 mm 的孔一次钻出，达到规定要求的孔径和孔深。直径为 30 ~ 80 mm 的孔可分为两次钻削，先用（0.5 ~ 0.7）D（D 为要求的孔径）的钻头钻底孔，然后用直径为 D 的钻头将孔扩大至要求尺寸，这样可以提高钻孔质量，减少轴向力，保护机床和刀具等。

2）进给量的选择。当孔的尺寸精度、表面粗糙度要求较高时，应选较小的进给量；钻小孔、深孔时，由于钻头细而长，强度低，刚度差，易扭断，应选较小的进给量。

3）钻削速度的选择。当钻头的直径和进给量确定后，钻削速度应按钻头的使用寿命选取合理的数值，一般根据经验选取。孔深较大时，应取较小的切削速度。

具体选择钻削用量时，应根据钻头直径、钻头材料、工件材料、加工精度及表面粗糙度等方面的要求，凭经验或参考表 6–1–6 和表 6–1–7 选取。

表 6–1–6　　高速钢麻花钻的进给量选择

钻头直径 D / mm	＜3	3 ~ 6	6 ~ 12	12 ~ 25	＞25
进给量 f /（mm / r）	0.025 ~ 0.05	0.05 ~ 0.10	0.10 ~ 0.18	0.18 ~ 0.38	0.38 ~ 0.62

表 6–1–7　　高速钢麻花钻的切削速度选择

加工材料	硬度 HBW	切削速度 v/（m / min）	加工材料	硬度 HBW	切削速度 v/（m / min）
低碳钢	100 ~ 125	27	可锻铸铁	110 ~ 160	42
	125 ~ 175	24		160 ~ 200	25
	175 ~ 225	21		200 ~ 240	20
中、高碳钢	125 ~ 175	22		240 ~ 280	12
	175 ~ 225	20	球墨铸铁	140 ~ 190	30
	225 ~ 275	15		190 ~ 225	21
	275 ~ 325	12		225 ~ 260	17
合金钢	175 ~ 225	18		260 ~ 300	12
	225 ~ 275	15	灰铸铁	100 ~ 140	33
	275 ~ 325	12		140 ~ 190	27
	325 ~ 375	10		190 ~ 220	21
铜合金	—	30 ~ 60		220 ~ 260	15
铝合金	—	75 ~ 90		260 ~ 320	9

4. 钻孔用切削液

合理选用切削液可以改善切屑、工件与刀具间的摩擦情况，抑制积屑瘤，从而有效地减小切削力，降低切削温度，延长刀具使用寿命，防止工件变形和改善已加工表面质量。此外，选用高性能切削液也是改善某些难加工材料切削性能的一个重要措施。

（1）切削液的作用

1）冷却作用：切削液浇注在工件和刀具上，可降低切削温度和减小工件、刀具、夹具、机床的热变形。

2）润滑作用：切削液渗透到刀具、切屑与加工表面之间，形成吸附膜，从而减小摩擦、粘接和磨损，提高已加工表面质量。

3）排屑和洗涤作用：利用浇注或高压喷射切削液来排除切屑或引导切屑流向，并冲洗散落在机床及工件上的细屑与磨粒。

4）防锈作用：在切削液中加入防锈添加剂，与金属表面起化学反应生成保护膜，起防锈、防蚀作用。

（2）钻孔用切削液的选择

钻孔一般属于粗加工，钻削过程中，钻头处于半封闭状态下工作，摩擦严重，散热困难。注入切削液是为了延长钻头使用寿命和提高切削性能，因此应以冷却为主。

钻孔时由于加工材料和加工要求不同，所用切削液的种类和作用也不一样。钻孔用切削液的选择见表 6–1–8。

表 6–1–8　　钻孔用切削液的选择

工件材料	切削液
各类结构钢	3% ~ 5% 乳化液、7% 硫化乳化液
不锈钢、耐热钢	3% 肥皂加 2% 亚麻油水溶液、硫化切削油
纯铜、黄铜、青铜	不用或 5% ~ 8% 乳化液
铸铁	不用或 5% ~ 8% 乳化液、煤油
铝合金	不用或 5% ~ 8% 乳化液、煤油、煤油与菜籽油的混合油
有机玻璃	5% ~ 8% 乳化液、煤油

在高强度材料上钻孔时，钻头前面要承受较大的压力，为减小摩擦和钻削阻力，可在切削液中增加硫、二硫化钼等成分，如硫化切削油。

在塑性、韧性较大的材料上钻孔，要求加强润滑作用，在切削液中可加入适当的动物油和矿物油。

孔的精度要求较高和表面粗糙度值要求很小时，应选用主要起润滑作用的切削液，如菜籽油、猪油等。

5. 钻孔方法

钻孔方法见表 6–1–9。

表 6–1–9　　钻孔方法

<table>
<tr><td rowspan="2">钻孔前的划线</td><td>图示</td><td>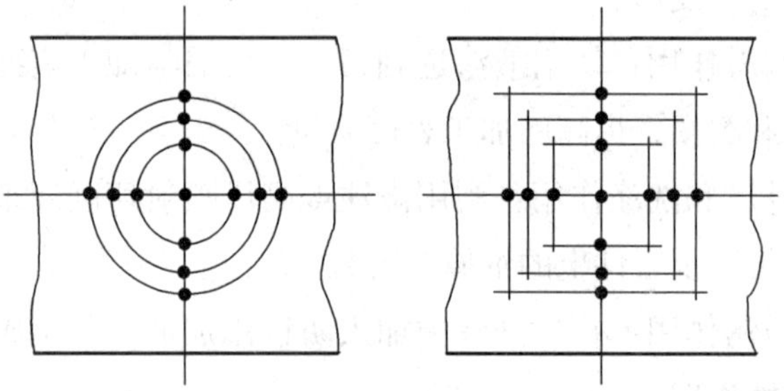</td></tr>
<tr><td>方法</td><td>按钻孔的位置尺寸要求，划出孔位的十字中心线，并打上中心样冲眼，要求样冲眼要小，样冲眼中心要与十字交点重合。按孔的大小划出孔的圆周线，为了便于在钻孔时检查和借正钻孔的位置，对较大的孔径，可以划出几个大小不等的检查圆。当钻孔的位置精度要求较高时，为了避免敲击中心样冲眼时产生偏差，也可直接划出以孔中心为对称中心的几个大小不等的方框，作为钻孔时的检查线</td></tr>
<tr><td>工件的装夹</td><td>图示</td><td>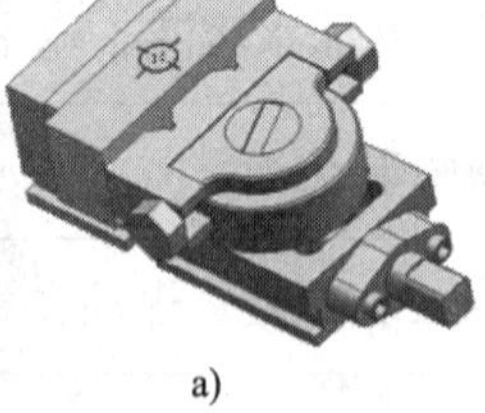
a)

b)
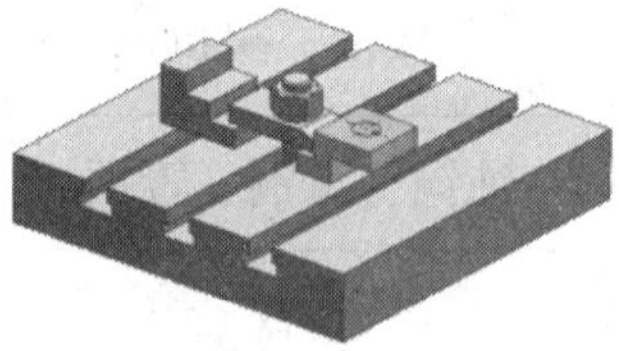
c)
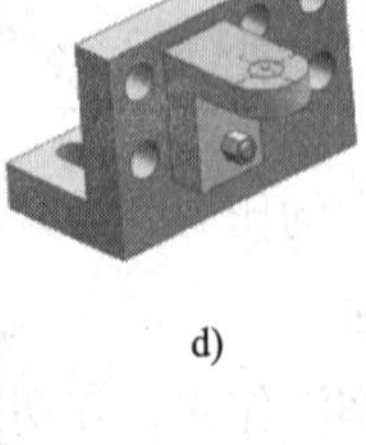
d)
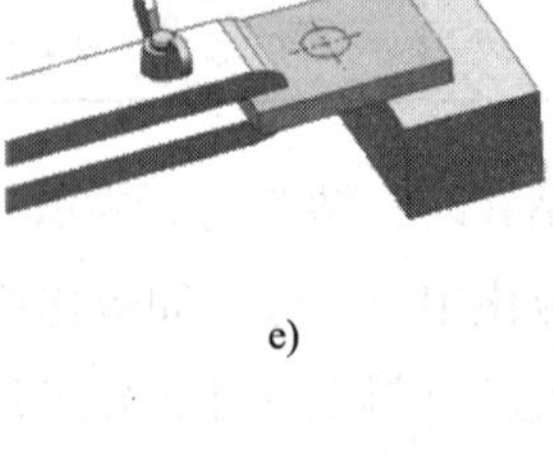
e)
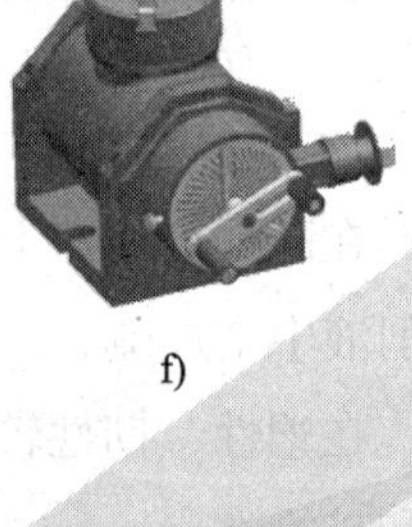
f)</td></tr>
</table>

续表

工件的装夹	方法	钻孔时，应根据钻孔直径大小、工件形状及钻削力大小等情况，采用不同的装夹方法，以保证钻孔的质量和安全。常用的基本装夹方法如下： （1）平整的工件可用平口钳装夹，如图 a 所示 （2）圆柱形的工件可用 V 形架装夹，如图 b 所示 （3）对较大的工件且钻孔直径在 10 mm 以上时，可用阶梯垫铁配压板夹持的方法进行钻孔，如图 c 所示 （4）底面不平或加工基准在侧面的工件，可用角铁进行装夹，如图 d 所示 （5）在小型工件或薄板件上钻小孔时，可将工件放置在定位块上，并用手虎钳进行夹持，如图 e 所示 （6）在圆柱工件端面钻孔时，可用分度头进行装夹，如图 f 所示
麻花钻的装拆	图示	松 紧 a） 装 过渡套 拆 b）
	方法	对于直径小于 13 mm 的直柄麻花钻，可直接在钻夹头中夹持，先将麻花钻柄部塞入钻夹头的三只卡爪内，其夹持长度不能小于 15 mm，然后用钻夹头钥匙旋转外套，使环形螺母带动三只卡爪移动，做夹紧或放松动作，如图 a 所示 对于直径大于 13 mm 的锥柄麻花钻，用柄部的锥体直接与钻床主轴相连。连接时必须将麻花钻锥柄及主轴锥孔擦干净，且使扁尾的长度方向与主轴上的腰形孔中心线方向一致，利用加速冲力一次装接。当麻花钻锥柄小于主轴锥孔时，可加过渡套来连接。过渡套内的麻花钻和钻床主轴上的麻花钻的拆卸是将楔铁敲入过渡套或钻床主轴上的腰形孔内，楔铁带圆弧的一边要放在上面，利用楔铁斜面的张紧分力，使麻花钻与过渡套或主轴分离，如图 b 所示

续表

<table>
<tr><td rowspan="2">找正</td><td>图示</td><td> 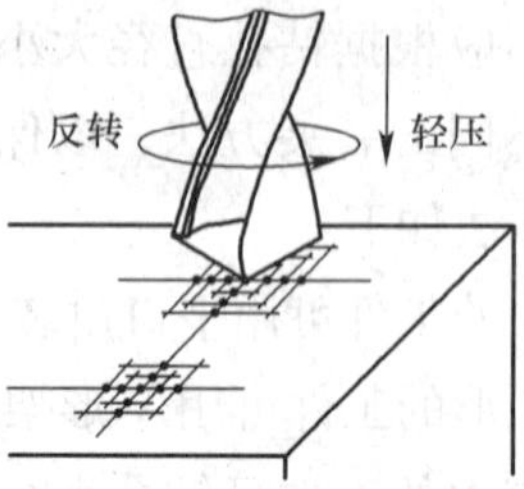反转 轻压 抬起 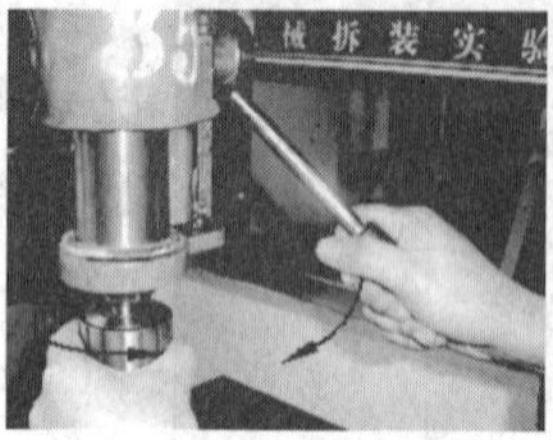</td></tr>
<tr><td>方法</td><td>找正时，要先用钻头的钻尖对准所划中心线的样冲眼，用右手操纵操作手柄，使钻头轻压在工件表面上，左手反转钻夹头，使钻尖再次自动找正对正中心样冲眼</td></tr>
<tr><td rowspan="2">起钻</td><td>图示</td><td></td></tr>
<tr><td>方法</td><td>找正后抬起操作手柄，使钻尖与工件表面距离 10 mm 左右，启动钻床。然后左手轻扶平口钳，右手转动操作手柄，进行正常钻削</td></tr>
<tr><td rowspan="2">起钻偏位校正方法</td><td>图示</td><td> 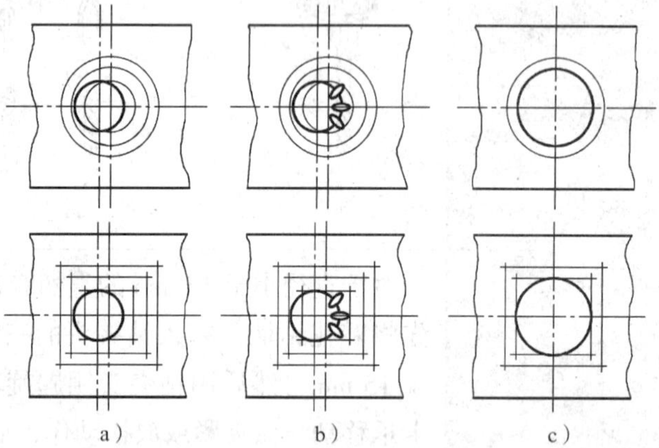a） b） c）
a）偏位 b）錾槽校正 c）正确</td></tr>
<tr><td>方法</td><td>钻孔时，先使钻头对准钻孔中心钻出一浅坑，然后观察钻孔位置是否正确，并不断校正，使浅坑与划线圆同轴。校正方法：如果偏位较少，可在起钻的同时用力将工件向偏位的相反方向推移，达到逐步校正的目的；如果偏位较多，可以在偏位的反方向打几个样冲眼或用錾子錾出几条槽，以减小该部位的钻削阻力，达到校正的目的。无论采用哪种方法，都必须在浅坑外圆小于钻头直径之前完成</td></tr>
</table>

续表

手动进给操作	图示	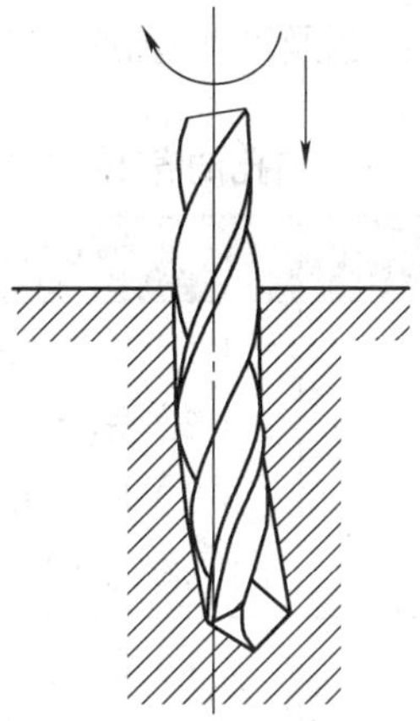
	方法	手动进给时，进给用力不应使钻头产生弯曲，以免钻孔轴线歪斜（见上图）。当孔将要钻穿时，必须减小进给量，如果采用自动进给，此时最好改为手动进给，因为当钻尖将要钻穿工件材料时，轴向阻力突然减小，由于钻床进给机构的间隙和弹性变形的恢复，将使钻头以很大的进给量自动切入，会导致钻头折断或钻孔质量降低。钻不通孔时，可按钻孔深度调整挡块，并通过测量实际尺寸来检查钻孔的深度是否达到要求。钻深孔时，钻头要经常退出排屑，防止钻头因切屑堵塞而扭断

三、钻孔时的注意事项

1. 钻孔前检查钻床的润滑、调速是否良好，工作台面应清洁干净，不准放置刀具、量具等物品。

2. 操作钻床时不可戴手套，袖口必须扎紧，女生戴好工作帽。

3. 工件必须夹紧，特别在小工件上钻较大直径孔时，装夹必须牢固，孔将钻穿时，要尽量减小进给力。

4. 开动钻床前，应检查是否有钻夹头钥匙或楔铁插在转轴上。

5. 操作者的头部不能太靠近旋转着的钻床主轴，停车时应让主轴自然停止，不能用手刹住，也不能反转制动。

6. 钻孔时不能用手和棉纱或用嘴吹来清除切屑，必须用刷子清除，当切屑绕在钻头上时，要用钩子钩去或停车清除。

7. 严禁在开车状态下装拆工件，检验工件和变速须在停车状态下完成。

8. 清洁钻床或加注润滑油时，必须切断电源。

四、钻孔质量分析

钻孔时常见的质量问题及产生原因见表 6–1–10。

表 6–1–10　　钻孔时常见的质量问题及产生原因

质量问题	产生原因
孔径大于规定尺寸	（1）麻花钻两切削刃长度不等，高低不一致 （2）钻床主轴径向偏摆或工作台未锁紧，松动 （3）麻花钻本身弯曲或装夹不好，使麻花钻有过大的径向圆跳动现象
孔壁粗糙	（1）麻花钻不锋利 （2）进给量太大 （3）切削液选用不当或供应不足 （4）麻花钻过短，排屑槽堵塞
孔位偏移	（1）工件划线不正确 （2）麻花钻横刃太长，定心不准，起钻偏位而没有校正
孔歪斜	（1）与待钻孔垂直的平面与主轴不垂直，或钻床主轴与工作台面不垂直 （2）工件安装时，安装接触面上的切屑未清除干净 （3）工件装夹不牢，钻孔时产生歪斜，或工件有砂眼 （4）进给量过大使麻花钻产生弯曲变形
孔呈多棱形	（1）麻花钻后角太大 （2）麻花钻两主切削刃长短不一，角度不对称
麻花钻工作部分折断	（1）麻花钻用钝后仍然继续使用 （2）钻孔时未经常退钻排屑，使切屑在麻花钻螺旋槽内阻塞 （3）孔将钻通时没有减小进给量 （4）进给量过大 （5）工件未夹紧，钻孔时产生松动 （6）在钻黄铜类软金属时，麻花钻后角太大，前角又没有修磨小，造成“扎刀”
切削刃迅速磨损或碎裂	（1）切削速度太高 （2）没有根据工件材料的硬度刃磨钻头角度 （3）工件表面或内部硬度高或有砂眼 （4）进给量过大 （5）切削液不足

课题二　扩孔与锪孔

一、扩孔

用扩孔刀具对工件上原有的孔进行扩大加工的方法称为扩孔。标准扩孔钻的结构及扩孔原理如图 6–2–1 所示。

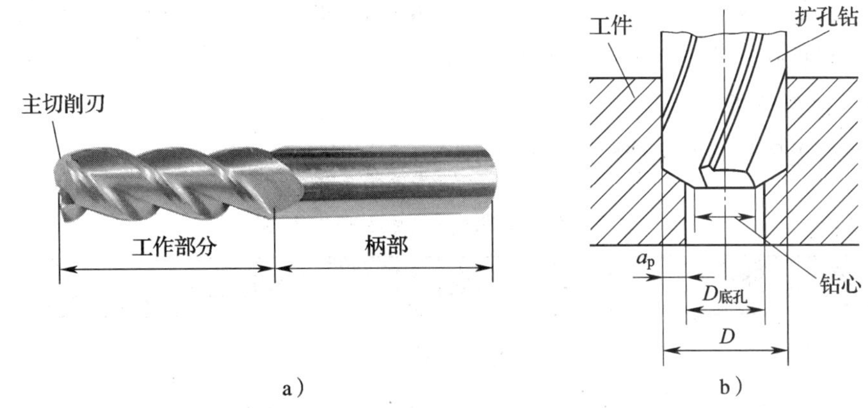

图 6–2–1　标准扩孔钻的结构及扩孔原理

a）扩孔钻结构　b）扩孔原理

当加工的孔径较大时，为了防止钻孔产生过多的热量造成工件变形或切削力过大，或更好地控制孔径尺寸，往往先钻出比图样要求小的孔，再把孔径扩大至要求。扩孔精度可达 IT10 ~ IT9，表面粗糙度可达 Ra12.5 ~ 3.2 μm，常作为孔的半精加工及铰孔前的预加工。

扩孔时的背吃刀量 a_p 按如下公式计算：

$$a_p=\frac{D-D_{底孔}}{2}$$

式中　D——扩孔后的直径，mm；

$D_{底孔}$——工件预加工时的底孔直径，mm。

1. 扩孔的特点

（1）扩孔钻因中心不切削，无横刃，切削刃只做成靠边缘的一段，避免了横刃切削所造成的不良影响。

（2）因扩孔产生的切屑体积小，不需大容屑槽，扩孔钻可加粗钻心，提高刚度，使切削平稳。

（3）由于容屑槽较小，扩孔钻可做出较多刀齿，以增强导向作用，一般整体式扩孔钻有 3 ~ 4 个主切削刃。

（4）扩孔时，背吃刀量较小，切屑易排出，切削阻力小。

2. 扩孔操作要领

（1）用扩孔钻扩孔时，底孔直径约为要求直径的0.9倍，进给量为钻孔时的1.5 ~ 2倍，切削速度为钻孔时的1/2。当采用手动进给时，进给量要均匀一致。

（2）在实际生产中，也常用麻花钻代替扩孔钻使用，一般用麻花钻扩孔时，底孔直径约为要求直径的0.5 ~ 0.7倍。用麻花钻扩孔时，应适当减小麻花钻的前角，以防扩孔时“扎刀”。

（3）钻孔后，在不改变工件与机床主轴相互位置的情况下，应立即换上扩孔钻进行扩孔，使钻头与扩孔钻的中心重合，保证加工质量。

3. 扩孔质量分析

扩孔时常见质量问题及产生原因见表6–2–1。

表6–2–1　　扩孔时常见质量问题及产生原因

质量问题	产生原因
表面粗糙	（1）刀具磨损 （2）刀具后角太大 （3）切削液润滑性能差或输送不足 （4）进给量太大
孔中心线与底面不垂直	（1）钻床主轴与工作台面不垂直 （2）工件底面与工作台面间有切屑等污物
孔截面呈椭圆形	（1）钻床主轴径向圆跳动量大 （2）工件装夹不牢固
扩孔位置偏斜或歪斜	（1）预钻孔后，工件和扩孔钻的相对位置发生变化 （2）镗刀扩孔时刀杆直径太小

二、锪孔

用锪钻在孔口表面锪出一定形状的孔或表面的加工方法称为锪孔。

1. 锪孔的应用

锪孔的目的是保证孔端面与孔中心线的垂直度，以便与孔连接的零件在装配时能保证外观整齐，结构紧凑，同时使装配位置正确，连接可靠。常见的锪孔应用见表6–2–2。

表 6–2–2　　常见的锪孔应用

应用	图示
锪圆柱形沉孔	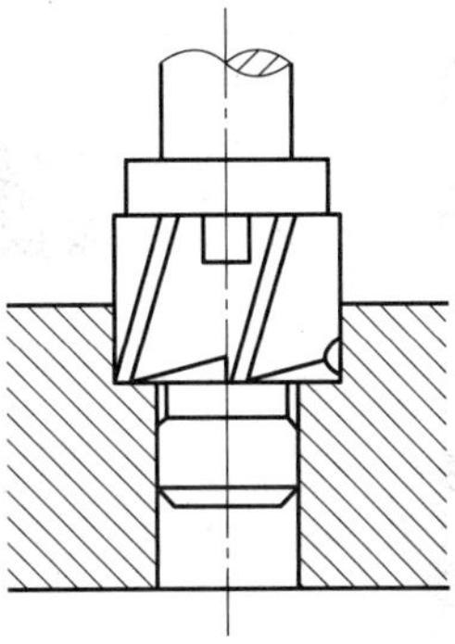
锪圆锥形沉孔	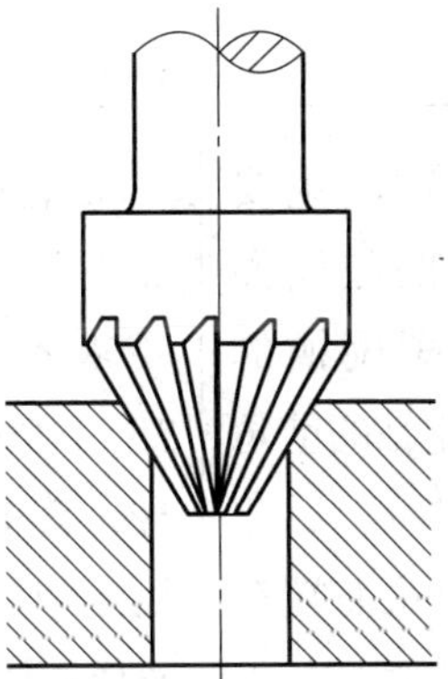
锪孔口端面	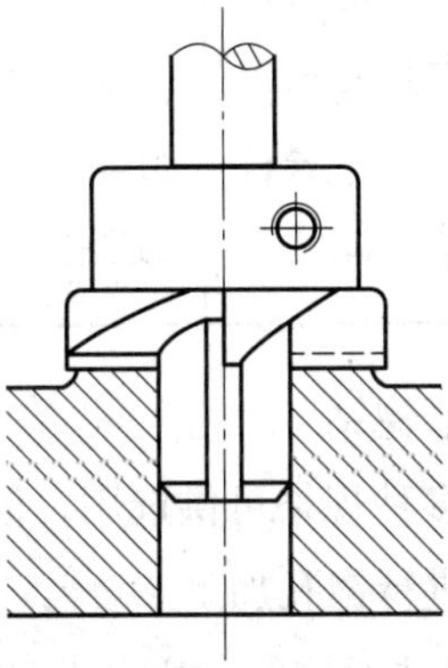

2. 锪钻

（1）常用锪钻（见表 6–2–3）

表 6–2–3　　常用锪钻

名称	柱形锪钻	锥形锪钻	端面锪钻
图示			
定义	用来加工圆柱形沉孔的锪钻	用来加工圆锥形沉孔的锪钻	用来将孔口端面锪平的锪钻
特点	柱形锪钻起主要切削作用的是端面切削刃，螺旋槽的斜角就是锪钻的前角（$\gamma_o=\omega_o=15°$），后角 $\alpha_o=8°$。锪钻前端有导柱，导柱直径与工件上已有孔为紧密的间隙配合，以保证良好的定心和导向作用。一般导柱是可拆卸的，也可以把导柱和锪钻做成一体的	锥形锪钻的锥角按工件锥形沉孔加工要求不同，有 60°、75°、90°、120° 四种，其中 90° 锥角应用最为广泛。锥形锪钻直径 d 为 12 ~ 60 mm，刀齿齿数为 4 ~ 12 个，前角 $\gamma_o=0°$，后角 $\alpha_o=6° \sim 8°$。为了改善钻尖处的容屑条件，每隔一个刀齿将切削刃切去一块	端面锪钻的端面刀齿为主切削刃，前端装有导柱，用来提高切削时的导向定心作用，保证孔口端面与孔中心线之间的垂直度

（2）用麻花钻改磨锪钻

标准锪钻虽然有多种规格可供选用，但一般只用于成批大量生产，部分场合需采用标准麻花钻改制的锪钻进行锪孔加工。

1）用麻花钻改磨柱形锪钻。用麻花钻改磨的柱形锪钻，改磨后的锪钻不带导柱，改磨后的角度：第一重后角磨成 $\alpha_o=6° \sim 8°$，其对应的后面宽度为 1 ~ 2 mm，第二重后角

磨成 α_1=15°，外缘处的前角修整为 γ_o=15° ~ 20°，如图 6–2–2 所示。

2）用麻花钻改磨锥形锪钻。用麻花钻改磨而成的锥形锪钻主要应保证其锋角 2φ 与要求的锥角一致，两切削刃要刃磨对称，刃磨后的角度：第一重后角磨成 α_o=6° ~ 10°，对应的后面宽度为 1 ~ 2 mm；第二重后角磨成 α_1=15°，外缘处的前角修整为 γ_o=15° ~ 20°，如图 6–2–3 所示。

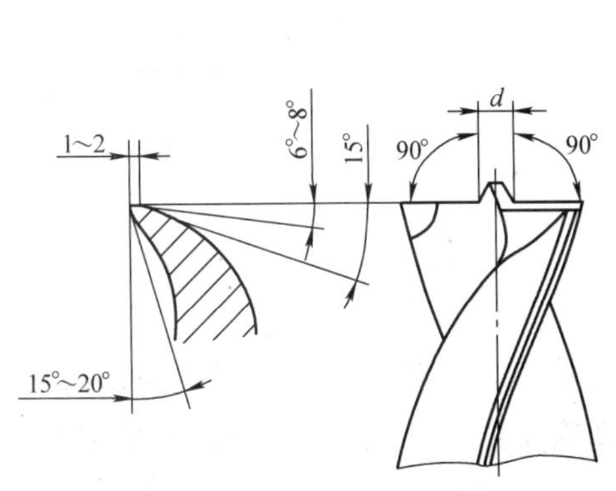

图 6–2–2　麻花钻改磨柱形锪钻

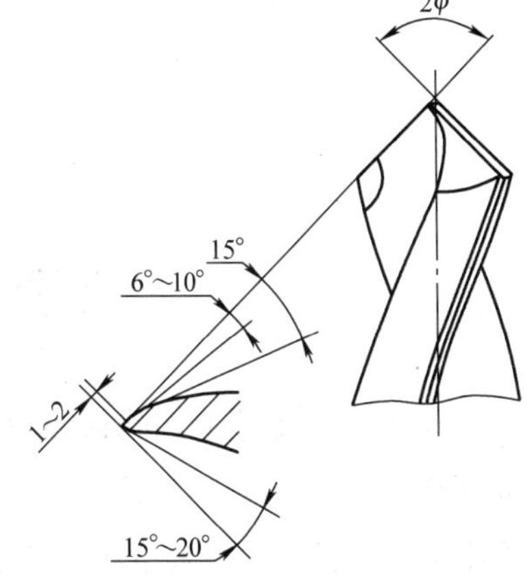

图 6–2–3　麻花钻改磨锥形锪钻

在用标准麻花钻改磨锪钻时，为了减少切削时的振动，一般磨成双重后角 α_o 和 α_1，并将外缘处前角 γ_o 适当修磨，以防止切削时产生扎刀现象。

3. 锪孔时的注意事项

（1）锪孔时的进给量应为钻孔时的 2 ~ 3 倍，切削速度为钻孔时的 1/3 ~ 1/2。应尽量减小振动以获得较小的表面粗糙度值。

（2）当用麻花钻改磨成锪钻时，应尽量选用较短的麻花钻，并修磨外缘处前面，使前角变小，以防振动和扎刀。还应磨出较小的后角，防止锪出多棱形表面。

（3）锪钢材料的工件时，因切削热量大，应在导柱和切削表面上加注切削液。

4. 锪孔质量分析

锪孔时常见的质量问题及产生原因见表 6–2–4。

表 6–2–4　　锪孔时常见的质量问题及产生原因

质量问题	产生原因
表面粗糙度值大	（1）锪钻几何角度不合理 （2）刀具磨损 （3）切削液选用不当
平面呈凹凸形	锪钻切削刃与刀杆旋转轴线不垂直

续表

质量问题	产生原因
锪孔表面呈多棱形	（1）前角太大，有扎刀现象 （2）切削速度过高 （3）切削液选用不当 （4）锪钻切削刃不对称 （5）工件或刀具装夹不牢

课题三　铰　　孔

用铰刀从工件孔壁上切除微量金属层，以提高其尺寸精度和孔壁表面质量的加工方法，称为铰孔，如图 6–3–1 所示。铰孔用的刀具称为铰刀。铰刀是精度较高的多刃工具，具有刀齿数量较多、切削余量小、切削阻力小和导向性好等优点，故加工精度高，一般铰孔加工精度等级可达 IT9 ～ IT7，表面粗糙度可达 *Ra*3.2 ～ 0.8 μm。

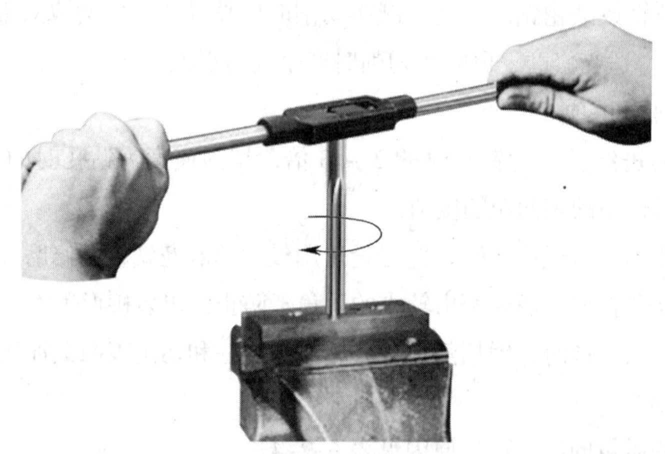

图 6–3–1　铰孔

一、铰刀

1. 铰刀种类

铰刀的种类很多，按使用方式可分为手用铰刀和机用铰刀；按铰刀结构可分为整体式铰刀和可调节式铰刀；按切削部分材料可分为高速钢铰刀和硬质合金铰刀；按铰刀用途可分为圆柱铰刀和圆锥铰刀；按齿槽形式可分为直槽铰刀和螺旋槽铰刀。常用铰刀的种类、特点及应用见表 6–3–1。

表 6-3-1　　常用铰刀的种类、特点及应用

种类	图示	特点及应用
手用整体圆柱铰刀		手用铰刀用 W6Mo5Cr4V2 或其他同等性能的高速钢制造，其工作部分硬度达 63 ~ 66HRC，也可用 9SiCr 或其他同等性能的合金工具钢制造，工作部分硬度达 62 ~ 65HRC。手用整体圆柱铰刀的切削部分较长，刀齿做成不均匀分布形式，铰孔时定心好、轴向力小，具有操作方便等特点，应用较为广泛
机用整体圆柱铰刀		机用铰刀用 W6Mo5Cr4V2 或其他同等性能的高速钢制造，其工作部分硬度达 63 ~ 66HRC。它分直柄和锥柄两种，其切削锥角较大，校准部分较短，刀齿做成均匀分布形式
手用可调节铰刀		调节两端螺母可使刀条沿刀体中的斜槽做轴向移动，以改变铰刀的直径。它适用于修配、单件生产以及特殊尺寸（非标）情况下铰削通孔
螺旋槽铰刀		螺旋槽铰刀的切削刃沿螺旋线分布，铰孔时切削平稳，铰出的孔壁光滑。铰刀的螺旋槽方向一般是左旋，以避免铰削时因铰刀顺时针转动而产生自动旋进现象，同时还能使铰下的切屑容易被推出孔外。常用于铰削带有键槽的孔，可防止铰孔时键槽勾住切削刃
圆锥铰刀		用以铰削圆锥孔。按锥度比分为 1 ： 10 圆锥铰刀、1 ： 30 圆锥铰刀、1 ： 50 圆锥铰刀和莫氏圆锥铰刀。由于锥铰刀的切削刃全部参加切削，其负荷较重，铰削费力。因此，对于锥度比较大的铰刀，分为多支一套，其中粗铰刀的切削刃上开有螺旋形分布的分屑槽，以减轻切削负荷

2. 铰刀结构

如图 6–3–2 所示，铰刀（以整体式圆柱铰刀为例）由柄部和刀体组成。刀体是铰刀的主要工作部分，它包含导锥、切削锥和校准部分。导锥用于将铰刀引入孔中，不起切削作用。切削锥承担主要的切削任务。校准部分有圆柱刃带，主要起定向、修光孔壁、保证铰孔直径等作用。为了减小铰刀和孔壁的摩擦，校准部分直径有倒锥度。铰刀齿数一般为 4 ~ 8 齿，为测量直径方便，多采用偶数齿。

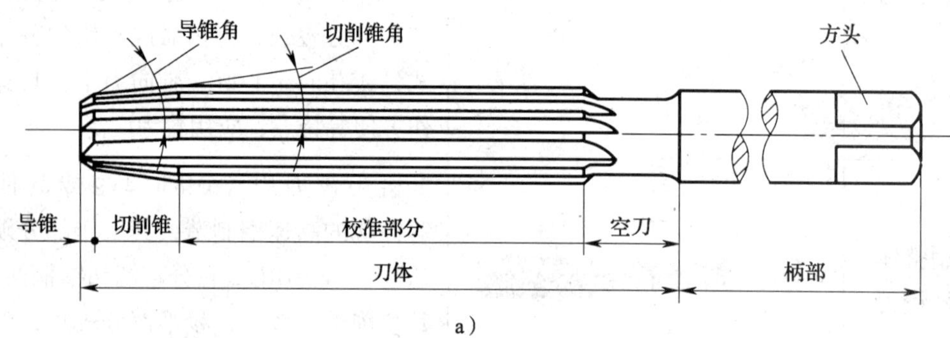

a）

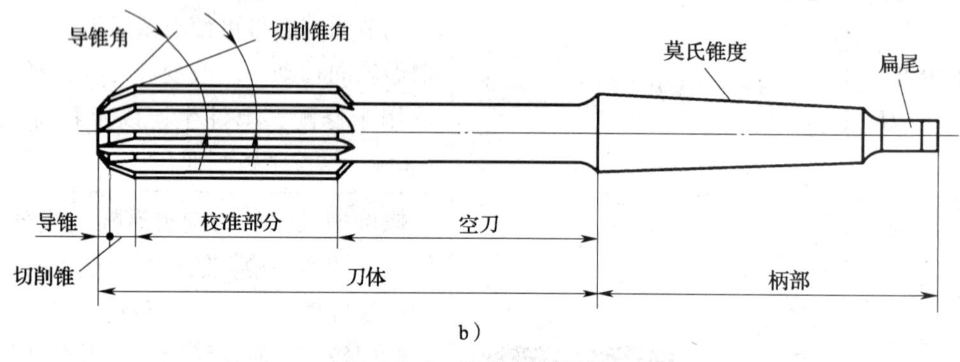

b）

图 6–3–2　整体式圆柱铰刀

a）手用铰刀　b）机用铰刀

为了获得较高的铰孔质量，一般手用铰刀的齿距在圆周上不是均匀分布的，但为了便于制造和测量，不等齿距的铰刀常制成 180° 对称的不等齿距，如图 6–3–3 所示。采用不等齿距的铰刀，铰削时切削刃不会在同一地点停歇而使孔壁产生凹痕，从而能将硬点切除，提高铰孔质量。

3. 铰刀规格

铰刀的规格用切削直径表示，即紧接切削锥之后的铰刀直径。常备标准铰刀的直径公差按 m6 制造。另外，国家标准还制定了加工 H7、H8、H9 级孔的铰刀直径公差。手用和机用整体式圆柱铰刀的优先采用系列以及铰刀直径公差参数可参考 GB/T 1131.1—2004 和 GB/T 1132—2017。

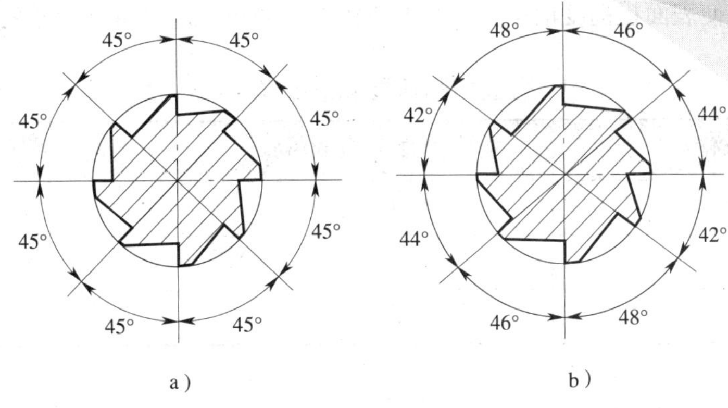

图 6–3–3　铰刀刀齿分布

a）等距分布　b）不等距分布

二、铰削用量

铰削时的切削用量包括铰削余量、切削速度和进给量三个因素。

1. 铰削余量（a_p）

铰削余量是指上道工序（钻孔或扩孔）完成后，在直径方向上留下来的加工余量。铰削余量既不能太大也不能太小。铰削余量过大，会使刀齿的切削负荷增大，变形增大，切削热增加，被加工表面呈撕裂状态，致使尺寸精度降低，表面粗糙度值增大，同时加剧铰刀的磨损。铰削余量过小，上道工序的残留变形难以纠正，原有刀痕不能去除，铰削质量达不到要求。

选择铰削余量时，应考虑孔径的大小、材料的软硬、尺寸精度、表面粗糙度要求以及铰刀的类型等诸多因素的综合影响。一般粗铰余量为 0.15 ~ 0.35 mm，精铰余量为 0.1 ~ 0.2 mm。用普通标准高速钢铰刀铰孔时，铰削余量可参照表 6–3–2 选取。

表 6–3–2　铰削余量　mm

铰孔直径	< 5	5 ~ 20	21 ~ 32	33 ~ 50	51 ~ 70
铰削余量	0.1 ~ 0.2	0.2 ~ 0.3	0.3	0.5	0.8

此外，铰削余量的确定与上道工序的加工质量有直接的关系，对铰削前预加工孔时出现的弯曲、锥度、椭圆和不光洁等缺陷应有一定的限制。铰削精度较高的孔时，必须经过扩孔或粗铰才能保证最后的铰孔质量。因此，确定铰削余量时，还要考虑铰孔的工艺过程。

2. 机铰切削速度（v）

为了得到较小的表面粗糙度值，必须避免产生积屑瘤，减少切削热以及变形，因而应采取较低的切削速度，可参考表 6–3–3 选取。

3. 机铰进给量（f）

铰孔时进给量要适当，进给量过大时，铰刀容易磨损，也影响加工质量，进给量过小，则很难切下金属材料，对材料产生挤压，使其产生塑性变形和表面硬化，最后导致切削刃

撕去大片切屑，使表面粗糙度值增大，并加快铰刀的磨损。进给量可参考表 6–3–3 选取。

表 6–3–3　　机铰切削速度和进给量选用

工件材料	切削速度 v /（m/min）	进给量 f /（mm/r）
钢	4 ~ 8	0.4 ~ 0.8
铸铁	6 ~ 10	0.5 ~ 1
铜或铝	8 ~ 12	1 ~ 1.2

三、铰孔操作要领

1. 铰刀的安装

在手工铰孔时，常用的工具是铰刀和铰杠，铰刀安装在铰杠的方孔中，如图 6–3–4 所示，然后进行铰削。

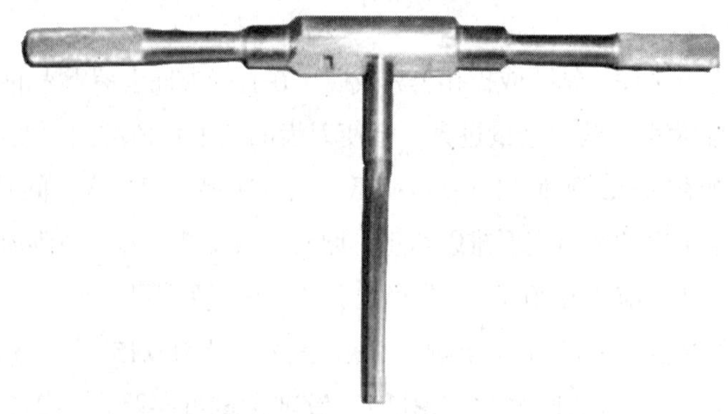

图 6–3–4　铰刀的安装

2. 手工铰孔方法

手工铰孔的方法如图 6–3–5 所示，在起铰时，一般采用单手对铰刀施加压力，所加压力必须通过铰孔中心线，同时慢慢转动铰刀起铰。正常铰削时，两手用力要平衡、均匀、平稳，不得有侧向压力，同时适当向下加压，使铰刀均匀地进给以保证铰刀正确切削，从而获得较小的表面粗糙度值，并避免孔口形成喇叭形或将孔径扩大。铰孔时不论进刀还是退刀，铰刀都不能反转，否则会使切屑卡在孔壁和后面之间，将孔壁拉毛，同时，铰刀也容易磨损，甚至崩刃。

3. 锥孔铰削方法

铰削尺寸较小的锥孔时，可先按小端直径钻出底孔，要求留有一定的铰削余量，然后用锥铰刀铰削。对于锥度比较大或尺寸和深度较大的锥孔，为减小铰削余量和刀齿负荷，铰孔前可先钻出阶梯孔，如图 6–3–6 所示，再用锥铰刀铰削。铰削过程中，要经常用相配的圆锥销检验铰孔的尺寸，如图 6–3–7 所示。

a)

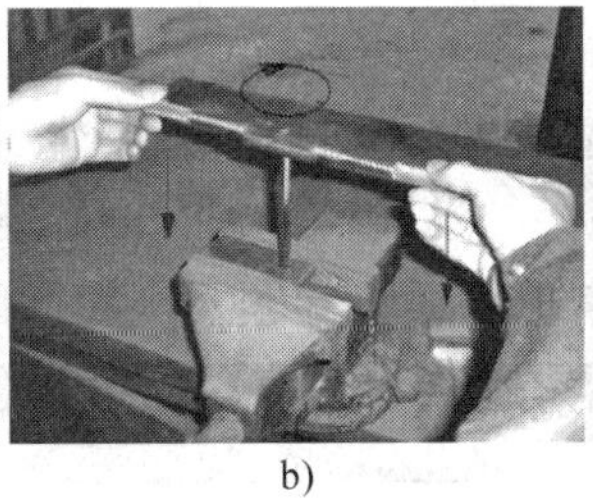

b)

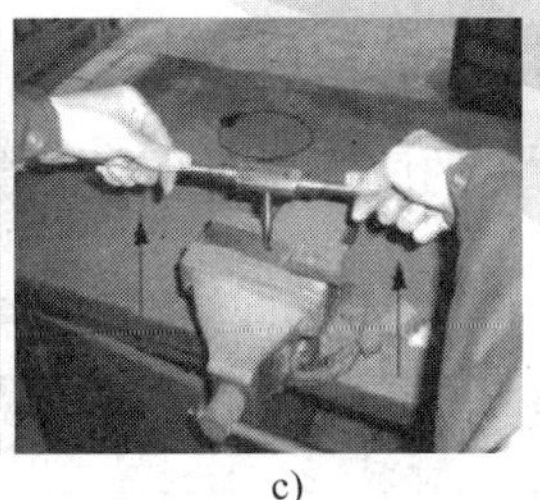

c)

图 6-3-5　手工铰孔的方法

a）起铰 b）正常铰削 c）铰刀退出

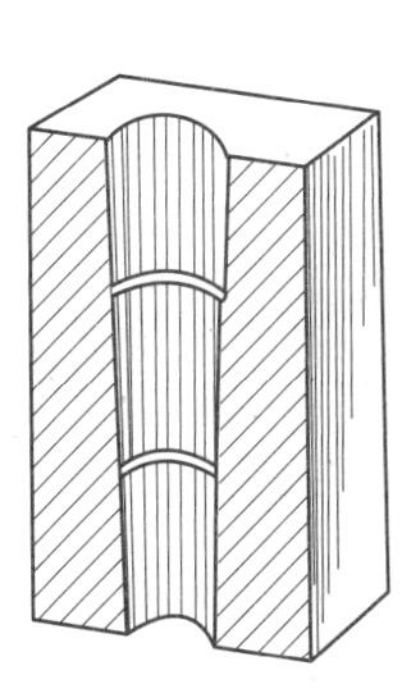

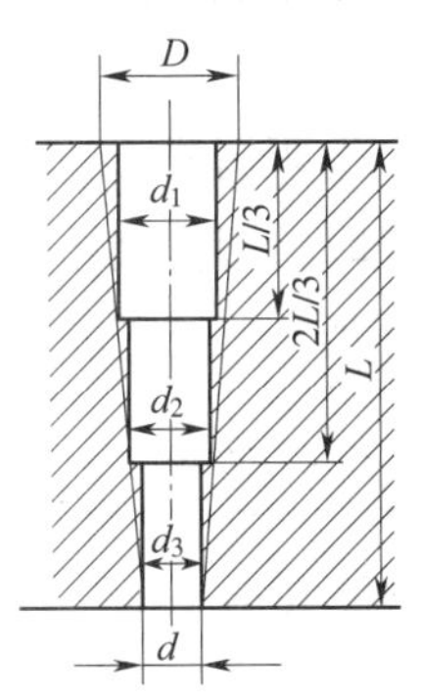

图 6-3-6　钻阶梯孔

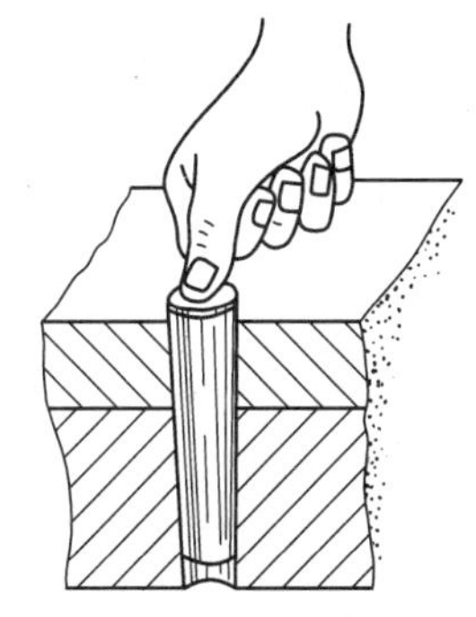

图 6-3-7　用圆锥销检验铰孔尺寸

4. 机动铰孔方法

机铰时，应使工件一次装夹进行钻、扩、铰工作，以保证铰刀中心线与钻孔中心线一致。铰削完毕，要等铰刀退出后再停车，以防止将孔壁拉出痕迹。

四、铰孔用切削液

铰孔时，铰刀与孔壁摩擦较严重，必须选用适当的切削液，以减少摩擦和促进散热，同时将切屑及时冲掉，提高铰孔质量。铰孔时切削液的选用见表 6-3-4。

表 6-3-4　　铰孔时切削液的选用

工件材料	切削液
钢	（1）10% ~ 20% 乳化液 （2）铰孔质量要求较高时，用 30% 菜籽油加 70% 肥皂水 （3）铰孔质量要求更高时，用菜籽油、柴油、猪油
铸铁	（1）不用 （2）煤油（会引起孔径缩小，最大收缩量 0.02 ~ 0.04 mm） （3）低浓度乳化液
铝	煤油
铜	乳化液

五、铰孔质量分析

铰孔时常见的质量问题及产生原因见表 6–3–5。

表 6–3–5　　铰孔时常见的质量问题及产生原因

质量问题	产生原因
表面粗糙度达不到要求	（1）铰刀刃口不锋利或有崩刃，铰刀切削部分和校准部分粗糙 （2）切削刃上粘有积屑瘤，或容屑槽内切屑粘积过多未清除 （3）铰削余量太大或太小 （4）切削速度太高，以致产生积屑瘤 （5）铰刀退出时反转，手铰时铰刀旋转不平稳 （6）切削液不充足或选择不当 （7）铰刀偏摆过大
孔径扩大	（1）铰刀中心线与孔中心线不重合 （2）进给量和铰削余量太大 （3）切削速度太高，使铰刀温度上升，直径增大 （4）铰刀未研磨，铰刀直径不符合要求
孔径缩小	（1）铰刀超过磨损标准，尺寸变小仍继续使用 （2）铰刀磨钝后继续使用，引起过大的孔径收缩 （3）铰削钢料时加工余量太太，铰削完毕内孔弹性恢复使孔径缩小 （4）铰削铸铁时使用煤油作为切削液
孔中心线不直	（1）铰孔前的预加工孔不直，铰削小孔时由于铰刀刚度较差，未能使原有的弯曲度得到纠正 （2）铰刀的切削锥角太大，导向不良，使铰削时方向偏歪 （3）手铰时，两手用力不均匀
孔呈多棱形	（1）铰削余量太大和铰刀切削刃不锋利，使铰削发生“啃切”现象，或产生振动而出现多棱形 （2）钻孔不圆使铰孔时铰刀发生弹跳现象 （3）钻床主轴振摆太大

技能训练

小型手动冲床盖板的钻孔、扩孔、锪孔和铰孔

一、图样（见图 6–3–8）

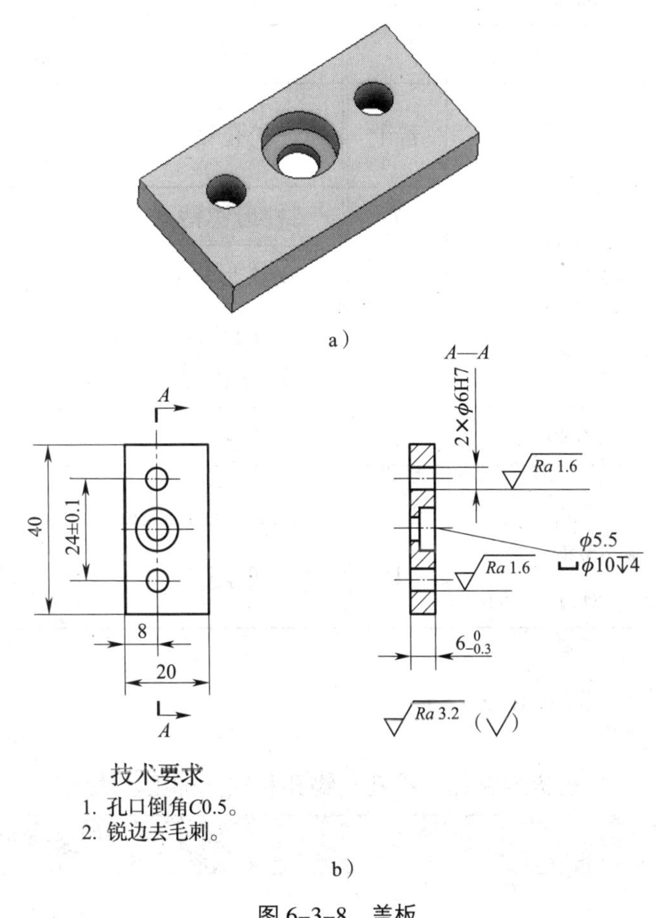

图 6–3–8　盖板

a）立体图　b）零件图

二、工量具、设备及材料（见表 6–3–6）

表 6–3–6　　工量具、设备及材料

名称	规格	件数	名称	规格	件数
钢直尺	0 ～ 150 mm	1	游标高度卡尺	0 ～ 300 mm	1
划针	ϕ3 ～ 5 mm	1	游标卡尺	0 ～ 150 mm	1

续表

名称	规格	件数	名称	规格	件数
平口钳		1	刀口形直角尺	100 mm × 63 mm	1
样冲	顶角为 60°	1	表面粗糙度比较样块	*Ra*6.3 ～ 0.8 μm	1 套
锤子	0.45 kg	1	整形锉		1 组
平板	500 mm × 500 mm		麻花钻	ϕ 4 mm	若干
工业擦拭布		若干	扩孔钻	ϕ 5.5 mm、ϕ 5.8 mm	若干
台虎钳		1	柱形锪钻	ϕ 10 mm	若干
台式钻床	Z516	1	90° 锥形锪钻	ϕ 12 mm	若干
切削液		若干	手用整体圆柱铰刀	ϕ 6H7	1
塞规	ϕ 6H7	1	铰杠		1
蓝油		若干	毛刷		1
板料	45 钢 40 mm × 20 mm × 6 mm	1	钢印	0 ～ 8 数字	1

三、加工步骤（见表 6–3–7）

表 6–3–7　　盖板的钻孔、扩孔、锪孔和铰孔加工步骤

序号	步骤	图示
1	用游标卡尺检查毛坯尺寸，尺寸应为 40 mm × 20 mm × 6 mm	
2	在平面上划出 2 个 ϕ 6H7 孔和 ϕ 5.5 mm 孔的中心线，保证尺寸（24 ± 0.1）mm 和 8 mm	

续表

序号	步骤		图示
3	在第 2 步划线得到的孔的中心上打上样冲眼		
4	钻削中间 ϕ5.5 mm 的底孔（先钻 ϕ4 mm 孔）	检查台钻有无异常，把盖板夹在平口钳上，安装好 ϕ4 mm 的麻花钻，钻孔速度为 1 420 r/min，找正 ϕ5.5 mm 孔中心样冲眼，起钻	
		先在孔中心处起钻出一个浅坑，观察钻孔位置是否正确，如钻孔位置有偏移则要进行校正，校正结束后进行正常钻削，直至钻出 ϕ4 mm 的孔	
5	不要移动工件，把麻花钻更换成 ϕ5.5 mm 的扩孔钻，调整台钻速度约为 840 r/min，进行扩孔		
6	同样不要移动工件，把扩孔钻更换成 ϕ10 mm 的柱形锪钻，进行锪孔，孔深为 4 mm		

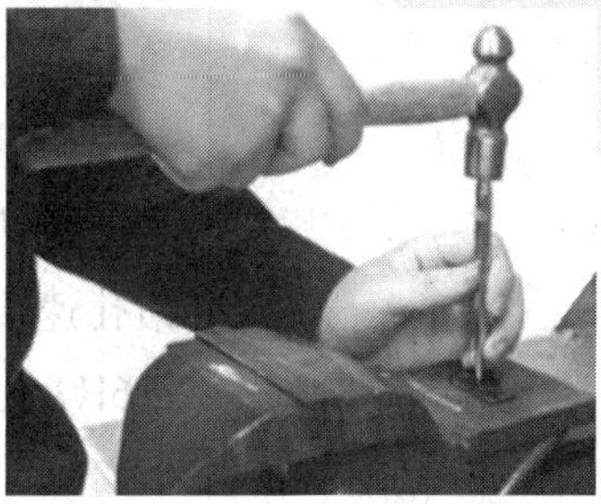

续表

序号	步骤		图示
7	钻削上方 ϕ6H7 的底孔（先钻 ϕ4 mm 孔）	把锪钻更换成 ϕ4 mm 的麻花钻，钻孔速度调整为 1 420 r/min，找正 ϕ6H7 孔的中心样冲眼，起钻	
		先在孔中心处起钻出一个浅坑，观察钻孔位置是否正确，如钻孔位置有偏移则要进行校正，校正结束后进行正常钻削，直至钻出 ϕ4 mm 的孔	
8	不要移动工件，把麻花钻更换成 ϕ5.8 mm 的扩孔钻，调整台钻速度，约为 840 r/min，进行扩孔		
9	钻削下方 ϕ6H7 的底孔（先钻 ϕ4 mm 孔）	把扩孔钻更换成 ϕ4 mm 的麻花钻，钻孔速度调整为 1 420 r/min，找正 ϕ6H7 孔的中心样冲眼，起钻	

续表

序号	步骤		图示
9	钻削下方 ϕ6H7 的底孔（先钻 ϕ4 mm 孔）	先在孔中心处起钻出一个浅坑，观察钻孔位置是否正确，如钻孔位置有偏移则要进行校正，校正结束后进行正常钻削，直至钻出 ϕ4 mm 的孔	
10	不要移动工件，把麻花钻更换成 ϕ5.8 mm 的扩孔钻，调整台钻速度，约为 840 r/min，进行扩孔		
11	把扩孔钻更换成 ϕ12 mm 的 90° 锥形锪钻，对前面钻削的孔进行孔口倒角		
12	钻孔、扩孔和锪孔完成后，要用工业擦拭布把孔内壁和孔外部擦拭干净		

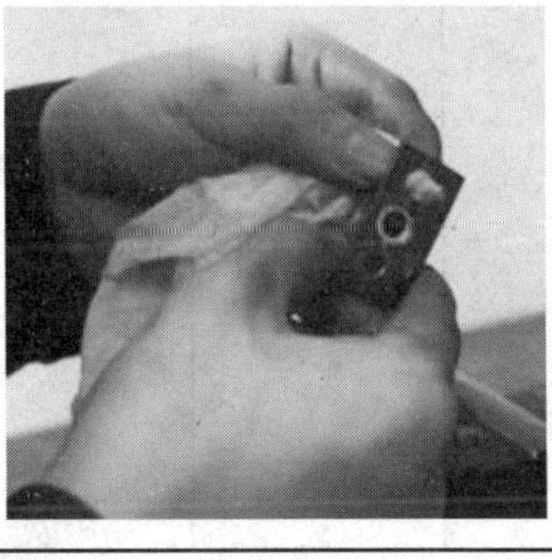

续表

<table>
<tr><th>序号</th><th colspan="2">步骤</th><th>图示</th></tr>
<tr><td rowspan="4">13</td><td rowspan="4">铰削两个 ϕ6H7 孔</td><td>将盖板夹在台虎钳上，把 ϕ6H7 手用整体圆柱铰刀和铰杠安装好，把铰刀擦拭干净，并在铰刀和 ϕ5.8 mm 底孔孔壁上涂上切削液</td><td></td></tr>
<tr><td>起铰。一般采用单手对铰刀施加压力，所加压力必须通过铰孔中心线（可通过用刀口形直角尺测量铰孔端面和铰刀轴线的垂直度来判断），同时慢慢转动铰刀起铰</td><td></td></tr>
<tr><td>正常铰削。两手用力平衡、均匀、平稳，不得有侧向压力同时向下加压，使铰刀均匀地进给以保证铰刀正常切削，直至整个孔铰削完成</td><td></td></tr>
<tr><td>退出铰刀。两手慢慢转动铰刀，使铰刀一边正转一边慢慢退出</td><td></td></tr>
</table>

续表

序号	步骤	图示
14	铰孔完成后，可用塞规检测孔径	
15	去除工件上的毛刺	
16	在工件上打上学号	

四、质量评价（见表 6-3-8）

表 6-3-8　　　盖板钻孔、扩孔、锪孔和铰孔质量评价表

序号	图样要求	配分	检测结果	得分
1	ϕ5.5 mm 孔	5 分		
2	ϕ6H7 孔	10 分 ×2		
3	ϕ10 mm 孔	10 分		
4	孔深 4 mm	5 分		
5	8 mm	5 分		
6	（24 ± 0.1）mm	5 分		
7	孔口倒角 C0.5 mm	3 分 ×6		
8	$Ra \leqslant 1.6$ μm	20 分		
9	$Ra \leqslant 3.2$ μm	6 分		
10	安全文明生产	6 分		

第七单元
螺 纹 加 工

课题一　攻　螺　纹

用丝锥在工件孔中切削出内螺纹的加工方法称为攻螺纹，如图 7–1–1 所示。按其操作方法分为手工攻螺纹（简称手攻）和机械攻螺纹（简称机攻）两种。

图 7–1–1　攻螺纹

一、攻螺纹工具

1. 丝锥

丝锥是加工内螺纹的刀具。

（1）丝锥的种类

丝锥的种类很多，钳工常用丝锥的种类、特点及应用见表 7–1–1。

（2）丝锥的结构

丝锥由柄部和工作部分组成，如图 7–1–2 所示。

柄部起夹持和传动作用。在工作部分上沿轴向开有几条（一般是三条或四条）容屑槽，以容纳切屑，同时形成锋利的切削刃和前角。工作部分前段为切削锥，起切削和引导作用。标准丝锥的前角 γ_o=8° ~ 10°，后角铲磨成 α_o=4° ~ 6°。为了适应不同的工件材料，前角可按表 7–1–2 适当增减。

表 7-1-1　　常用丝锥的种类、特点及应用

<table>
<tr><th colspan="3">丝锥种类</th><th>图示</th><th>特点及应用</th></tr>
<tr><td rowspan="4">普通螺纹丝锥</td><td rowspan="2">手用</td><td>等径丝锥</td><td>初锥
中锥
底锥</td><td>手用丝锥的螺纹部分通常用9SiCr、T12A或同等性能的其他牌号合金工具钢、碳素工具钢制造。公称直径 $d \leqslant 3$ mm的丝锥硬度达664HV，公称直径 $3\ \text{mm} < d \leqslant 6$ mm的丝锥硬度达60HRC，公称直径 $d > 6$ mm的丝锥硬度达61HRC。主要用于一般螺纹连接的螺纹加工，应用最为广泛</td></tr>
<tr><td>不等径丝锥</td><td>头锥
二锥
精锥</td><td>在头锥上标记1条圆环，二锥上标记2条圆环或顺序号Ⅰ、Ⅱ。使用时必须按头锥、二锥、精锥的顺序攻螺纹。主要用于直径较小或直径较大的螺纹精度要求较高的场合</td></tr>
<tr><td rowspan="2">机用</td><td>直槽</td><td></td><td rowspan="2">普通机用丝锥的螺纹部分用W6Mo5Cr4V2或同等性能的其他牌号高速钢制造，硬度达62 ~ 63HRC；高性能机用丝锥的螺纹部分用W2Mo9Cr4VCo8或同等性能的其他牌号高性能高速钢制造，硬度达65HRC。机用丝锥一般为单支，其切削部分较短，夹持部分与工作部分的同轴度精度较高，多用于细牙丝锥。螺旋槽丝锥的特点是便于排屑</td></tr>
<tr><td>螺旋槽</td><td></td></tr>
<tr><td colspan="3">管螺纹丝锥</td><td></td><td>用于加工管螺纹</td></tr>
<tr><td colspan="3">锥管螺纹丝锥</td><td></td><td>主要用于加工有密封要求的锥管螺纹</td></tr>
</table>

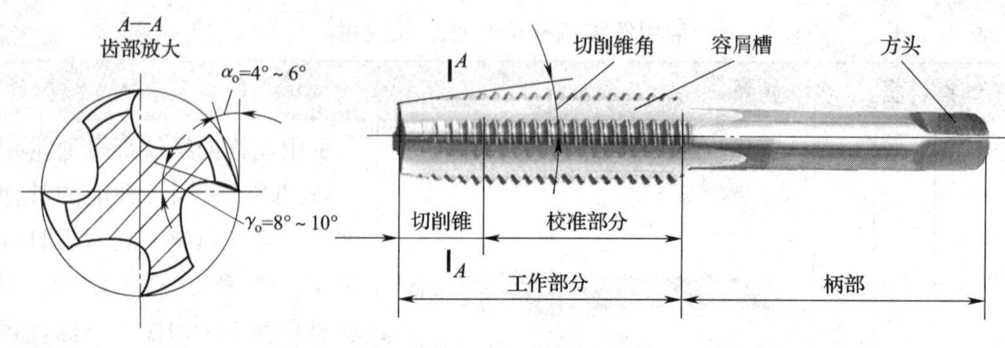

图 7–1–2　丝锥

表 7–1–2　　丝锥前角的选择

被加工材料	铸青铜	铸铁	黄铜	中碳钢	低碳钢	不锈钢	铝合金
丝锥的前角	0°	5°	10°	10°	15°	15° ~ 20°	20° ~ 30°

工作部分后段为校准部分，可修整螺纹牙型。为了减小牙侧的摩擦，在校准部分的直径上略有倒锥。

为了制造和刃磨方便，丝锥上的容屑槽一般做成直槽。但为了控制排屑方向，有些丝锥将容屑槽做成螺旋槽。加工不通孔螺纹时，为了使切屑向上排出，容屑槽做成右旋槽，如图 7–1–3a 所示。加工通孔螺纹时，为了使切屑向下排出，容屑槽做成左旋槽，如图 7–1–3b 所示。

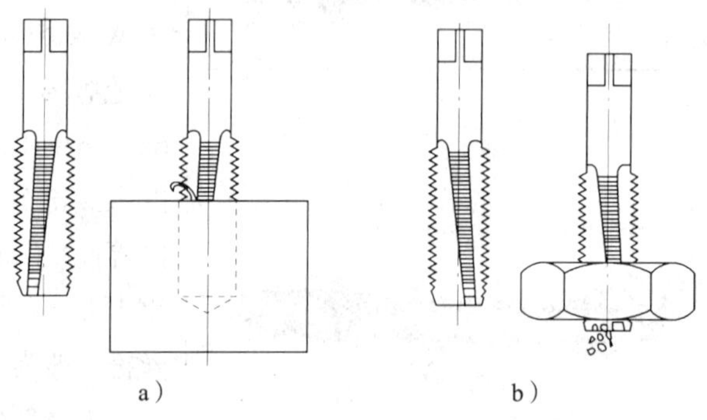

图 7–1–3　丝锥容屑槽方向

a）右旋　b）左旋

（3）成组丝锥切削用量分配

攻螺纹时，为了减小切削阻力和延长丝锥使用寿命，一般将整个切削工作量分配给几支丝锥来承担。通常 M6 ~ M24 的丝锥每组有 2 支，M6 以下及 M24 以上的丝锥每组有 3 支，细牙螺纹丝锥每组有 2 支。

成组丝锥切削量的分配形式有锥形分配和柱形分配两种。

1）锥形分配（等径丝锥）。如图 7–1–4a 所示，在成组丝锥中，各支丝锥的大径、中

径、小径均相等，仅切削锥的长度及切削锥角不等。切削锥较长且切削锥角较小的为初锥，在通孔中攻螺纹可一次加工到螺纹成品尺寸；切削锥较短的为底锥，它只起修短螺尾的作用；切削锥长度介于初锥和底锥之间的为中锥，具有单支丝锥的功能。

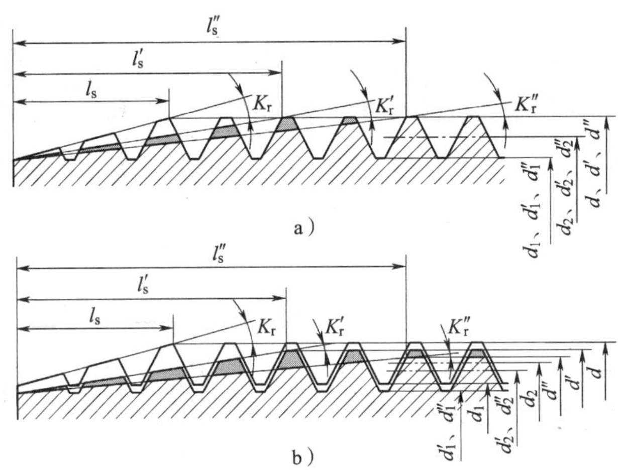

图 7-1-4　成组丝锥切削量分配形式

a）锥形分配　b）柱形分配

2）柱形分配（不等径丝锥）。如图 7-1-4b 所示，在成组丝锥中，各支丝锥的大径、中径、小径以及切削锥长度和切削锥角均不相等。切削锥较长，且切削锥角较小的为第一粗锥（头锥），它的校准部分不具备完整螺纹牙型，在加工螺纹时起粗加工作用；切削锥较短的为精锥，它的校准部分具有完整螺纹牙型，起最后精加工作用；切削锥长度介于第一粗锥和精锥之间的为第二粗锥（二锥），起第二次粗加工作用。这种丝锥的切削量分配比较合理，切削省力，各支丝锥磨损量差别小，使用寿命长，攻制的螺纹表面粗糙度值小。通常 3 支一组的丝锥按 6 ： 3 ： 1 分担切削量，2 支一组的丝锥按 7.5 ： 2.5 分担切削量。

（4）丝锥的规格参数及螺纹公差带

丝锥的规格参数主要包括螺纹的公称直径和螺距。普通螺纹丝锥的螺纹中径（d_2）公差带有 4 种，即 H1、H2、H3 和 H4，可分别加工精度要求不同的内螺纹。各种中径公差带的丝锥所能加工的内螺纹公差带见表 7-1-3。

表 7-1-3　各种中径公差带的丝锥所能加工的内螺纹公差带（摘自 GB/T 968—2007）

丝锥公差代号	适用于内螺纹公差带代号
H1	4H、5H
H2	5G、6H
H3	6G、7H、7G
H4	6H、7H

由于影响攻螺纹尺寸的因素很多，如被加工材料的性质、机床条件、丝锥装夹方法、切削速度、切削液种类等。因此，在选取丝锥公差带时，可按加工条件根据生产经验或通过试验，在标准所列范围内选择最适当的丝锥。丝锥各公差带的极限偏差值参见 GB/T 968—2007。

2. 铰杠

铰杠是手工攻螺纹时用来夹持丝锥的工具，分普通铰杠和丁字形铰杠两类，其中丁字形铰杠适用于在高凸台旁边或箱体内攻螺纹。每类铰杠又有固定式和可调式两种，如图 7–1–5 所示。

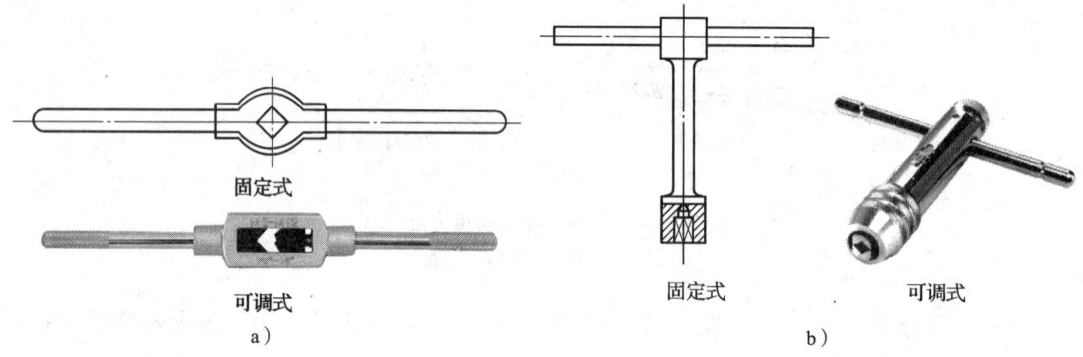

图 7–1–5　铰杠的种类

a）普通铰杠　b）丁字形铰杠

固定式铰杠的方孔尺寸和柄长应符合一定的规格，使丝锥受力不会过大，丝锥不易折断，操作比较合理，一般攻 M5 以下的螺纹宜采用固定式铰杠。可调式铰杠可以调节方孔尺寸，故应用范围较广，有 150 ~ 600 mm 六种规格，铰杠长度应根据丝锥尺寸的大小选择，以控制一定的攻螺纹转矩，其适用范围见表 7–1–4。

表 7–1–4　可调式铰杠的适用范围

铰杠规格 / mm	150	220	280	380	480	600
适用丝锥范围	M5 ~ M8	M8 ~ M12	M12 ~ M14	M14 ~ M16	M16 ~ M22	M24 以上

二、攻螺纹前底孔直径与孔深的确定

1. 攻螺纹前底孔直径的确定

攻螺纹时，丝锥对金属层有较强的挤压作用，使攻出螺纹的小径小于底孔直径，如图 7–1–6 所示，此时，如果螺纹牙顶与丝锥牙底之间没有足够的容屑空间，丝锥就会被挤压出来的材料卡住，易造成崩刃、折断和螺纹乱牙。因此攻螺纹前的底孔直径应稍大于螺纹小径。一般应根据工件材料的塑性和钻孔时的扩张量来考虑，使攻螺纹时既有足够的空隙

容纳被挤出的材料，又能保证加工出来的螺纹具有完整的牙型。

（1）攻制钢件或塑性较大的材料时，底孔直径的计算公式为

$$D_{孔}=D-P$$

式中　$D_{孔}$——螺纹底孔直径，mm；

D——螺纹公称直径，mm；

P——螺距，mm。

（2）攻制铸铁件或塑性较小的材料时，底孔直径的计算公式为

图 7-1-6　材料产生塑性变形示意图

$$D_{孔}=D-(1.05 \sim 1.1)P$$

式中　D——螺纹公称直径，mm；

P——螺距，mm。

用于加工普通螺纹麻花钻直径及常用螺纹公差带的小径极限值可从 GB/T 20330—2006《攻丝前钻孔用麻花钻直径》中查出。

2. 攻螺纹前底孔深度的确定

攻不通孔螺纹时，因为丝锥切削部分有锥角，端部不能攻出完整的螺纹牙型，所以底孔深度要大于螺纹的有效长度，如图 7-1-7 所示。

底孔深度的计算公式为

$$H_{孔}=h_{有效}+0.7D$$

式中　$H_{孔}$——底孔深度，mm；

$h_{有效}$——螺纹有效长度，mm；

D——螺纹公称直径，mm。

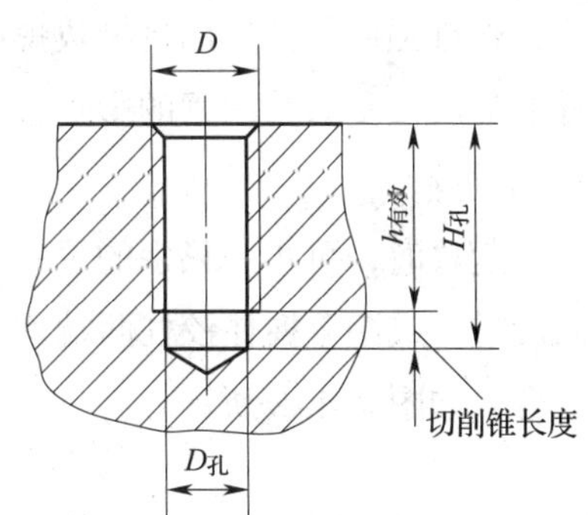

图 7-1-7　攻螺纹前底孔深度的确定

例　计算在钢件和铸铁件上攻 M10 螺纹时的底孔直径分别为多少。若攻不通孔螺纹，其螺纹有效深度为 60 mm，求底孔深度为多少。若钻孔时 n=400 r/min，f=0.5 mm/r，求钻一个孔的机动时间最少为多少。（顶角为 120°，只计算钢件）

解　查表可知，对于 M10 的螺纹，螺距 P=1.5 mm。

钢件攻螺纹前的底孔直径：

$$D_{孔}=D-P=10\ \text{mm}-1.5\ \text{mm}=8.5\ \text{mm}$$

铸铁件攻螺纹前的底孔直径：

$$D_{孔}=D-(1.05 \sim 1.1)P=10\ \text{mm}-(1.05 \sim 1.1)\times 1.5\ \text{mm}=8.35 \sim 8.425\ \text{mm}$$

取 $D_{孔}$=8.4 mm（按钻头直径标准系列取一位小数）

底孔深度：

$$H_{孔}=h_{有效}+0.7D=60\ \text{mm}+0.7\times10\ \text{mm}=67\ \text{mm}$$

钻孔机动时间：

$$t=\frac{H}{nf}$$

其中，$H=H_{孔}+H_0$（H_0 为钻尖高度）

$$H_0=\frac{\sqrt{3}D_{孔}}{6}\approx\frac{1.73\times8.5\ \text{mm}}{6}\approx2.45\ \text{mm}$$

得

$$t\approx\frac{67+2.45}{400\times0.5}\text{min}\approx0.35\ \text{min}$$

三、攻螺纹方法

1. 加工底孔

按确定的底孔直径与孔深，选择合适的麻花钻，划线加工出底孔，并在孔口倒角，倒角最大直径略大于螺纹公称直径，以便于丝锥顺利切入，并可防止孔口被挤压出凸边。通孔螺纹两端均倒角。

2. 手工攻螺纹

目前，在机械加工中手工攻螺纹仍占有一定的地位。在实际生产中，有些螺纹孔由于所在位置或零件形状的限制，不能用机械攻螺纹方法。对于小孔螺纹，由于螺纹孔直径较小，丝锥强度较低，用机械攻螺纹容易使丝锥折断，也常采用手工攻螺纹。但是，手工攻螺纹的质量受人为因素的影响较大，只有采取正确的攻螺纹方法，才能保证手工攻螺纹的加工质量。

起攻时，可用一只手的手掌按住铰杠中部，沿丝锥轴线用力加压，另一只手配合做顺向旋进。或两手握住铰杠两端均匀施压，并将丝锥顺向旋进，保证丝锥中心线与孔中心线重合，如图 7–1–8 所示。

图 7–1–8　起攻方法

当丝锥攻入 1 ～ 2 圈时，应及时从不同的方向用直角尺仔细检查丝锥与工件表面的垂直度，并逐步校正至要求，如图 7–1–9 所示。

丝锥切入 3 ～ 4 圈时，只需两手均匀用力转动铰杠，不应再对丝锥加压力，否则螺纹牙型将被损坏。每扳转铰杠 1/2 ～ 1 圈，就应倒转 1/4 ～ 1/2 圈，使切屑碎断后容易排出，并可减少切削刃因粘屑而使丝锥轧住的现象。

图 7–1–9　检查垂直度

用成组丝锥攻螺纹时，必须以头锥、二锥、精锥的顺序攻削至标准尺寸。在较硬材料的工件上攻螺纹时，可用各丝锥交替进行，以减小切削刃部的负荷，防止丝锥折断。

3. 攻不通孔螺纹

攻不通孔螺纹时，可在丝锥上做好深度标记，并经常退出丝锥，清除留在孔内的切屑，否则会因切屑堵塞而使丝锥折断或攻螺纹达不到深度要求。当工件不便倒向进行清屑时，可用弯曲的小管子吹出切屑，或用磁性针棒吸出切屑。

4. 机械攻螺纹

因为手工攻螺纹存在效率低、质量不稳定的问题，所以在实际大批量生产中，主要采用质量好、效率高、生产成本低的机械攻螺纹方法。

机械攻螺纹时，要保持丝锥与螺纹孔的同轴度要求。即将攻完时，丝锥的校准部分不能全部伸出工件，以免反转退出丝锥时产生乱牙现象。机攻时，切削速度一般为 6 ～ 15 m/min；在调质钢或硬的钢材工件上攻螺纹时切削速度为 5 ～ 10 m/min；在不锈钢工件上攻螺纹时切削速度为 2 ～ 7 m/min；在铸铁工件上攻螺纹时切削速度为 8 ～ 10 m/min；在同种材料工件上攻螺纹时，丝锥直径小时切削速度取较大值，直径大时切削速度取较小值。

四、攻螺纹用切削液的选择

在塑性或韧性材料工件上攻螺纹时要加注切削液，以减小切削阻力，减小螺纹孔的表面粗糙度值，延长丝锥的使用寿命。在钢件上攻螺纹时，使用机油或浓度较高的乳化液，对于精度要求较高的螺纹可用工业植物油；在铸铁件上攻螺纹时可用煤油；在不锈钢工件上攻螺纹时，可用 32 号 L—AN 全损耗系统用油或硫化油。

五、攻螺纹时的注意事项

1. 装夹工件时，工件的装夹位置应尽量使螺纹孔中心线置于垂直或水平位置，使攻螺纹时容易判断丝锥轴线是否垂直于工件的平面。

2. 丝锥攻入 1 ～ 2 圈后，要从前后、左右各方向对垂直度进行检查，发现问题及时校正。

3. 攻螺纹过程中，换丝锥时要用手先旋入至不能再旋进时，方可转动铰杠，以免损坏螺纹和产生乱牙。退出丝锥时，也要避免快速转动铰杠，最好用手旋出，以保证已攻好的螺纹质量不受影响。

六、攻螺纹质量分析

攻螺纹时常见的质量问题及产生原因见表 7–1–5。

表 7–1–5　　　　攻螺纹时常见的质量问题及产生原因

质量问题	产生原因
螺纹乱牙	（1）螺纹底孔直径太小，起攻困难，丝锥左右摆动，螺纹孔口乱牙 （2）换用二锥、精锥时，与已切出的螺纹没有旋合好就强行攻削 （3）对塑性材料未加切削液，或丝锥不经常倒转，而把已切出的螺纹啃伤 （4）头锥攻螺纹不正，用二锥、精锥强行校正 （5）丝锥磨钝或切削刃上粘有切屑 （6）铰杠掌握不稳，攻铝合金等强度较低的材料时容易产生乱牙
螺纹滑牙	（1）攻不通孔的较小螺纹时，丝锥已攻到底仍继续转 （2）攻强度低或小孔径螺纹时，丝锥已切出螺纹仍继续加压，或攻完时连同铰杠自由快速转出
螺纹歪斜	（1）攻螺纹时位置不正，起攻时未做垂直度检查 （2）机攻时丝锥与螺纹孔中心线不同轴
螺纹形状不完整	攻螺纹底孔直径太大
丝锥崩刃或折断	（1）底孔直径太小 （2）攻入时丝锥歪斜，或歪斜后强行校正 （3）没有经常反转断屑，产生断屑堵塞现象 （4）使用铰杠不当，两手用力过猛或不均匀 （5）丝锥工作部分爆裂或磨损过多而强行攻下 （6）工件材料过硬或夹有硬点 （7）攻不通孔螺纹时，丝锥已攻到底仍继续扳转

小型手动冲床手轮内螺纹的加工

一、图样（见图 7-1-10）

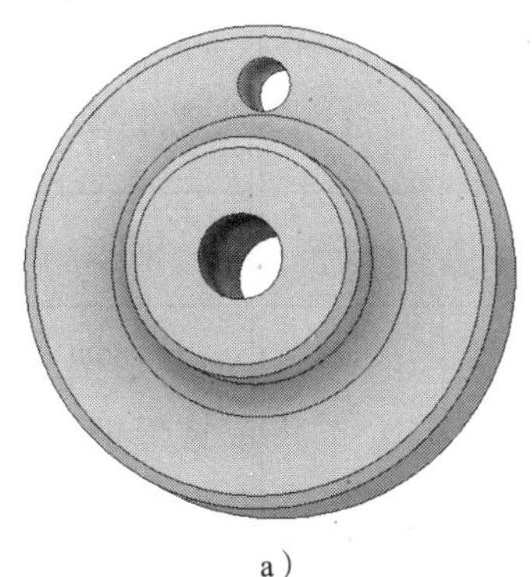

a）

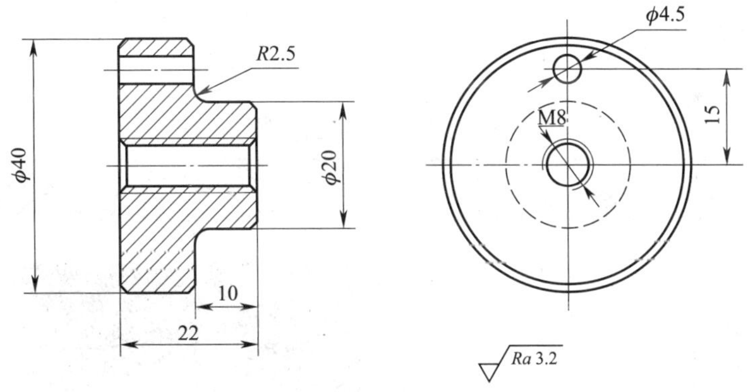

技术要求

孔口倒角及未注倒角为C1。

b）

图 7-1-10　手轮

a）立体图　b）零件图

二、工量具、设备及材料（见表 7-1-6）

本次技能训练毛坯来源为预制件，材料为 45 钢，已预先车削好手轮外形，并预钻 M8 螺纹孔的底孔，但未加工 M8 内螺纹。本次技能训练为加工 M8 内螺纹。

表 7–1–6　　工量具、设备及材料

名称	规格	件数	名称	规格	件数
台虎钳		1	丝锥	M8	若干
切削液		若干	铰杠		1
工业擦拭布		若干	刀口形直角尺	100 mm × 63 mm	1
毛刷		1	螺纹塞规	M8	1
锤子	0.45 kg	1	钢印	0 ~ 8 数字	1
手动倒角器	BC8301	1	V 形架或厚铜皮		若干
游标卡尺	0 ~ 150 mm	1			

三、加工步骤（见表 7–1–7）

表 7–1–7　　手轮内螺纹的加工步骤

序号	步骤	图示
1	用游标卡尺检查手轮底孔尺寸，直径应为 6.75 mm，底孔孔口倒角为 $C1$ mm	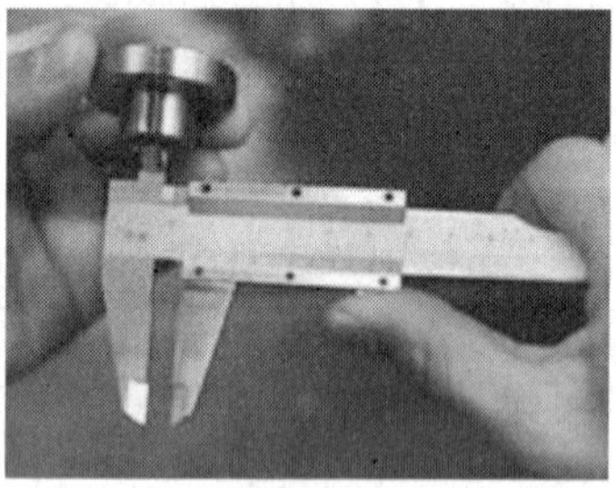
2	把手轮内孔擦拭干净，用 V 形架夹住或用厚铜皮包裹住，夹在台虎钳上	

续表

序号	步骤	图示
3	将 M8 丝锥的头锥装入铰杠中，把丝锥擦拭干净并涂上切削液	
4	起攻时，可用一只手按住铰杠中部，沿丝锥轴线用力加压，另一只手配合做顺向旋进。当丝锥攻入 1 ~ 2 圈时，应及时从不同的方向用刀口形直角尺检查丝锥和手轮表面的垂直度，并逐步校正至加工要求	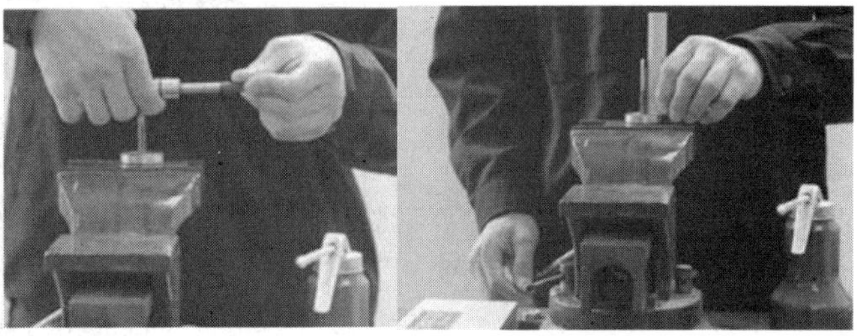
5	丝锥攻入 3 ~ 4 圈时，两手均匀用力转动铰杠，这时不应对丝锥再加压力。当丝锥每旋进 1/2 ~ 1 圈时，就应使丝锥倒转 1/4 ~ 1/2 圈，直至攻螺纹结束，按逆时针方向退出丝锥	
6	把头锥换成二锥，按上述方法攻螺纹至达到要求	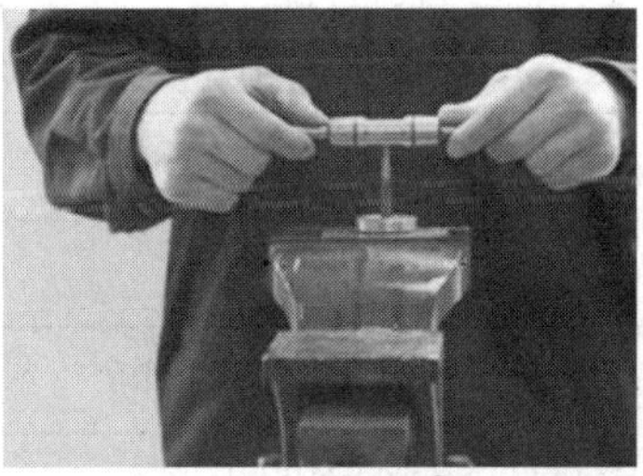

续表

序号	步骤	图示
7	去除工件上螺纹孔口的毛刺，清理螺纹孔内的切屑	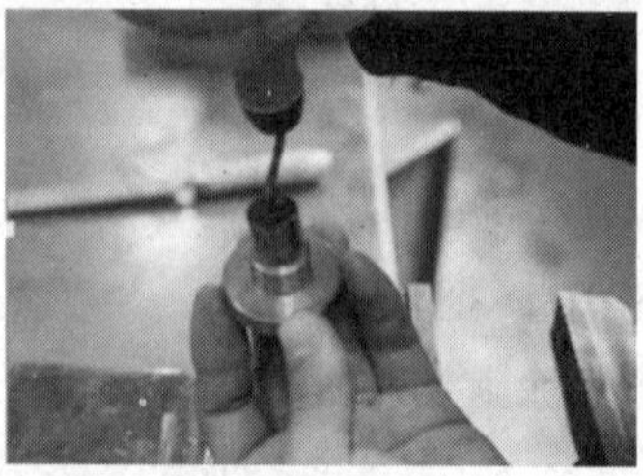
8	用 M8 螺纹塞规检测内螺纹是否合格	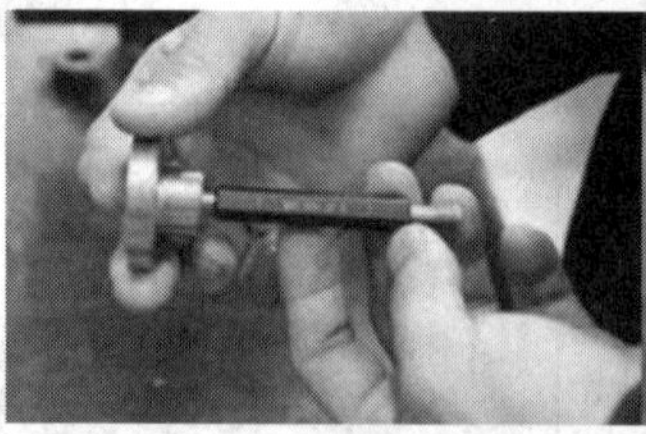 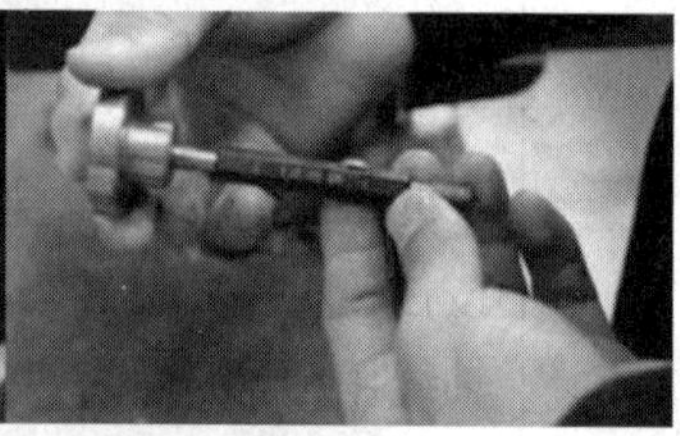
9	在工件上打上学号	

四、质量评价（见表 7–1–8）

表 7–1–8　　手轮内螺纹加工质量评价表

序号	图样要求	配分	检测结果	得分
1	M8 内螺纹	20 分		
2	孔口倒角 $C1$ mm	5 分 ×2		
3	$Ra \leqslant 3.2$ μm	10 分		
4	螺纹无乱牙	10 分		
5	螺纹无滑牙	10 分		
6	螺纹无歪斜	10 分		
7	螺纹形状完整	10 分		
8	丝锥无崩刃或折断	10 分		
9	安全文明生产	10 分		

课题二　套　螺　纹

用圆板牙在外圆柱面（或外圆锥面）上切削出外螺纹的加工方法，称为套螺纹，如图 7–2–1 所示。

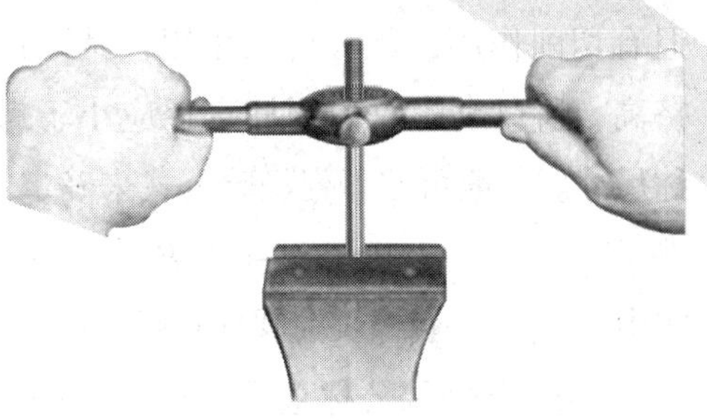

图 7–2–1　套螺纹

一、套螺纹工具

1. 圆板牙

圆板牙是加工外螺纹的刀具，可用 9SiCr 或同等性能的其他牌号合金工具钢制造，其螺纹部分的硬度不低于 60HRC。也可用 W6Mo5Cr4V2 或同等性能的其他牌号高速钢制造，公称直径 $d \leqslant 3$ mm 时，硬度不低于 61HRC，公称直径 $d > 3$ mm 时，硬度不低于 62HRC。圆板牙可装在圆板牙架中用手工加工螺纹，也可在机床上使用。圆板牙加工出的螺纹精度较低，但由于结构简单、使用方便，在单件、小批生产和修配中仍得到广泛应用。

圆板牙由切削锥、校准部分和容屑孔等组成，其结构如图 7–2–2 所示，它本身就相当于一个具有很高硬度的螺母。在两端面处呈锥形的螺纹部分为切削锥，起切削和引导作用，中间一段为具有完整牙型的校准部分。因此，正、反均可使用。

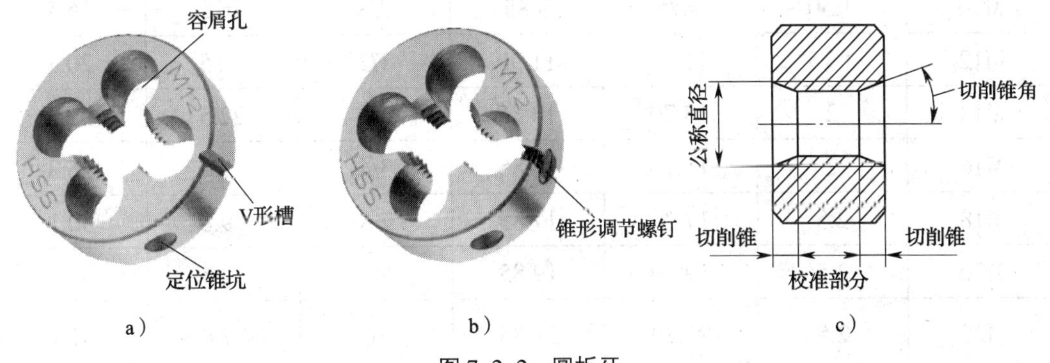

图 7–2–2　圆板牙

a）整体式　b）可调式　c）工作部分结构

钳工常用的圆板牙有整体式圆板牙和可调式圆板牙两类。其中，可调式圆板牙又分为径向可调圆板牙和切向可调式圆板牙两种。在整体式圆板牙的圆周上开一 V 形槽，其作用是当圆板牙磨损而螺纹直径变大后，可沿该 V 形槽磨开，借助圆板牙架上的两调整螺钉进行螺纹直径的微量调节，以延长圆板牙的使用寿命。

2. 圆板牙架

圆板牙架是装夹圆板牙的工具，如图 7–2–3 所示。圆板牙放入后，用螺钉定位紧固。

二、套螺纹前圆杆直径的确定

套螺纹时，由于圆板牙切削锥对材料不但有切削作用，还有挤压作用，其牙顶将被挤高，所以套螺纹前圆杆直径应小于螺纹公称尺寸。一般可按下列经验公式来确定：

$$d_{杆}=d-0.13P$$

式中 $d_{杆}$——套螺纹前圆杆直径，mm；

d——螺纹公称直径，mm；

P——螺距，mm。

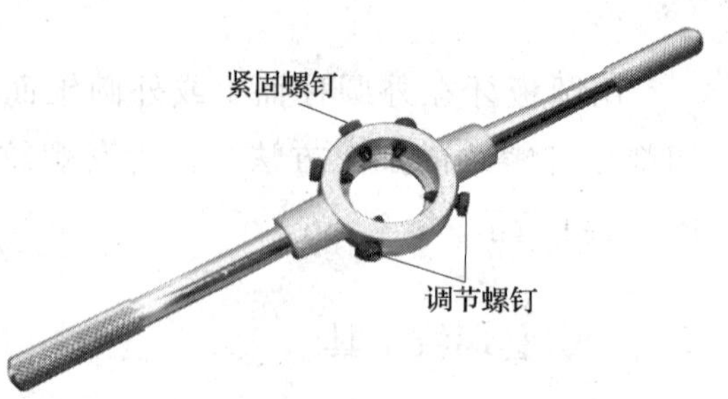

图 7–2–3 圆板牙架

套螺纹前圆杆直径可由表 7–2–1 查得。

表 7–2–1 套螺纹前圆杆直径

普通粗牙螺纹				圆柱管螺纹		
公称直径	螺距 /mm	圆杆直径 /mm		公称直径 /in	管子直径 /mm	
		最小	最大		最小	最大
M6	1	5.80	5.90	1/8	9.4	9.5
M8	1.25	7.80	7.90	1/4	12.7	13
M10	1.50	9.75	9.85	3/8	16.2	16.5
M12	1.75	11.75	11.90	1/2	20.5	20.8
M14	2	13.70	13.85	5/8	22.5	22.8
M16	2	15.70	15.85	3/4	26	26.3
M18	2.5	17.70	17.85	7/8	29.8	30.1
M20	2.5	19.70	19.85	1	32.8	33.1
M22	2.5	21.70	21.85	$1\frac{1}{8}$	37.4	37.7
M24	3	23.65	23.80	$1\frac{1}{4}$	41.4	41.7
M27	3	26.65	26.80	$1\frac{3}{8}$	43.8	44.1
M30	3.5	29.60	29.80	$1\frac{1}{2}$	47.3	47.6
M36	4	35.60	35.80	—	—	—
M42	4.5	41.55	41.75	—	—	—
M48	5	47.50	47.70	—	—	—

注：1 in=25.4 mm。

三、套螺纹方法

1. 端部倒角

为了使圆板牙起套时容易切入材料并做正确引导，套螺纹前圆杆端部要倒成锥半角为15° ~ 20°的锥体，锥体小端的直径应略小于螺纹小径，避免螺纹端部出现锋口和卷边。对于重要螺纹的切入端通常倒成45°的斜角。

2. 安装圆板牙

将已选择的圆板牙放入相应规格的圆板牙架的内孔中，并且使圆板牙圆周上的定位锥坑与圆板牙架上的紧固螺钉对正，然后将紧固螺钉拧紧即可。

3. 装夹工件

套螺纹时，切削转矩很大，且工件都为圆杆，为防止圆杆夹持歪斜或损坏圆杆的已加工表面，一般应使用V形架或厚铜皮作衬垫保证夹紧可靠。在不影响螺纹要求长度的前提下，工件伸出钳口的长度应尽量短，呈铅垂方向放置。

4. 套螺纹操作

起套螺纹的方法与攻螺纹起攻方法一样，用一手手掌按住圆板牙架中部，沿圆杆轴向施加压力，另一手配合做顺向切进，转动要慢，压力要大，并保证圆板牙端面与圆杆轴线的垂直度，不可歪斜。需特别注意的是，在圆板牙切入圆杆2 ~ 3牙时，应及时检查其垂直度并做校正。

正常套螺纹时不要加压，让圆板牙自然引进以免损坏螺纹和圆板牙，一般套入1/2 ~ 1圈后，需回转1/2圈以断屑。

四、套螺纹时的注意事项

1. 每次套螺纹前，应将圆板牙排屑槽内及螺纹内的切屑清除干净。
2. 套螺纹前，要检查圆杆直径大小和端部倒角。
3. 在不影响螺纹要求长度的前提下，工件伸出钳口的长度应尽量短。
4. 在起套螺纹时，要从多个方向进行垂直度的校正。
5. 在起套螺纹时，两手用力要均匀，掌握好两手的力度。
6. 在钢制圆杆上套螺纹时要加机油润滑，以减小螺纹表面粗糙度值，延长圆板牙使用寿命。

五、套螺纹质量分析

套螺纹时常见的质量问题及产生原因见表7–2–2。

表 7-2-2　　套螺纹时常见的质量问题及产生原因

质量问题	产生原因
螺纹乱牙	（1）圆杆直径太大，起套困难，左右摆动，杆端乱牙 （2）圆板牙磨钝 （3）圆板牙歪斜过大而强行修正
螺纹滑牙	（1）圆板牙没有经常倒转导致切屑堵塞把螺纹啃坏 （2）没有选用合适的切削液
螺纹歪斜	套螺纹时位置不正，起套时未检查垂直度
螺纹形状不完整	（1）套螺纹圆杆直径太小 （2）圆杆不直 （3）圆板牙经常摆动，未校正垂直度

小型手动冲床轴的外螺纹加工

一、图样（见图 7-2-4）

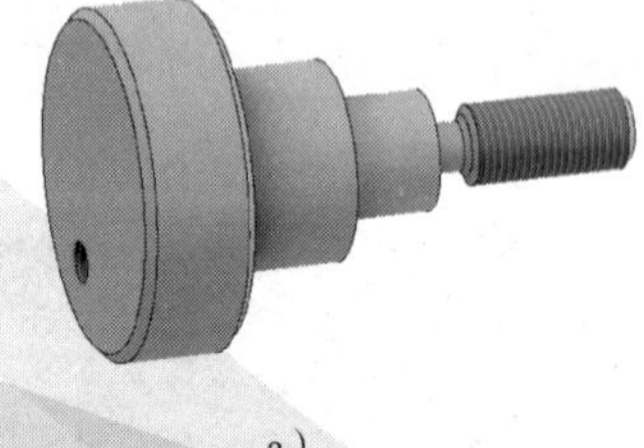

a）

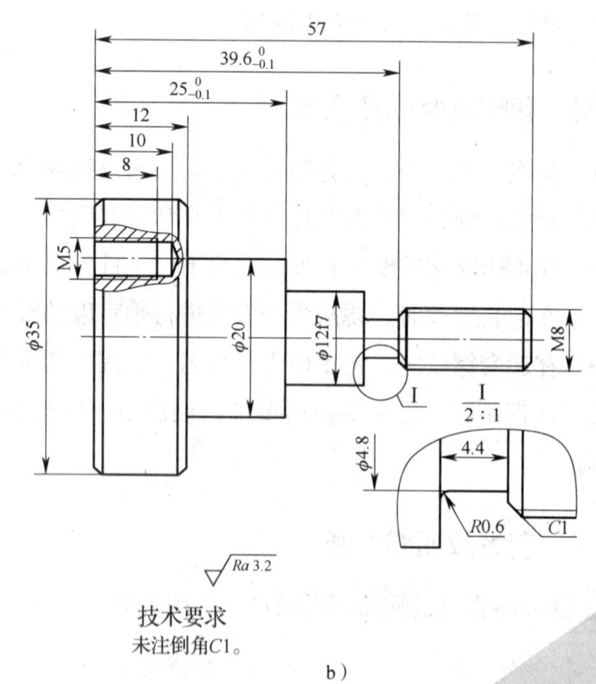

b）

图 7-2-4　轴

a）立体图　b）零件图

二、工量具、设备及材料（见表 7–2–3）

本次技能训练毛坯来源为预制件，材料为 45 钢。已预先车削好台阶轴，轴右端外圆已车削至 ϕ7.8 mm，但未加工外螺纹。本次技能训练为加工轴右端 M8 外螺纹。

表 7–2–3　　工量具、设备及材料

名称	规格	件数	名称	规格	件数
圆板牙	M8	1	游标卡尺	0 ~ 150 mm	1
圆板牙架	M7 ~ M9	1	刀口形直角尺	100 mm × 63 mm	1
V 形架		1 组	螺纹环规	M8	1
切削液		若干	毛刷		1
锤子	0.45 kg	1	工业擦拭布		若干
台虎钳		1	钢印	0 ~ 8 数字	1

三、加工步骤（见表 7–2–4）

表 7–2–4　　轴外螺纹的加工步骤

序号	步骤	图示
1	用游标卡尺检查轴右端圆杆直径尺寸，直径应为 7.8 mm，圆杆端部倒角为 *C*1 mm	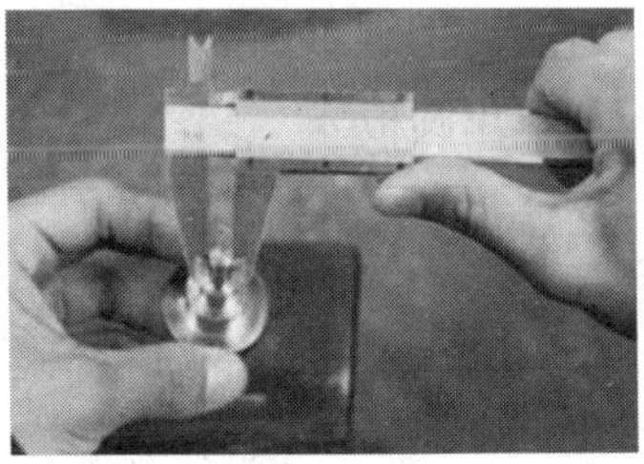
2	把轴的右端用 V 形架夹住或用厚铜皮包裹住，夹在台虎钳上	

续表

序号	步骤	图示
3	把 M8 圆板牙装入圆板牙架中，并把圆板牙擦拭干净，涂上切削液	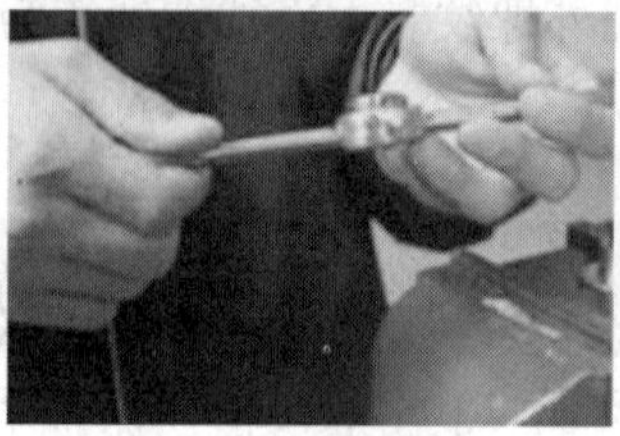 
4	起套螺纹时，可用一手按住圆板牙架中部，沿圆杆轴向施加压力，另一手配合做顺向旋进。要保证圆板牙端面与圆杆轴线垂直。当圆板牙切入圆杆 2 ~ 3 牙时，应及时检查其垂直度，并逐步校正至加工要求	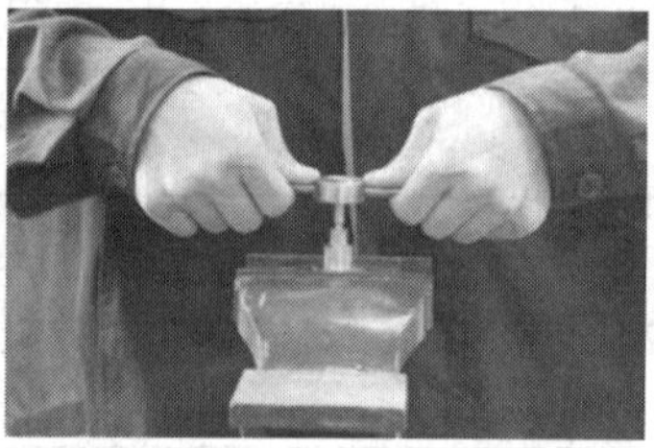
5	正常套螺纹时不要再加压力，让圆板牙自然引进，一般套入 1/2 ~ 1 圈后，需回转 1/2 圈以断屑，直至套螺纹结束，反向退出圆板牙	
6	去除工件毛刺	
7	把螺纹和圆板牙擦拭干净	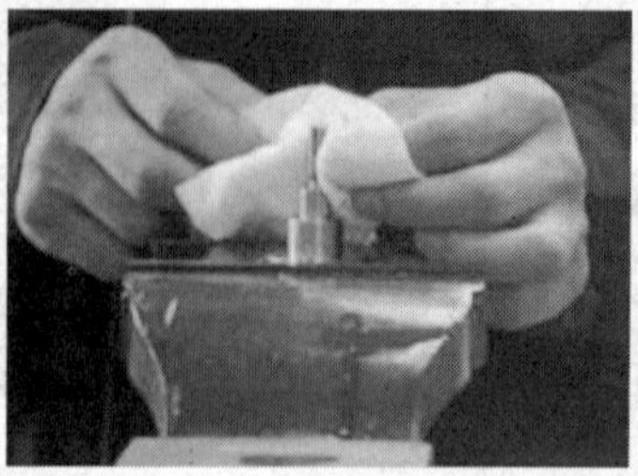 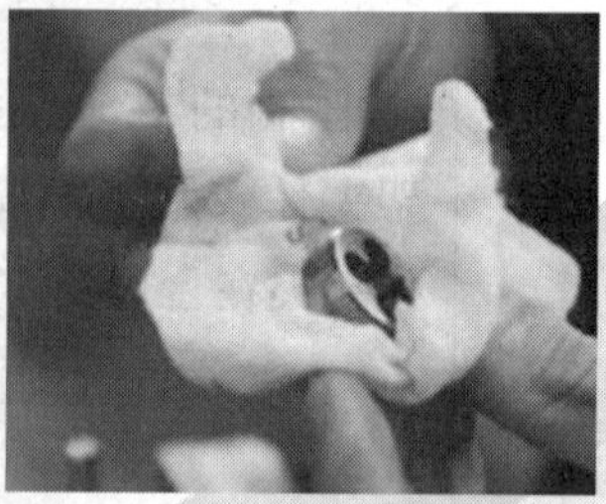

续表

序号	步骤	图示
8	用 M8 螺纹环规检测螺纹尺寸，也可用 M8 螺母检测螺纹尺寸	
9	在工件上打上学号	

四、质量评价（见表 7–2–5）

表 7–2–5　　　　　　　　轴外螺纹加工质量评价表

序号	图样要求	配分	检测结果	得分
1	M8 外螺纹	25 分		
2	圆杆端部倒角 *C*1 mm	5 分		
3	$Ra \leqslant 3.2\ \mu m$	10 分		
4	螺纹无乱牙	10 分		
5	螺纹无滑牙	10 分		
6	螺纹无歪斜	10 分		
7	螺纹形状完整	10 分		
8	圆板牙无崩刃	10 分		
9	安全文明生产	10 分		

第八单元
矫正与弯形

课题一　矫　　正

一、矫正概述

消除金属材料或制件弯曲、翘曲、凸凹不平等缺陷的加工方法，称为矫正，如图 8–1–1 所示。

图 8–1–1　矫正

矫正的实质就是让金属材料产生新的塑性变形来消除原来不应存在的塑性变形。因此，只有塑性较好的材料才能进行矫正。在矫正过程中，材料要受到锤击、弯形等外力作用，内部组织发生变化，造成硬度提高、性质变脆的现象，这种现象称为冷作硬化。冷作硬化给后续加工带来困难，必要时应进行退火处理，使材料恢复原来的力学性能。

按被矫正工件矫正时的温度不同，矫正可分为冷矫正和热矫正两种；按矫正时产生矫正力的方法不同，矫正可分为手工矫正、机械矫正、火焰矫正及高频热点矫正等。对于单件、小批量的制件，常采用手工矫正。手工矫正是将材料（或工件）放在矫正平板、铁砧或台虎钳上，采用锤击、弯曲、延展或伸张等方法进行的矫正。

二、手工矫正常用工具及设备

1. 矫正平板、铁砧和台虎钳

矫正平板、铁砧及台虎钳都可以作为矫正板材、型材或制件的基座。

2. 软、硬锤子

矫正一般材料均可采用钳工锤子。矫正已加工表面、薄板件或有色金属制件时，应采用铜锤、木锤或橡胶锤等软锤。如图 8–1–2 所示为用木锤矫正板料。

3. 抽条和拍板

抽条是采用条状薄板料弯成的简易手工工具，用于抽打较大面积的板料，如图 8–1–3

所示。拍板是用质地较硬的木材（如檀木等）制成的专用工具，主要用于敲打铁皮或有色金属板料。

4. 螺旋压力工具

螺旋压力工具如图 8–1–4 所示，主要借助 V 形架等支承工具矫正棒料或轴类工件。

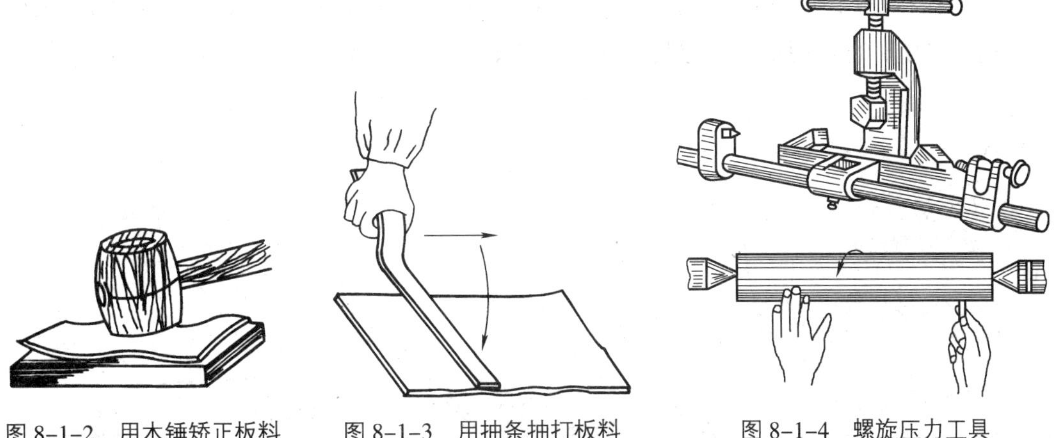

图 8–1–2　用木锤矫正板料　　图 8–1–3　用抽条抽打板料　　图 8–1–4　螺旋压力工具

三、手工矫正方法

1. 延展法

延展法用于金属板料及角钢的凸起、翘曲等变形的矫正。

板料中间凸起是由于变形后中间材料变薄引起的。矫正时可锤击板料边缘，使边缘材料延展变薄，厚度与凸起部位的厚度越趋近则越平整。锤击时，应由外向里锤击，锤击力度应由重到轻，锤击点由密到稀。如果板料表面有相邻几处凸起，则应先在凸起的交界处轻轻锤击，使几处凸起合并成一处，再锤击四周而矫平，如图 8–1–5 所示。如果直接锤击凸起部位，则会使凸起的部位变得更薄，这样不但达不到矫正的目的，反而使凸起更为严重。

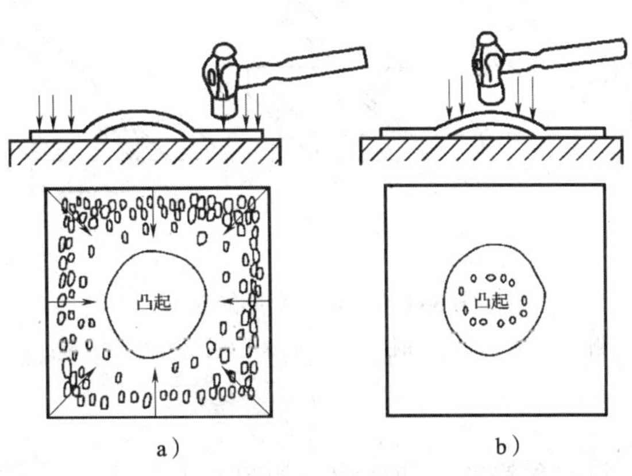

图 8–1–5　中凸板料的矫正

a）正确　b）错误

如果板料边缘呈波纹形而中间平整，这说明板料四边变薄而伸长了。矫平时，应按图 8–1–6 中箭头所示的方向，从中间向四周锤打，锤击点密度逐渐变稀，力量逐渐减小，经多次反复锤打，使板料达到平整。

如果板料发生对角翘曲，就应沿另外没有翘曲的对角线锤击，使其延展而矫平，如图 8–1–7 所示。

如果板料是铜箔、铝箔等薄而软的材料，可用平整的木块在平板上推压材料的表面，使其达到平整，也可用木锤或橡胶锤锤击，如图 8–1–8 所示。

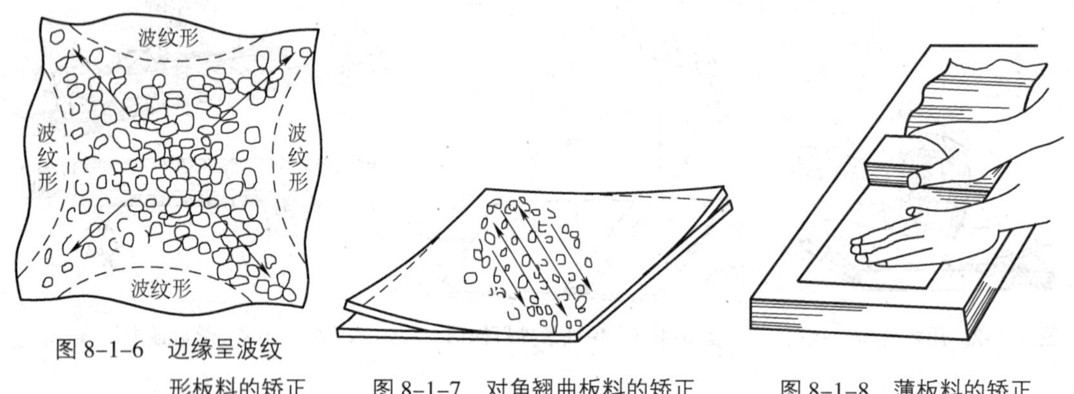

图 8–1–6　边缘呈波纹形板料的矫正　　图 8–1–7　对角翘曲板料的矫正　　图 8–1–8　薄板料的矫正

角钢的变形有内弯、外弯、扭曲和角变形等多种形式，其矫正方法如图 8–1–9 所示。

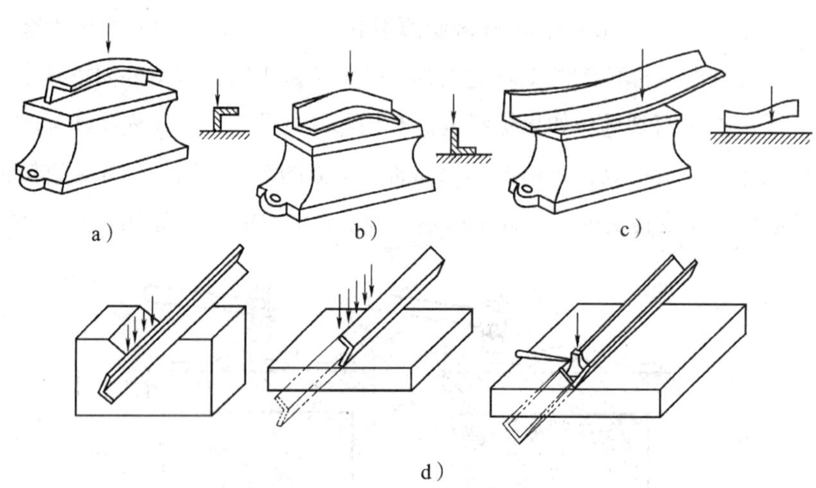

图 8–1–9　角钢变形的矫正

a）矫正角钢内弯　b）矫正角钢外弯　c）矫正角钢扭曲　d）矫正角钢角变形

2. 扭转法

扭转法用来矫正条料或角铁的扭曲变形。如图 8–1–10 所示，矫正时，将制件一端夹持在台虎钳上，用扳手或其他扭转工具朝变形相反方向扭转即可。

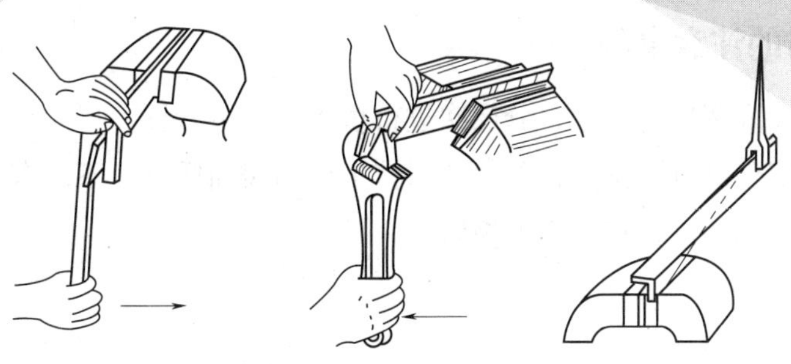

图 8-1-10　扭转法

3. 伸张法

伸张法用来矫正各种细长线材的卷曲变形，其方法如图 8-1-11 所示。

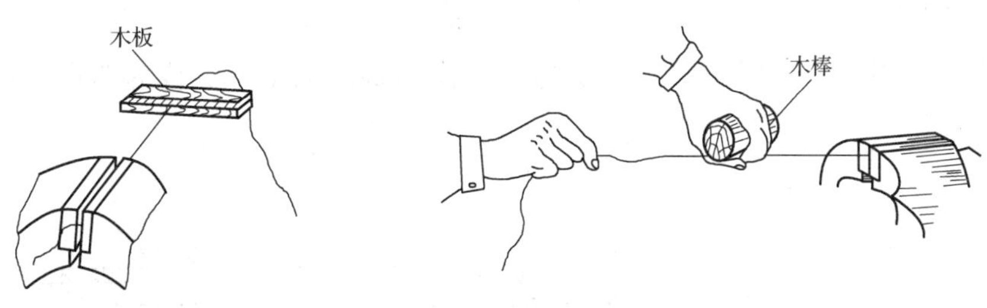

图 8-1-11　伸张法

4. 弯形法

弯形法主要用来矫正各种轴类、棒料、条料或型材的弯曲变形，如图 8-1-12 所示。矫正前，先查明弯曲程度和部位，做上标记，然后使凸部向上置于平台，用锤子连续锤击凸处，使凸起部位材料受压缩短，凹入部位受拉伸长，以消除弯曲变形。对直径较大的轴类、棒类制件，一般先把轴装在顶尖上，找出弯曲部位，用压力机在轴的突出部位加压矫正。

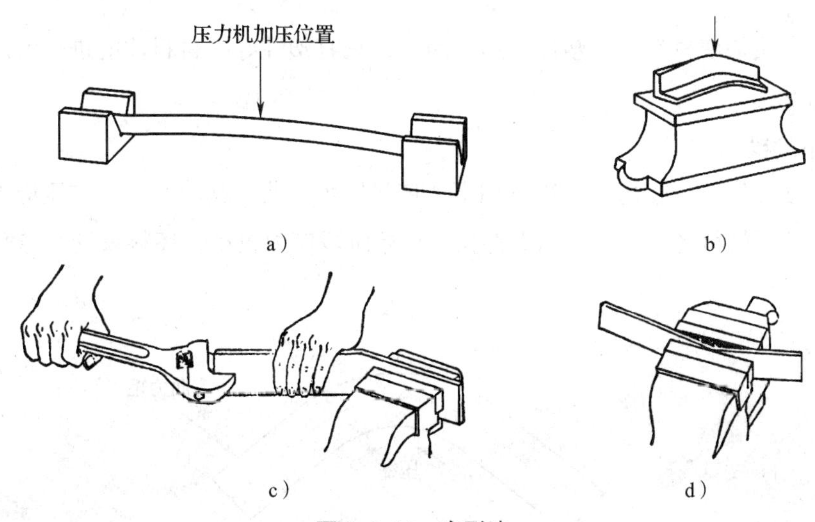

图 8-1-12　弯形法

a）轴类的矫正　b）角铁的矫正　c）用扳手矫正　d）用台虎钳矫正

四、矫正时的注意事项

1. 矫正时要看准变形的部位，分层次进行矫正，不可弄反。

2. 对已加工工件进行矫正时，要注意保持工件的表面质量，不能有明显的锤击痕迹。

3. 矫正时，不能超过材料的变形极限。

课题二　弯　　形

一、弯形概述

将坯料（如板料、条料或管子等）弯成所需形状的加工方法称为弯形，如图 8-2-1 所示。

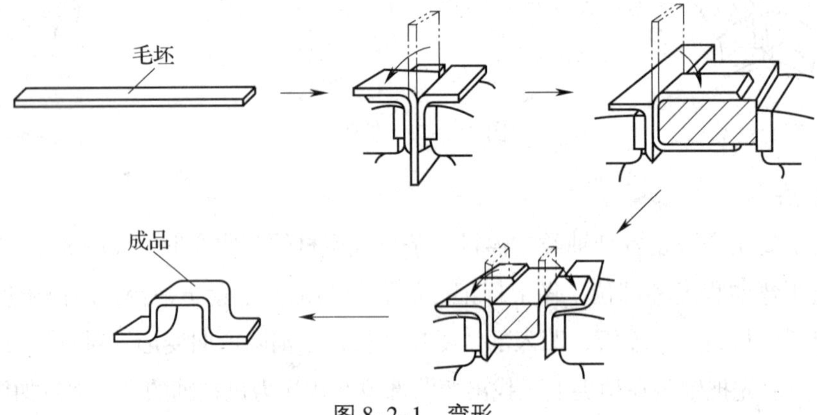

图 8-2-1　弯形

弯形的实质是使材料产生塑性变形，因此，只有塑性好的材料才能进行弯形。其材料变形过程如下：

1. 初始阶段

如图 8-2-2 所示，在弯曲力矩作用下，坯料发生弯曲，其内层材料在压应力作用下被压缩缩短，外层材料受拉应力作用而伸长。初始阶段应力较小，坯料只发生弹性变形。

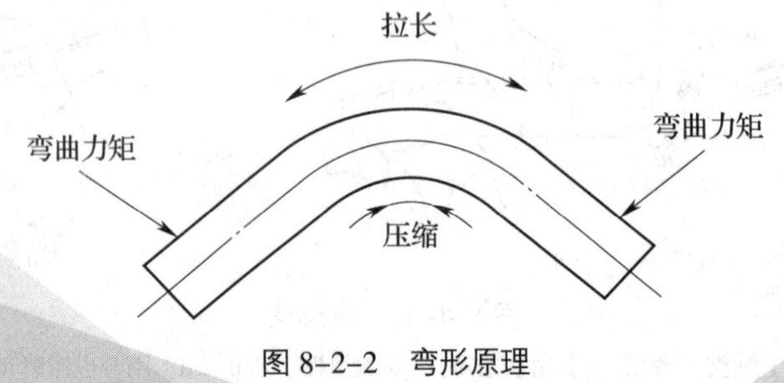

图 8-2-2　弯形原理

2. 塑性变形阶段

弯矩足够大时，应力达到材料屈服点后，坯料开始产生塑性变形。坯料的内、外表面首先由弹性变形状态过渡到塑性变形状态，而后塑性变形由内、外表面向中心扩展。

3. 断裂阶段

随弯矩增大，当坯料弯形半径小到一定程度时，坯料将因变形超过自身变形能力的限度而在受拉伸的外表面首先出现裂纹，并向内伸展，致使材料发生断裂破坏。

由此可知，在弯形过程中，材料表面变形最大，且材料塑性越好，允许的最小弯形半径也越小。同种材料，相同的厚度，外层材料变形的大小取决于弯形半径的大小，弯形半径越小，外层材料变形就越大。为此，必须限制材料的弯形半径。通常，材料的弯形半径应大于2倍的材料厚度（该半径称为临界半径）。否则，应进行两次或多次弯形才能达到要求，其间还应进行退火处理。

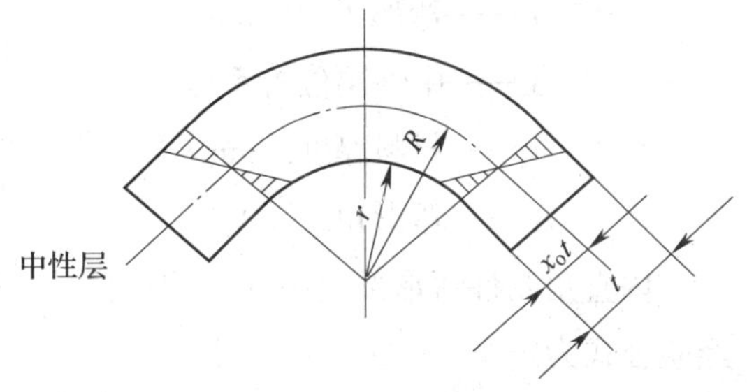

图 8–2–3　中性层位置

材料弯曲变形的过程中，内缘受压缩短，外缘受拉伸长，在内缘和外缘之间必然存在弯曲时既不伸长也不缩短的一层，该层称为中性层，如图 8–2–3 所示。

二、弯形坯料长度计算

坯料经弯形后，只有中性层的长度不变，因此，计算弯形工件坯料长度时，可按中性层的长度进行计算。但当材料弯形后，中性层并不一定在材料的正中，而是偏向内层材料一边。试验证明，中性层的实际位置与材料的弯形半径 r 和材料的厚度 t 有关。当 $r/t \geqslant 16$ 时，中性层位置在板厚的中间位置，即 $R=r+t/2$；当 $r/t<16$ 时，中性层位置 $R=r+x_ot$。一般情况下，为简化计算，当 $r/t \geqslant 8$ 时，可取 $x_o=0.5$ 进行计算。弯形中性层位置系数 x_o 见表 8–2–1。

表 8–2–1　　弯形中性层位置系数 x_o

r/t	0.25	0.5	0.8	1	2	3	4	5	6	7	8	10	12	14	≥ 16
x_o	0.2	0.25	0.3	0.35	0.37	0.4	0.41	0.43	0.44	0.45	0.46	0.47	0.48	0.49	0.5

在实际生产中，制件弯形的形式有多种，常见的有圆环制件、带内圆弧制件和内直角制件，如图 8–2–4 所示。

带内圆弧制件弯形部分中性层长度的计算公式为

$$A=\pi\,(r+x_ot)\,\alpha/180$$

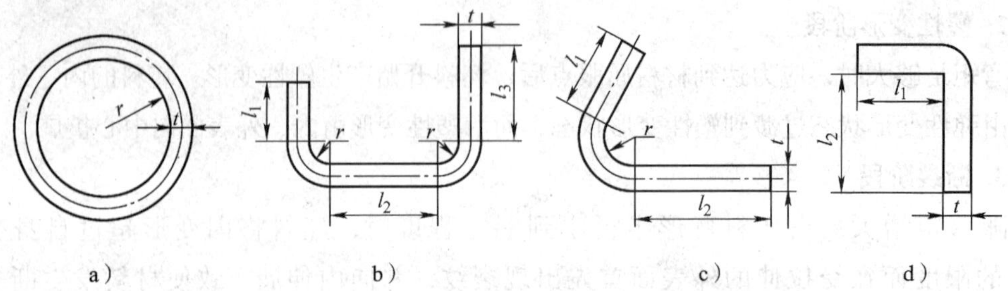

a） b） c） d）

图 8-2-4 常见的弯形形式

a）圆环制件 b）、c）带内圆弧制件 d）内直角制件

式中 A——圆弧部分中性层长度，mm；

r——弯形半径，mm；

x_0——中性层位置系数；

t——材料厚度，mm；

α——弯形角，(°)。

内直角制件弯形部分中性层的长度，可按弯形前后毛坯体积不变的原理进行计算，其经验公式为

$$A=0.5t$$

例 把厚度 t=4 mm 的钢板坯料弯成图 8-2-4c 所示的制件，若弯形角 α =120°，内弯形半径 r=16 mm，边长 l_1=60 mm、l_2=120 mm，求坯料长度 L。

解 r/t=16 mm /4 mm =4，查表 8-2-1 得

$$x_0=0.41$$

$$A=\pi(r+x_0t)\alpha/180 \approx 3.14\times(16+0.41\times4)\times120\text{ mm}/180 \approx 36.93\text{ mm}$$

根据 $L=l_1+l_2+A$，得

$$L \approx 60\text{ mm}+120\text{ mm}+36.93\text{ mm}=216.93\text{ mm}$$

例 把厚度 t=3 mm 的钢板坯料弯成图 8-2-4d 所示的制件，若 l_1=60 mm，l_2=100 mm，求坯料长度 L。

解 因为是内面为直角的弯形制件，所以

$$L=l_1+l_2+A=l_1+l_2+0.5t=60\text{ mm}+100\text{ mm}+0.5\times3\text{ mm}=161.5\text{ mm}$$

由于材料本身性质的差异和弯形工艺及操作方法的不同，理论上计算的坯料长度和实际需要的坯料长度之间会有误差。因此成批生产时，要采用试弯的方法确定坯料长度，以免造成成批废品。

三、弯形方法

按弯形时的坯料温度，弯形分为冷弯和热弯；按弯形的操作方法，弯形分为手工弯形和机械弯形。金属材料在常温下进行的弯形，称为冷弯。当变形量过大时（料厚大于

5 mm 及直径较大的棒料和管材），金属产生过大塑性变形，从而引起冷作硬化，使力学性能下降时，则应采用加热弯曲和成形，这种方法称为热弯。弯形时，为了抵消材料的弹性变形（回弹现象），可凭经验适当多弯些。钳工常用的弯形操作方法有以下几种：

1. 借助台虎钳、锤子等常用工具进行弯形

对于尺寸不大且形状不太复杂的板料、条料等单件或少量制件的弯形，可在台虎钳上进行操作。如图 8–2–5 所示，弯形时应注意装夹方法和锤击部位。当弯折工件在钳口以上较长或板料较薄时，应用手压住工件上部，用木锤在靠近弯曲的部位轻轻敲打，否则，易使板料翘曲变形。

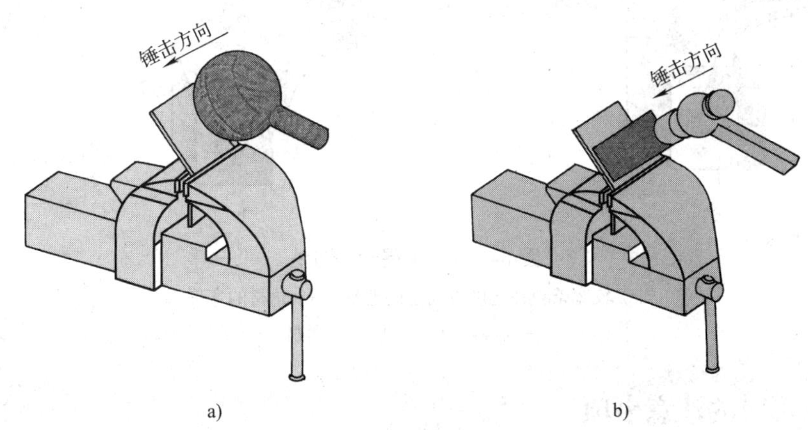

图 8–2–5　板料在台虎钳上弯形

a）用木锤弯形　b）用钢锤弯形

2. 模具整体弯形

对于棒料、条料、管材，可借助简易模具一次整体弯形，如图 8–2–6 所示。当管子直径在 12 mm 以下时，可以采用冷弯方法；管子直径大于 12 mm 时，可以采用热弯方法。管子弯形的临界半径必须是管子直径的 4 倍以上。管子直径在 10 mm 以上时，为防止管子弯瘪，必须在管内灌满干沙，两端用木塞塞紧，并将焊缝置于中性层的位置上，否则，易使焊缝开裂。

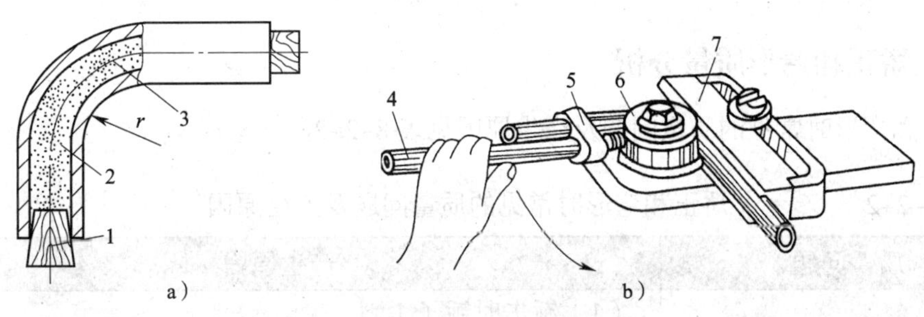

图 8–2–6　管子弯形方法

a）管子填充方法　b）手动弯形工具

1—木塞　2—干沙　3—中性层（焊缝）　4—手柄　5—驱动钩　6—转轮　7—导铁

3. 延展弯形

其原理是利用材料的延展性能，通过锤击使材料的外弯部分变薄延展（内弯部分变形较小），导致材料弯曲而实现弯形（也称为放边）。图 8-2-7 所示为较宽条料和角材的弯形。在打薄放边的过程中，角材底面必须与铁砧表面贴平，否则会产生翘曲现象，锤击点应均匀并呈放射线状，锤击时不得敲打角材弯角处。锤击时，材料可能会产生冷作硬化现象，应及时退火。另外，应随时用样板或量具检查外形，防止弯曲过大。

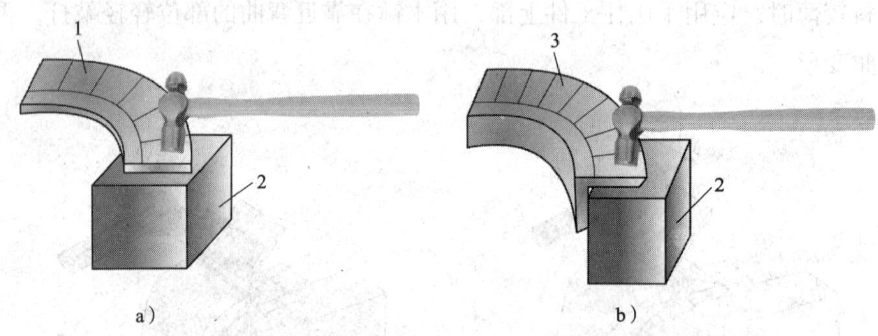

图 8-2-7　延展弯形方法

a）较宽条料在宽度方向上的弯形　b）角材的弯形

1—板料　2—铁砧　3—角材

四、弯形时的注意事项

1. 弯形时应用木锤敲击工件根部。

2. 锤击时，应在工件表面垫木块，以防敲伤工件表面。

3. 弯形时要注意弯曲方向。

4. 弯形工件虽然发生塑性变形，但也有弹性变形存在，为抵消材料的弹性变形，弯形时应多弯些。

5. 弯曲有焊缝的管子，焊缝不能放在弯曲的外层或内层，必须放在弯曲的中性层位置上。

6. 弯曲工件时，应从工件的两端边缘弯起，然后逐渐往中间延伸弯曲。

五、矫正和弯形质量分析

矫正和弯形时常见的质量问题及产生原因见表 8-2-2。

表 8-2-2　　矫正和弯形时常见的质量问题及产生原因

质量问题	产生原因
工件表面留有麻点或锤痕	（1）锤击时锤子歪斜 （2）锤子的边缘和工件的材料接触或锤面不光滑 （3）对加工过的表面或非金属矫正时，用硬锤直接锤击

续表

质量问题	产生原因
工件断裂	（1）多次折弯，破坏了金属组织 （2）塑性较差，r/t 值过小，材料发生较大的弯形
工件弯斜或尺寸不准确	（1）夹持不正或夹持不紧，锤击偏向一边 （2）用不正确的模具 （3）锤击力过重
材料长度不够	弯形前坯料长度计算错误
管子熔化或表面严重氧化	管子热弯时加热温度太高
管子有瘪痕和焊缝开裂	（1）干沙没灌满 （2）弯形半径偏小，重弯使管子产生瘪痕 （3）弯形时管子的焊缝没有放在中性层的位置上

技能训练

小型手动冲床手柄制作

一、图样（见图 8-2-8）

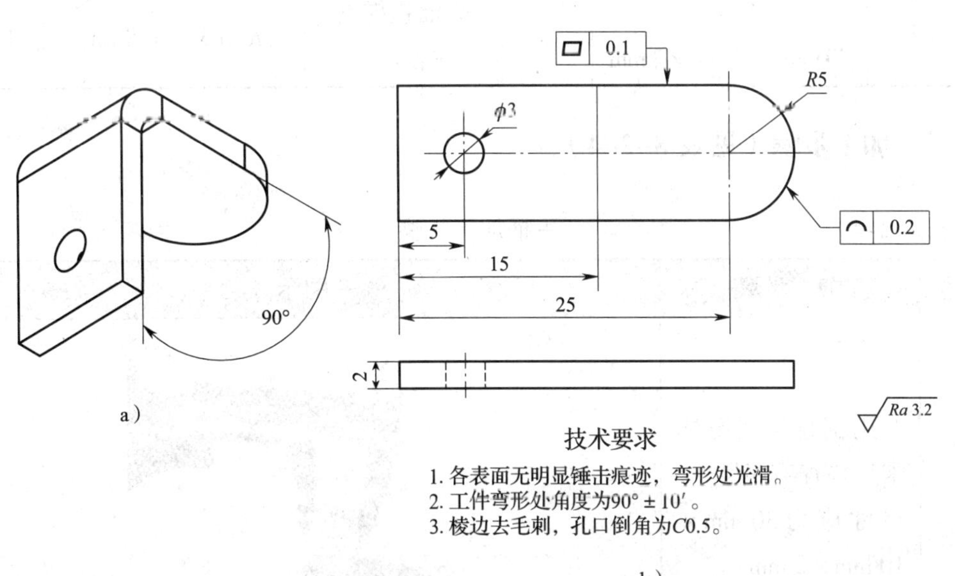

图 8-2-8　手柄

a）立体图　b）展开零件图

二、工量具、设备及材料（见表 8-2-3）

表 8-2-3　　工量具、设备及材料

名称	规格	件数	名称	规格	件数
刀口形直角尺	100 mm × 63 mm	1	游标高度卡尺	0 ~ 300 mm	1
划针	ϕ3 ~ 5 mm	1	游标卡尺	0 ~ 150 mm	1
划规	长度（*L*）：100 mm	1	钢直尺	0 ~ 150 mm	1
样冲	顶角为 60°	1	板锉	200 mm、250 mm	1
锤子	0.45 kg	1	台虎钳		1
平板	500 mm × 500 mm	1	半径样板	*R*1 ~ 6.5 mm	1
平口钳		1	麻花钻	ϕ3 mm	若干
毛刷		1	钢印	0 ~ 8 数字	1
台式钻床	Z516	1	磁性表座	V 型	1
百分表	0 ~ 10 mm	1	硬纸板		若干
砂纸	1 号或 2 号	若干	铜棒	ϕ15 mm × 300 mm	1
蓝油		若干	90° 锥形锪钻	ϕ14 mm	1
毛坯	45 钢 30 mm × 10 mm × 2 mm	1	表面粗糙度比较样块	*Ra*6.3 ~ 0.8 μm	1 套

三、加工步骤（见表 8-2-4）

表 8-2-4　　手柄加工步骤

序号	加工步骤	图示
1	用钢直尺或游标卡尺检查毛坯尺寸，尺寸应为 30 mm × 10 mm × 2 mm	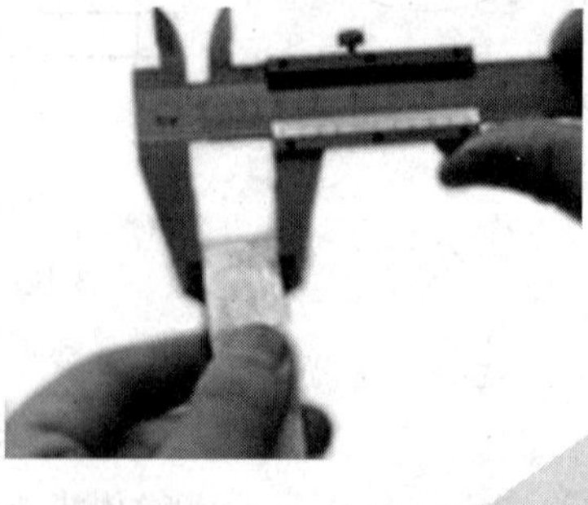

续表

序号	加工步骤	图示
2	采用游标高度卡尺划出 $R5$ mm 圆弧的中心线和孔 $\phi3$ mm 的中心线	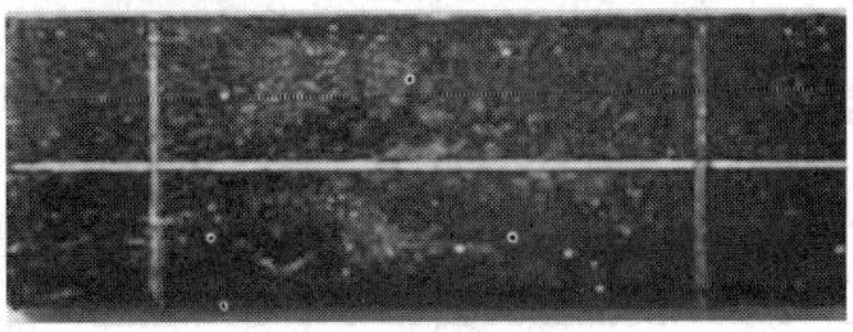
3	用锤子和样冲敲出 $R5$ mm 圆弧和孔 $\phi3$ mm 的中心样冲眼	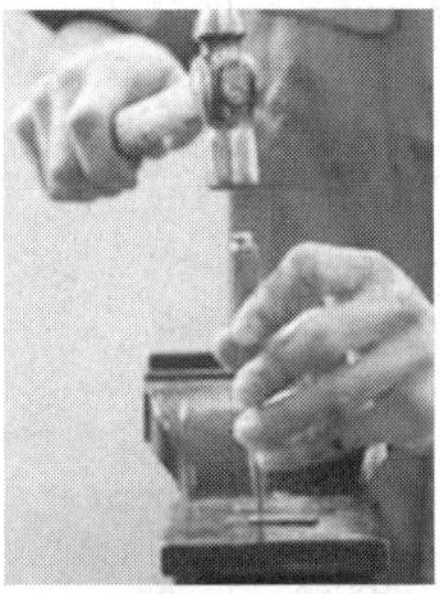
4	用划规划出 $R5$ mm 圆弧的加工轮廓线	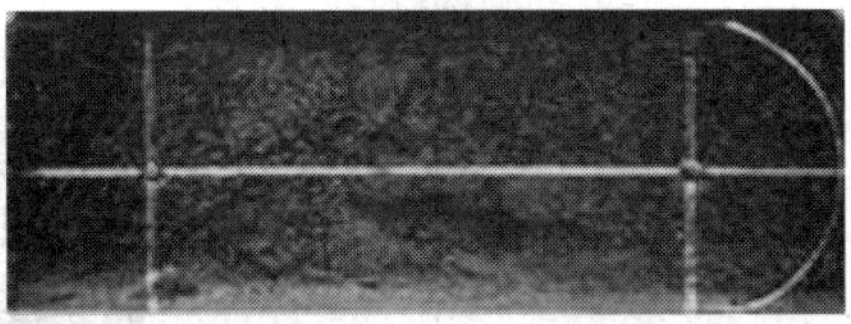
5	锉削手柄右侧 $R5$ mm 半圆弧	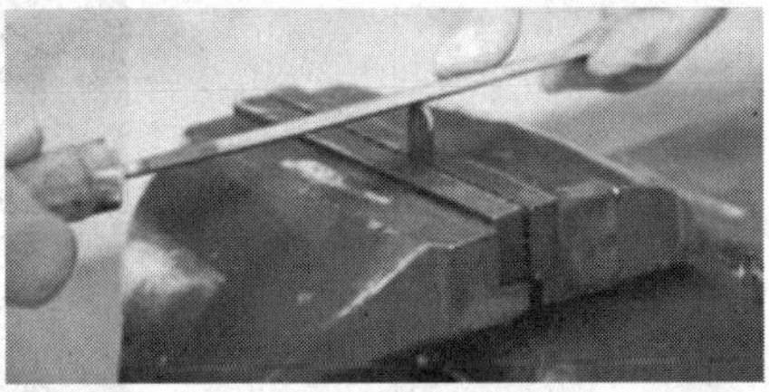
6	用台钻钻出手柄左侧 $\phi3$ mm 的孔	
7	用 90° 锥形锪钻对手柄 $\phi3$ mm 的孔进行倒角	

续表

序号	加工步骤	图示
8	划出手柄尺寸为15 mm的折弯线	
9	在台虎钳的钳口贴上硬纸板或铜皮，并夹紧工件	
10	用铜棒敲击制件进行手工弯形，完成手柄的90°折弯	  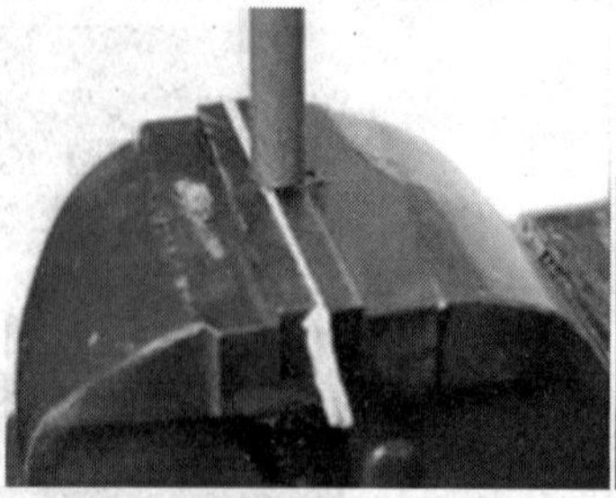 

续表

序号	加工步骤	图示
11	去除工件棱边上的毛刺，打上学号完成手柄制作	

四、质量评价（见表 8–2–5）

表 8–2–5　　手柄加工质量评价表

序号	图样要求	配分	检测结果	得分
1	▱ 0.1	3 分 ×4		
2	R5 mm	5 分		
3	⌒ 0.2	10 分		
4	15 mm	5 分		
5	90°±10′	10 分		
6	ϕ3 mm 孔口倒角为 C0.5 mm	3 分 ×2		
7	手柄表面无明显锤击痕迹	10 分		
8	手柄弯形处光滑	10 分		
9	手柄棱边去毛刺	10 分		
10	手柄无严重变形	5 分		
11	$Ra \leqslant 3.2\ \mu m$	11 分		
12	安全文明生产	6 分		

第九单元
铆接与粘接

课题一　铆　　接

借助铆钉形成不可拆的连接称为铆接，如图 9–1–1 所示。

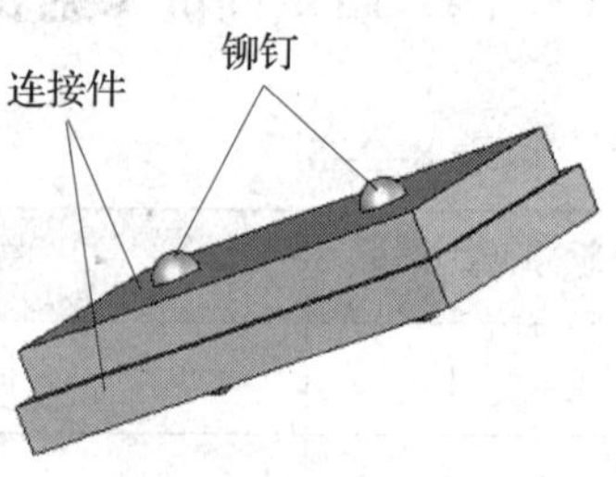

图 9–1–1　铆接

目前，在很多工件的连接中，铆接已逐渐被焊接所代替，但因铆接具有结构简单，操作方便，接头质量易于检查，工艺简单，不受被连接材料的限制，在承受严重冲击和剧烈振动载荷时工作比较可靠等特点，所以在桥梁、航天以及机械和工具制造中仍是主要的连接形式。

一、铆接种类

按使用要求铆接分为活动铆接和固定铆接两种，按操作方法铆接分为冷铆、热铆和混合铆。其特点及应用见表 9–1–1。

表 9–1–1　　　　铆接的种类、特点及应用

种类			特点及应用
按使用要求分类	活动铆接		其结合部位可以相互转动，如钢丝钳、剪刀、划规等工具的铆接
	固定铆接	强固铆接	应用于结构需要有足够的强度，承受很大作用力的地方，如桥梁、车辆和起重机等
		紧密铆接	应用于低压容器装置，这种铆接只能承受很小的均匀压力，但要求接缝处非常严密，以防止渗漏，如气筒、水箱、油罐等
		强密铆接	这种铆接不但能承受很大的压力，而且要求接缝非常紧密，即使在较大压力下，液体或气体也保持不渗漏，一般应用于锅炉、压缩空气罐及其他高压容器的铆接

续表

种类		特点及应用
按操作方法分类	冷铆	铆接时，铆钉不需加热，直接镦出铆合头，直径在 8 mm 以下的钢制铆钉都可以用冷铆方法铆接。采用冷铆时铆钉的材料必须具有较高的塑性
	热铆	把整个铆钉加热到一定温度，再铆接。因铆钉受热后塑性好，容易成形，而且冷却后铆钉杆收缩，还可加大结合强度。热铆时要把铆钉孔直径放大 0.5 ~ 1 mm，使铆钉在热态时容易插入。直径大于 8 mm 的钢制铆钉多用热铆
	混合铆	在铆接时，只把铆钉的铆合头端部加热。对于细长的铆钉，采用这种方法可以避免铆接时铆钉杆的弯曲

二、铆接形式

铆接分为搭接、对接、角接等几种形式，如图 9–1–2 所示。

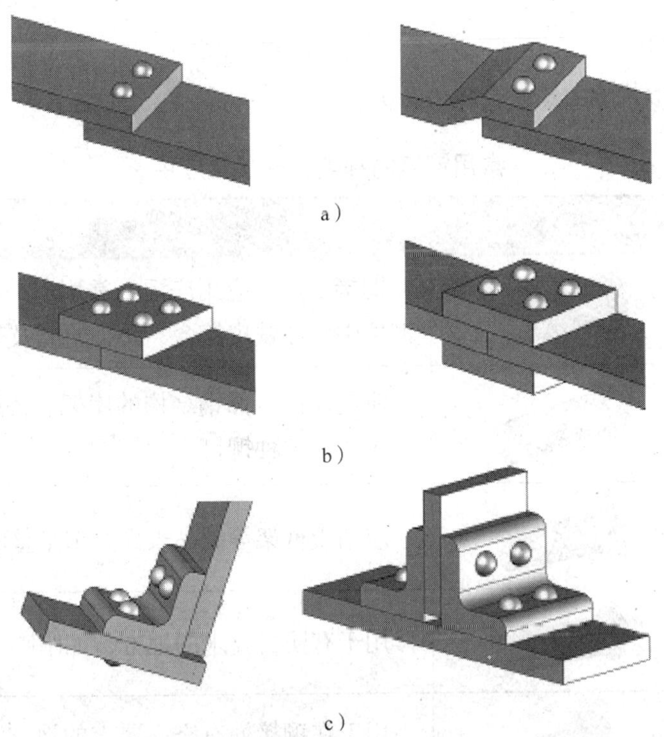

图 9–1–2　铆接形式

a）搭接　b）对接　c）角接

三、铆道

铆道是指铆钉的排列形式，有单排、双排、多排、交错排等，如图 9–1–3 所示。

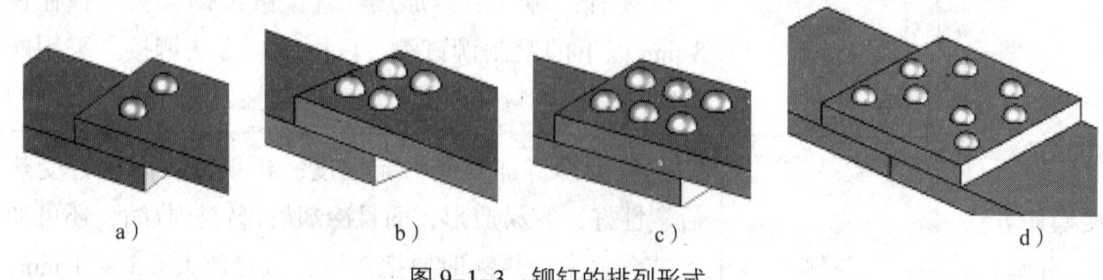

图 9–1–3　铆钉的排列形式
a）单排　b）双排　c）多排　d）交错排

四、铆距

铆距指铆钉间或铆钉与铆接板边缘的距离。在铆接结构中，有三种隐蔽性的损坏情况：铆钉沿中心线被拉断、铆钉被剪切断裂、孔壁被铆钉压坏。因此，按结构和工艺的要求，铆钉的排列距离有一定的规定。如铆钉并列排列时，铆距 $t \geqslant 3d$（d 为铆钉直径）。铆钉中心到铆接板边缘的距离：如铆钉孔是钻孔时约为 $1.5d$，如铆钉孔是冲孔时约为 $2.5d$。

五、铆钉

1. 铆钉的种类

（1）按铆钉形状分类（见表 9–1–2）。

表 9–1–2　　常用铆钉的种类、形状及应用

种类	形状	应用
平头铆钉		铆接方便，应用广泛，常用于一般无特殊要求的铆接中，如铁皮箱盒、防护罩壳及其他结合件中
半圆头铆钉		应用广泛，如钢结构的屋架、桥梁、车辆和起重机等常用这种铆钉
沉头铆钉		应用于框架等制品表面要求平整的地方
半圆沉头铆钉		用于有防滑要求的地方，如踏脚板和步行梯板等
管状空心铆钉		用于在铆接处有空心要求的地方，如电器部件的铆接等

续表

种类	形状	应用
皮带铆钉		用于铆接机床制动带以及毛毡、橡胶、皮革材料的制件
抽芯铆钉		铆接时，铆钉钉芯由专用铆枪拉动，使铆体膨胀，起到铆接作用。用于不便采用普通铆钉（须从两面进行铆接）的铆接场合，广泛用于建筑、汽车、船舶、飞机、机器等产品中

（2）按铆钉材料分类

按材料不同可分为碳素钢铆钉、特种钢铆钉、铜及其合金铆钉、铝及其合金铆钉等。

2. 铆钉的标记

由于铆钉生产已经标准化，所以标记铆钉时，一般要标出公称直径、公称长度和国家标准号。如“铆钉 GB 867—86—5 × 20”，其含义：公称直径为 5 mm、公称长度为 20 mm、材料为 ML2、不经表面处理的半圆头铆钉。

3. 铆钉相关参数的确定

（1）铆钉杆径 d（公称直径）的确定

铆钉杆径的大小与被连接板的厚度、连接形式以及被连接板的材料等多种因素有关。当被连接板材厚度相同时，铆钉杆径等于板厚的 1.8 倍；当被连接板材厚度不同，搭接连接时，铆钉杆径等于最小板厚的 1.8 倍。铆钉杆径可在计算后按表 9–1–3 圆整。

表 9–1–3　　标准铆钉杆径系列及通孔直径　　mm

铆钉杆径 d	基本系列	1.0	1.2		1.6	2.0	2.5	3.0		4.0	5.0	6.0
	第二系列			1.4					3.5			
通孔直径 d_h	精装配	1.1	1.3	1.5	1.7	2.1	2.6	3.1	3.6	4.1	5.2	6.2
	粗装配	—	—	—	—	—	—	—	—	—	—	—
铆钉杆径 d	基本系列	8	10	12		16		20		24		30
	第二系列				14		18		22		27	
通孔直径 d_h	精装配	8.2	10.3	12.4	14.5	16.5	—	—	—	—	—	—
	粗装配	—	11	13	15	17	19	21.5	23.5	25.5	28.5	32

（2）通孔直径 d_h 的确定

铆接时，通孔直径的大小，应根据装配要求和铆钉杆径来选择。如通孔直径过小，铆钉插入困难；通孔直径过大，则铆合后的工件容易松动。具体数值见表 9–1–3。

（3）铆钉杆长度的确定

铆接时铆钉杆所需长度，除了需满足被铆接件总厚度外，还需保留足够的伸出长度，以用来铆制完整的铆合头，从而获得足够的铆接强度。铆钉杆长度可用下式计算：

1）半圆头铆钉杆长度为

$$L=\sum\delta+(1.25 \sim 1.5)d$$

2）沉头铆钉杆长度为

$$L=\sum\delta+(0.8 \sim 1.2)d$$

式中　$\sum\delta$——被铆接件总厚度，mm；

　　d——铆钉公称直径，mm。

例　用沉头铆钉搭接 2 mm 和 5 mm 的两块钢板，如何选择铆钉杆径、铆钉杆长度及通孔直径？

解　铆钉杆径为

$$d=1.8t=1.8\times2\ \text{mm}=3.6\ \text{mm}$$

按表 9–1–3 圆整后，取 d=4 mm。

铆钉杆长度为

$$L=\sum\delta+(0.8 \sim 1.2)d=2\ \text{mm}+5\ \text{mm}+(0.8 \sim 1.2)\times4\ \text{mm}=10.2 \sim 11.8\ \text{mm}$$

根据选取的铆钉杆径，查表 9–1–3 得，通孔直径为 4.1 mm。

六、铆接的方法

以半圆头铆钉为例，铆接方法见表 9–1–4。

表 9–1–4　　　　半圆头铆钉的铆接方法

序号	步骤	图示
1	铆钉插入铆钉孔后，将顶模（见图 a）垂直装夹在台虎钳上，并将铆钉半圆头与顶模凹圆相接触（见图 b）	a） 零件 半圆头铆钉 顶模 台虎钳 b）

续表

序号	步骤	图示
2	用锤子锤打铆钉杆伸出部分使其镦粗	
3	用锤子适当变化角度均匀地锤打周边	
4	借助尺寸适宜的罩模（见图 a）锤打成形，锤打时需使罩模垂直，并不停地转动罩模（见图 b）	a） b）

七、铆接时的注意事项

1. 铆接前要计算好伸出部分的长度，如长度太短，则铆不成半圆，太长会使铆接的半圆头产生胀边现象，最好要试铆。

2. 锤打半圆头时，顶模、罩模要放正，防止半圆头面变形。

3. 应严格按铆接顺序进行铆接。

4. 铆合面之间的接触应贴合，铆后无缝隙。

5. 在进行活动铆接时，要经常检查活动情况，如果发现太紧，可把铆钉半圆头垫在有孔的垫铁上，锤击铆合头，使其活动。

6. 用罩模时，必须放正，防止罩模接触零件表面而敲出印痕。

7. 在进行沉头铆接时，注意不要损伤加工表面。

课题二　粘　　接

一、粘接概述

粘接是利用黏合剂把不同或相同的材料牢固地连接成一体的操作方法。粘接是一种常用的工艺方法，具有工艺简单、操作方便、连接可靠、变形小以及密封、绝缘、耐水、耐油等特点，所粘接的工件不需经过高精度的机械加工，也不需要特殊的设备和贵重原材料，特别适用于不易铆、焊的场合。因此，在各种机械设备修复过程中，取得了良好的效果。粘接的缺点是不耐高温、粘接强度较低。它以快速、牢固、节能、经济等优点代替了部分传统的铆、焊及螺纹连接等工艺。

按照使用材料的不同，黏合剂可分为无机黏合剂和有机黏合剂两大类。

1. 无机黏合剂及其应用

无机黏合剂主要是由磷酸溶液和氧化物组成的，工业上大都采用磷酸和氧化铜，也可加入一些辅助填料，以得到所需要的性能。

无机黏合剂有粉状、薄膜、糊状、液体等几种形态，以液体形态使用最多。无机黏合剂操作方便、成本低，但强度低、脆性大、适用范围小。无机黏合剂在量具和刀具制造、设备修理、模具制造和定位件的固定上得到越来越广泛的应用。

无机黏合剂可用于螺栓紧固、轴承定位、密封堵漏等，但它不适宜粘接多孔性材料和间隙超过 0.3 mm 的缝隙。粘接前，应进行粘接面的除锈、脱脂和清洗操作。粘接后的工件须经适当的干燥硬化才能使用。

使用无机黏合剂时，工件接头的结构形式应尽量采用套接和槽榫接，避免平面对接和搭接，连接表面要尽量粗糙，可以滚花、铣浅槽或车出浅螺纹，以提高粘接的牢固性。

2. 有机黏合剂及其应用

有机黏合剂通常由几种原料组合而成，它是以合成树脂为基体，再添加增塑剂、固化剂、稀释剂、填料、促进剂等配制而成。一般有机黏合剂由使用者根据实际需要配制，但有些品种，已有专门生产厂家供应。

有机黏合剂的品种很多，下面是两种最常用的黏合剂。

（1）环氧黏合剂

凡含有环氧基团的高分子聚合物的黏合剂，统称为环氧黏合剂或环氧树脂。由于它具有黏合力强，硬化收缩小，耐腐蚀，绝缘性好，使用方便，只需施加较小的接触压力，在室温或不太高的温度下就能固化等优点，因而得到广泛应用。其缺点是耐热性差、脆性大，使用时如添加适当的增韧剂即能达到较好的粘接效果。

如图 9–2–1 所示，当车床尾座底板磨损后，为了修复其精度，可粘接塑料板。在粘接前，用砂纸仔细打光结合面，并擦净粉末，对被粘接面要进行表面清洗：先用丙酮溶剂清洗，经碱液在一定温度下处理 20 ~ 30 min 后，再用丙酮润湿，待其风干挥发后，将已配制好的环氧黏合剂涂在被连接表面，涂层宜较薄，一般为 0.1 ~ 0.15 mm，然后将两被粘接件压在一起。为了保证胶层固化完善，必须有足够的粘接时间。

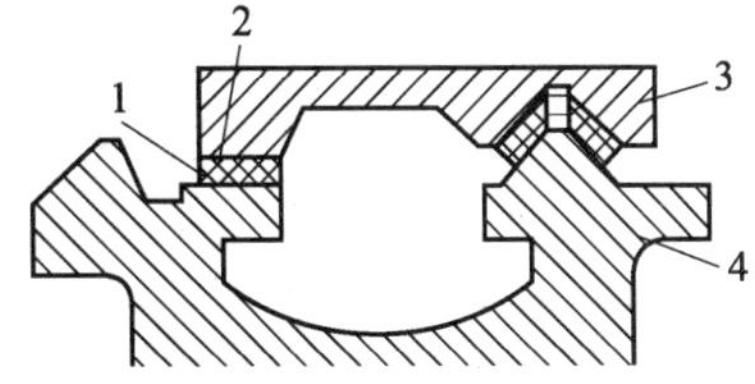

图 9–2–1 车床尾座底板的粘接
1—塑料板 2—环氧黏合剂 3—底板 4—床身

（2）聚丙烯酸酯黏合剂

聚丙烯酸酯黏合剂常用的牌号有 501、502。此类黏合剂的特点是没有溶剂，可在室温下固化，并呈一定的透明状，但因固化速度较快，所以不适于大面积粘接。

二、粘接工艺及注意事项

粘接工艺及注意事项见表 9–2–1。

表 9–2–1 粘接工艺及注意事项

序号	工艺过程	工艺内容	注意事项
1	粘接前准备	（1）确定接头形式 （2）准备黏合剂和相应的工具 （3）清理粘接件的表面	（1）可将粘接件预装，检查接头间隙等是否符合要求 （2）根据粘接件间的特性选用合适的黏合剂 （3）通过机械、化学等方法清理粗糙表面，以提高表面的粘接强度

续表

序号	工艺过程	工艺内容	注意事项
2	调胶	将黏合剂按规定比例调配	配胶器具必须干燥，未用的各组分黏合剂切忌掺混
3	涂胶	将黏合剂用适当的方法均匀地涂到被粘接件的表面	（1）涂层要均匀，厚度一般为0.05 ~ 0.2 mm （2）涂黏合剂时要快，以免进气泡。一般无溶剂的黏合剂涂一遍即可，对于需涂多遍的黏合剂，应等前一次溶剂挥发尽再涂第二遍
4	粘接	粘接又称装配，即将两被粘接物表面涂胶后经适当晾置紧密结合在一起	（1）装配位置要对正 （2）无溶剂黏合剂合拢时来回错动，以增强接触，橡胶黏合剂合拢后可用圆棒或木锤轻打，以使粘接件接触紧密
5	固化	通过溶剂挥发、熔体冷却、乳液凝聚等过程，使胶层变为固体	温度、压力、时间是固化的三个重要参数，一般温度高时固化时间短，但温度过高会使得粘接性能下降
6	检查	检查粘接质量	注意观察有无裂纹和气孔，加工的性能是否符合要求

小型手动冲床手柄与手轮铆接

利用半圆头铆钉进行铆接，将第七单元制作的手轮与第八单元制作的手柄连接起来。

一、手柄与手轮铆接图（见图 9-2-2）

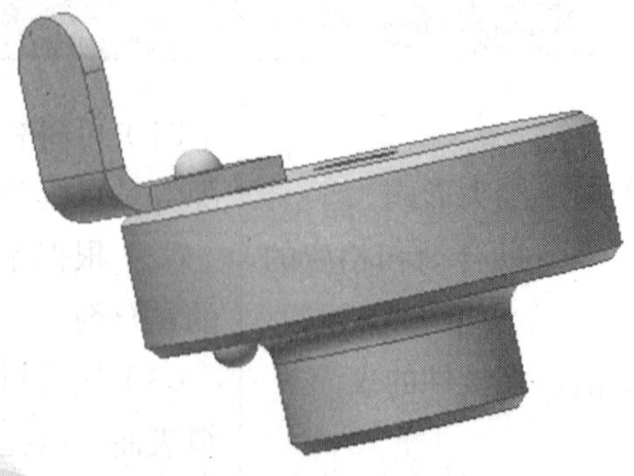

图 9-2-2　手柄与手轮铆接图

二、工量具、设备及材料（见表 9-2-2）

表 9-2-2　　工量具、设备及材料

名称	规格	件数	名称	规格	件数
锤子	0.45 kg	1	顶模	自制	1
半圆头铆钉	ϕ3 mm×16 mm	若干	罩模	自制	1
台虎钳		1			

三、铆接步骤（见表 9-2-3）

表 9-2-3　　手柄与手轮铆接步骤

序号	步骤	图示
1	准备铆接工具	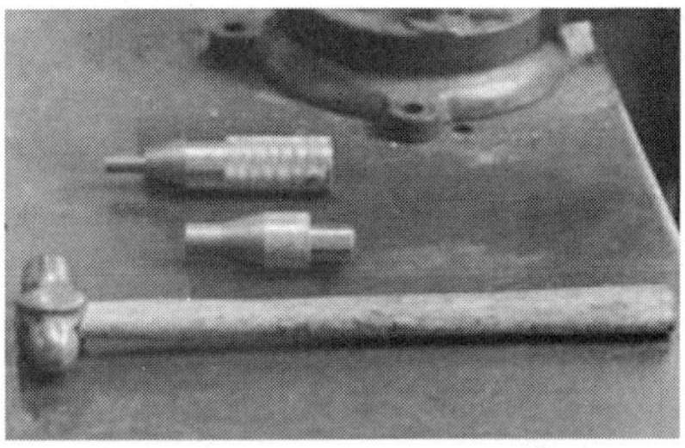
2	用台虎钳夹住顶模	
3	将手轮与手柄装配在一起，并将半圆头铆钉同时穿过手柄、手轮上的孔	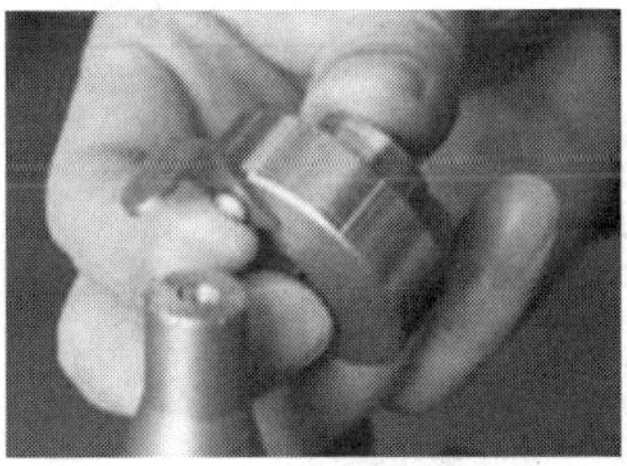

续表

序号	步骤	图示
4	将铆钉一端的半圆头放入顶模中	
5	用锤子敲击铆钉另一端伸出部分，至铆钉端部成半球形	 
6	用罩模修整铆钉端部至规整的半球形	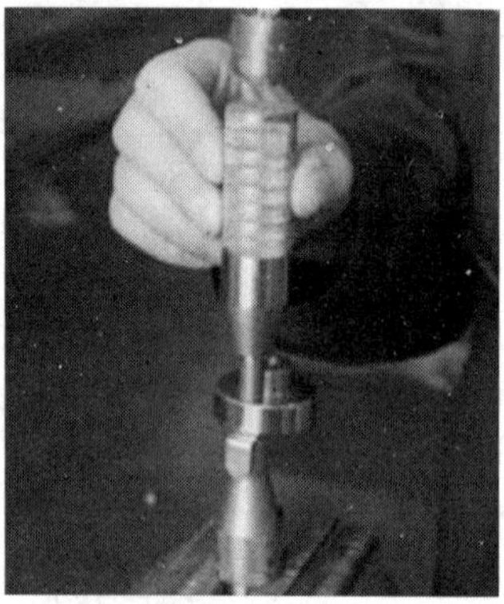
7	完成手柄与手轮铆接	

四、质量评价（见表 9–2–4）

表 9–2–4　　　　　手柄与手轮铆接质量评价表

序号	图样要求	配分	检测结果	得分
1	铆钉直径选择正确	10 分		
2	铆钉杆长度选择正确	10 分		
3	铆钉孔直径计算正确	10 分		
4	铆距选择正确	10 分		
5	铆接工具使用方法正确	20 分		
6	铆接方法正确	20 分		
7	铆合头完整美观	10 分		
8	安全文明生产	10 分		

第十单元
刮削与研磨

课题一　刮　　削

一、刮削概述

用刮刀刮除工件表面金属薄层的加工方法称为刮削，如图 10–1–1 所示。刮削加工属于精加工工艺。

1. 刮削原理

刮削是在工件或校准工具（俗称研具）上涂一层显示剂，经过推研使工件上较高的部位显示出来（这种显示高点的操作方法称为研点），然后用刮刀刮去较高部分的金属层；经过反复推研、刮削，使工件达到要求的尺寸精度、形状精度及表面粗糙度，所以刮削又称刮研。

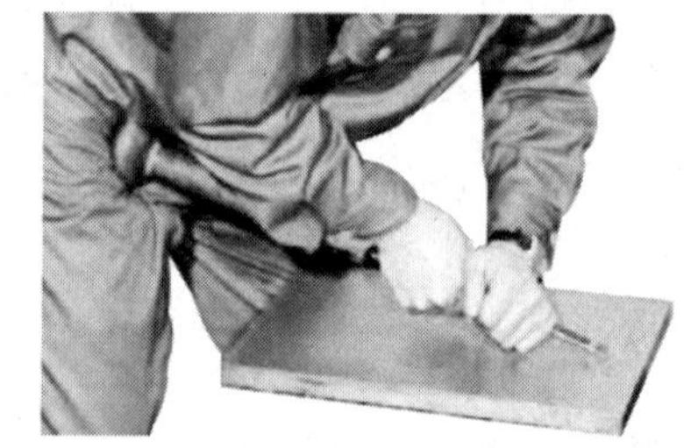

图 10–1–1　刮削

2. 刮削的特点及应用

刮削具有切削量小、切削力小、产生热量少、装夹变形小等特点，可避免在车削、铣削、刨削等机械加工中产生的振动、热变形等不良因素，所以能获得很高的尺寸精度、形状和位置精度、接触精度、传动精度和很小的表面粗糙度值。

刮削时，工件受到刮刀的推挤和压光作用，表面组织变得比原来紧密，表面粗糙度值变得很小。

刮削后的工件表面形成比较均匀的微小凹坑，创造了良好的存油条件，有利于润滑。因此，在机床导轨、滑板、滑座、轴瓦、工具、量具等的接触表面常用刮削的方法进行加工。

虽然刮削有很多优点，但工人的劳动强度大，生产效率低。随着导轨磨床的诞生，较大型企业在制造、修理过程中，对机床导轨、滑板、滑座等配合表面，大都采用以磨代刮的新工艺。这项新技术不仅能保证产品质量、减轻工人劳动强度，而且还能大大提高生产效率。但某些特殊的场合仍需刮削加工。

二、刮削工具

常用的刮削工具包括刮刀、研具和显示剂，其特点及应用见表 10–1–1。

表 10–1–1　　常用刮削工具的特点及应用

工具类型		图示	特点及应用
刮刀	平面刮刀	手刮刀 挺刮刀 弯头刮刀	常用的平面刮刀有直头和弯头两种，按刮削姿势分为手刮刀和挺刮刀。主要用来刮削平面，如平板、平面导轨、工作台等，也可用来刮削外曲面。按所刮表面精度要求不同，可分为粗刮刀、细刮刀和精刮刀三种
	曲面刮刀	三角刮刀 蛇头刮刀	按刀头形状分为三角刮刀和蛇头刮刀。主要用来刮削内曲面，如滑动轴承内孔等
研具	平面研具	标准平板 桥形平尺	研具是用来研接触点和检验刮削面精确性的工具，通过与刮削表面磨合，以接触点多少和疏密程度来显示刮削平面的平面度，提供刮削依据。标准平板用来检验较宽的平面；桥形平尺用来检验狭长的平面，如检验机床导轨面的直线度等

续表

工具类型		图示	特点及应用
研具	角度研具		用来检验两个刮削面成角度的组合平面，如V形导轨面、燕尾槽面等。其形状有55°、60°等多种
研具	曲面研具	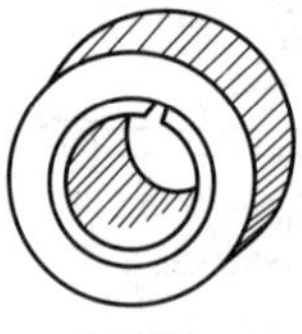 研磨环 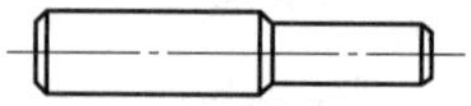 研磨棒	一般以相配合的零件为研具，如主轴的轴颈等 用来检验曲面的接触精度和几何精度
显示剂	红丹粉		用来显示刮削表面误差位置和大小。将其均匀涂抹于研具或刮削表面，研后凸起部分就被显示出来 红丹粉分铅丹和铁丹两种，前者呈橘红色，后者呈红褐色。使用时，用机油或牛油调和而成，广泛用于铸铁等黑色金属工件上
显示剂	普鲁士蓝油		普鲁士蓝油用普鲁士蓝粉和蓖麻油及适量机油调和而成，呈深蓝色。多用于精密工件和有色金属及其合金的工件上

三、刮削方法

根据被刮削面的形状，刮削分为平面刮削和曲面刮削两种。

1. 平面刮削

平面刮削有单个平面刮削（如平板、工作台面等）和组合平面刮削（如V形导轨面、燕尾槽面等）两种。

（1）平面刮削余量的确定

由于每次刮削只能刮去很薄的一层金属，而且刮削操作的劳动强度很大，所以要求在机械加工后留下的刮削余量不宜太大或太小，刮削余量一般为0.05 ~ 0.4 mm。在确定刮削余量时，还应考虑工件刮削面积的大小，面积大时余量大，刮削前加工误差大时余量大，工件结构刚度差时余量也应大些。留有合适的余量，才能经过反复刮削达到尺寸精度及形状和位置精度的要求。平面刮削余量的选用见表10–1–2。

表10–1–2　平面刮削余量　mm

平面宽度	平面长度				
	100 ~ 500	500 ~ 1 000	1 000 ~ 2 000	2 000 ~ 4 000	4 000 ~ 6 000
100以下	0.10	0.15	0.20	0.25	0.30
100~500	0.15	0.20	0.25	0.30	0.40

（2）平面刮削姿势

1）手刮法。手刮法的姿势如图10–1–2所示，右手如握锉刀柄姿势，左手四指向下握住距刮刀头部约50 mm处，左手靠小指掌部贴在刀背上，刮刀与被刮削表面成25° ~ 30°。同时，左脚前跨一步，上身随着往前倾斜，身体重心移向左腿，这样可以增加左手压力，也易看清刮刀前面研点的情况。刮削时让刀头找准研点，右臂利用上身摆动向前推，同时左手下压，落刀要轻并引导刮刀前进；左手随着研点被刮削的瞬间，以刮刀的反弹作用迅速提起刀头，刀头提起高度为5 ~ 10 mm，如此完成一个刮削动作。

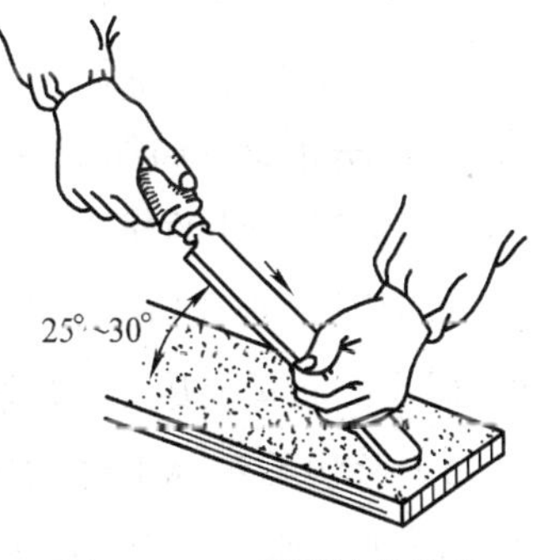

图10–1–2　手刮法的姿势

手刮动作灵活，适应性强，适用于各种工作位置，对刮刀长度要求也不太严格，姿势可合理掌握，但手较易疲劳，故不适用于加工余量大的场合。

2）挺刮法。挺刮法的姿势如图10–1–3所示，将刮刀柄放在小腹右下侧，左手在前，掌心向下，右手在后，掌心向上，在距刮刀头部70 ~ 80 mm处握住刀身。刮削时刀头对准研点，左手下压，右手控制刀头方向，利用腿部和臂部的力量往前推动刮刀；随着研点被刮削的瞬间，双手利用刮刀

图10–1–3　挺刮法的姿势

的反弹作用力迅速提起刀头，刀头提起高度为 5 ~ 10 mm，如此完成一个刮削动作。

挺刮法每刀切削量较大，适合大余量刮削，工作效率高，但腰部易疲劳。

（3）平面研点方法

研点的方法应根据不同形状和刮削面积的大小有所区别。图 10–1–4 所示为平面的研点方法。

图 10–1–4　平面的研点方法

1）中、小型工件的研点。一般是研具固定不动，工件的被刮削面在研具上进行推研。推研时压力要均匀，避免显示失真。如果工件表面小于研具工作面，推研时最好不超出研具；如果工件表面等于或稍大于研具工作面，允许工件超出研具工作面，但超出部分应小于工件长度的 1/3，如图 10–1–5 所示。推研应在整个研具工作面上进行，以防止研具局部磨损。

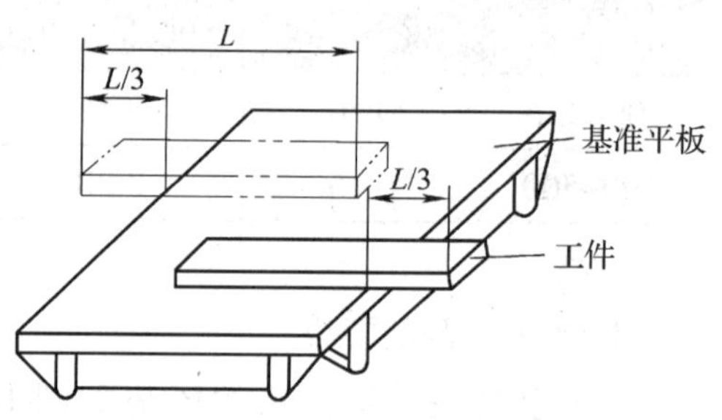

图 10–1–5　工件在研具上研点

2）大型工件的研点。将工件固定，研具在工件的被刮削面上推研，如图 10–1–6 所示。推研时，研具超出工件表面的长度应小于研具长度的 1/5。对于面积大、刚度差的工件，研具的质量要尽可能减轻，必要时还要采取卸荷推研。

3）形状不对称工件的研点。推研时应在工件某个部位施加托力或压力（或配重），如图 10–1–7 所示，用力的大小要适当、均匀。

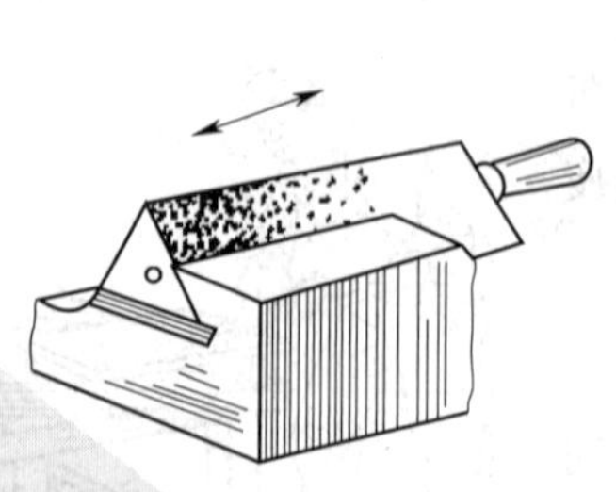

图 10–1–6　大型工件的研点

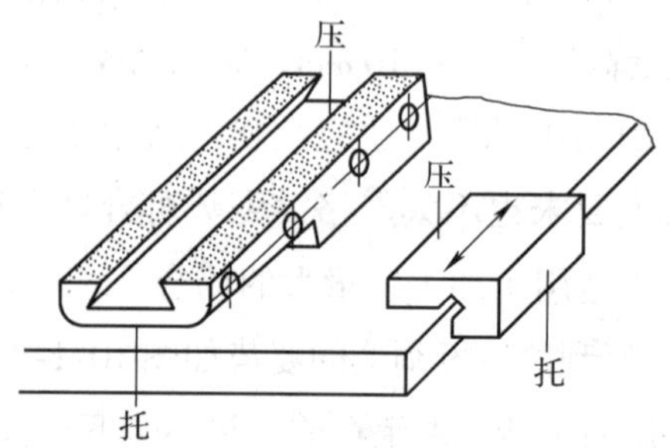

图 10–1–7　形状不对称工件的研点

4）薄板工件的研点。薄板工件因厚度薄、刚度差，容易产生变形，所以只能靠其自身的重量在平板上推研，即用手轻轻按住推研，并要使工件受的力均匀分布在整个薄板

上，以反映其真实的研点，否则，往往会出现中间凹的情况。

（4）平面刮削步骤

为了保证零件的刮削质量，提高生产效率，刮削时一般按粗刮、细刮、精刮和刮花的步骤进行，其方法、工艺要求及刮刀几何角度要求见表 10–1–3。

表 10–1–3　　平面刮削的方法、工艺要求及刮刀几何角度要求

步骤	方法及工艺要求	刮刀几何角度要求
粗刮	用粗刮刀在刮削面上均匀地铲去一层较厚的金属，目的是去除余量、锈斑及机械刀痕，可采用连续推铲法，使刮削的刀迹连成长片。研点时，显示剂可调得适当稀些，当粗刮到每 25 mm × 25 mm 方框内有 3 ~ 4 个研点时，粗刮即结束	切削刃平直 楔角90° ~ 92.5°
细刮	用细刮刀在经粗刮的表面上刮去稀疏的大块研点，进一步改善不平现象。细刮时可采用短刮法，且随着研点的增多，刀迹逐步缩短。在每刮一遍时，需按一定方向刮削，刮第二遍时要按与第一遍交叉的方向刮削，以消除原方向的刀迹。研点时，显示剂可调得适当干些，要求涂得薄而均匀。当达到每 25 mm × 25 mm 方框内有 10 ~ 14 个研点时，细刮即结束	切削刃圆弧半径较大 楔角92.5° ~ 95°
精刮	在细刮的基础上，用精刮刀通过点刮法进一步增加研点，改善表面质量，使刮削面符合各项精度要求。精刮时刀迹要更小，不能重复，落刀要轻，起刀要快，并始终交叉地进行刮削。其显示剂应涂得更薄，只轻微改变刮削面的颜色即可	切削刃圆弧半径较小 楔角95° ~ 97.5°
刮花	刮花的目的，一是增加刮削面的美观度，二是改善滑动件之间的润滑条件，并且还可以根据花纹消失的多少来判断平面的磨损程度。但是，在接触精度要求高、研点要求多的工件中，不应该刮成大块花纹，否则不能达到所要求的刮削精度。常见的刮削花纹有以下几种： 斜纹花　鱼鳞花　半月花　燕子花	

（5）平面刮削精度检验

刮削精度包括尺寸精度、形状精度、位置精度、接触精度、配合间隙及表面粗糙度等。

刮削面接触精度常用 25 mm × 25 mm 正方形方框内的研点（接触点）数来检验，如图 10–1–8 所示。研点的数目越多，接触精度越高。在平面刮削中，各种平面接触精度研点数的要求见表 10–1–4。

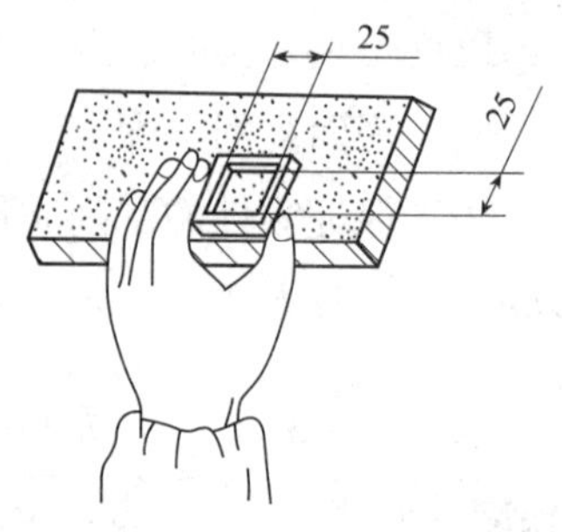

图 10–1–8　刮削面接触精度检验

表 10–1–4　　各种平面接触精度研点数的要求

平面种类	每 25 mm × 25 mm 内的研点数 / 个	应用
一般平面	2 ~ 5	较粗糙机件的固定结合面
	5 ~ 8	一般结合面
	8 ~ 12	机床台面、一般基准面、机床导向面、密封结合面
	12 ~ 16	机床导轨及导向面、工具基准面、量具接触面
精密平面	16 ~ 20	精密机床导轨、直尺
	20 ~ 25	1 级平板、精密量具
超精密平面	>25	0 级平板、高精度机床导轨、精密量具

注：表中 1 级平板、0 级平板指通用平板的精度等级。

图 10–1–9a、b 所示分别为用指示表、框式水平仪检验刮削平面的平面度。有些精度要求较低的机件，配合面间的精度可用塞尺检验，如图 10–1–9c 所示。

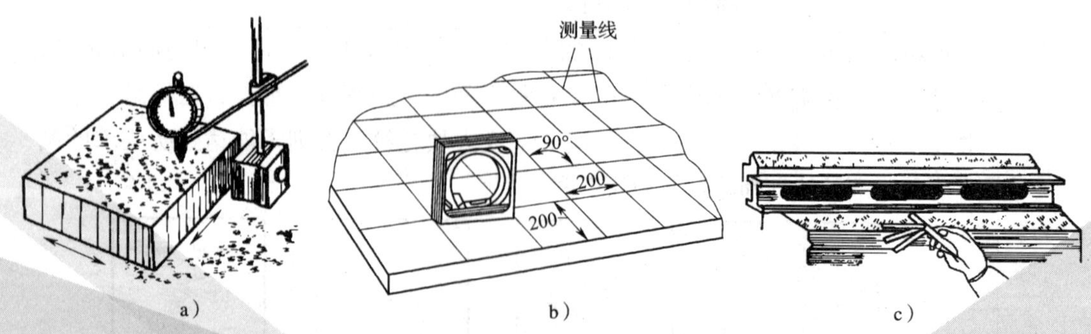

图 10–1–9　刮削面精度检验方法

a）用指示表检测平面度　b）用框式水平仪检测大型工件平面度　c）用塞尺检测配合面间隙

2. 曲面刮削

曲面刮削的原理与平面刮削一样，只是在刮削时使用的刀具以及刀具的使用方法与平面刮削有所不同。

（1）曲面刮削余量的确定

孔的刮削余量见表 10–1–5。

表 10–1–5　　孔的刮削余量　　mm

孔径	孔长		
	<100	100 ~ 200	200 ~ 300
<80	0.05	0.08	0.12
80 ~ 180	0.10	0.15	0.25
180 ~ 360	0.15	0.20	0.35

（2）曲面刮削姿势

1）内曲面的刮削姿势。内曲面的刮削姿势有两种。一种刮削姿势如图 10–1–10a 所示，右手握刀柄，左手掌心向下，四指在刀身中部横握，拇指抵着刀身，刮削时右手做圆弧运动，左手顺着曲面方向使刮刀做前推或后拉的螺旋形运动，刀迹与曲面轴线成 45° 交叉进行。另一种刮削姿势如图 10–1–10b 所示，刮刀柄搁在右手臂上，左手掌心向下握在刀身前端，右手掌心向上握在刀身后端，刮削时左、右手的动作和刮刀的运动方向与前一种姿势一样。

2）外曲面的刮削姿势。外曲面的刮削姿势如图 10–1–10c 所示，左手在前，右手在后，双手握住平面刮刀的刀身，刮刀柄夹在右腋下，右手掌握刮削方向，左手加压或提起刮刀。刮削时，刮刀与外曲面倾斜约 30°，应交叉刮削。

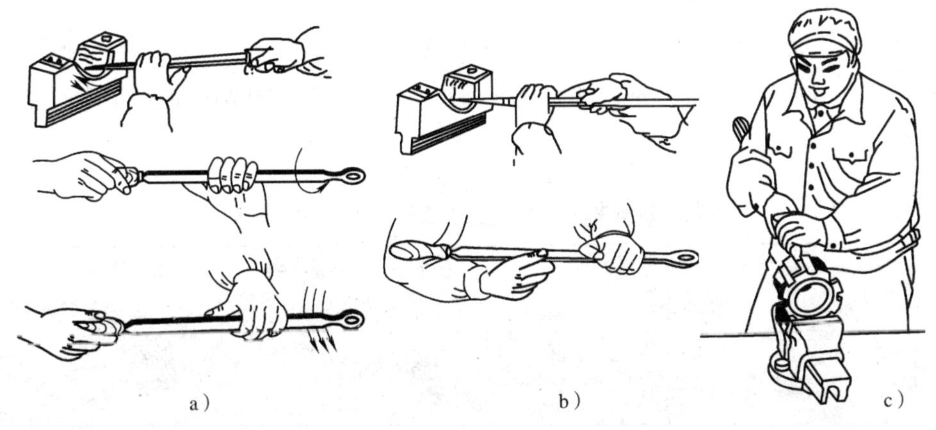

图 10–1–10　曲面刮削姿势

a）内曲面刮削姿势一　b）内曲面刮削姿势二　c）外曲面刮削姿势

（3）曲面研点方法

内曲面研点时，用标准轴或与内曲面相配合的轴作为研点工具，如图 10–1–11 所示。刮削有色金属时，可选用蓝油作为显示剂，精刮时可用蓝色或黑色油墨代替，使研点色泽分明。研点时将轴来回转动，不可沿轴线方向移动，精刮时转动角度要小。

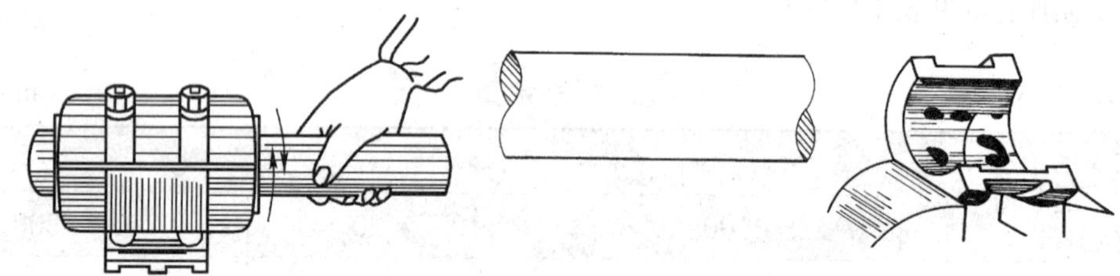

图 10–1–11　曲面研点方法

（4）曲面刮削方法

曲面刮削与平面刮削一样，也要经粗刮、细刮和精刮。粗刮时，应使刮刀保持正前角，使其在刮削过程中前角较大，刮出的切屑较厚，刮削速度较快。细刮时，刮刀的位置应具有较小的负前角，刮出的切屑较薄，通过细刮，能获得均匀分布的研点。精刮时，刮刀的位置应具有较大的负前角，刮出的切屑很薄，可获得较高的表面质量。

刮削内曲面比刮削平面困难得多，应经常刃磨刮刀，使其保持锋利，避免因刮伤表面而造成返工。研点要刮准，刀迹应比刮平面时短小。对内曲面的尺寸精度更应严格控制，不可因留过多的刮削余量而增加刮削工作量，也不能因刮削余量过小，造成已刮削到尺寸要求但研点数太少，工件因不符合要求而报废。

轴瓦研点时，应根据轴在轴承内的工作情况合理分布，以获得良好的工作效果。例如，在轴承长度方向上，中间研点可以少些；在轴承圆周方向上，受力大的部位，应该刮成较密的贴合点，以减少磨损，使轴承在负荷情况下保持其几何精度。

（5）曲面刮削精度检验

曲面刮削主要用于滑动轴承轴瓦以及有特殊要求的外表面。曲面刮削接触精度的检验，也是以 25 mm × 25 mm 方框内的研点数而定。滑动轴承轴瓦刮削接触精度研点数的要求见表 10–1–6。

表 10–1–6　　滑动轴承轴瓦刮削接触精度研点数的要求

轴承直径 / mm	机床或精密机械主轴轴承			锻压设备和通用机械的轴承		动力机械和冶金设备的轴承	
	高精度	精密	普通	重要	普通	重要	普通
	每 25 mm × 25 mm 内的研点数 / 个						
≤ 120	25	20	16	12	8	8	5
>120		16	10	8	6	6	2

四、刮削时的注意事项

1. 刮削前，应对工件修整锐边、毛刺，防止划破手。刮削时戴手套，防止刮刀滑出时，工件边角擦伤手。

2. 工件应装夹牢固，大型工件应安放平稳，搬动时应注意安全。

3. 刮削时，刮刀柄应安装可靠，已裂开的刮刀柄须及时更换，防止木柄破裂使刮刀柄穿过木柄伤人。

4. 刮削时，如因高度不够而需站在垫脚板上工作时，必须将垫脚板放平稳后，再上去操作，以免因垫脚板不稳，用力时跌倒而发生工伤事故。

5. 刮削至工件边缘时，不可用力过猛，以免失控（连刀带人冲出），发生事故。

6. 刮刀用后，刀头部要用纱布包裹好，妥善放置，防止掉下伤脚。校准工具如校准平板、校准直尺等应安放平稳可靠，以防止变形或损坏。

五、刮削质量分析

刮削时常见的质量问题及产生原因见表 10–1–7。

表 10–1–7 刮削时常见的质量问题及产生原因

质量问题	特征	产生原因
接触点达不到要求	研点小而稀少	（1）刮削刀迹太窄，呈细长形 （2）研点刮不准 （3）刮削面不平，基础差
深凹痕	刀迹太深，局部研点稀少	（1）粗刮用力不均匀，局部落刀太重 （2）多次刀痕重叠
落刀或起刀痕	在刀迹起始或终结处有深刀痕	（1）落刀时压力太大 （2）起刀太慢不及时 （3）起刀太高
振痕	刮削面上有呈规律的波纹	多次同向刮削，刀迹没有交叉
划痕	刮削面上有深浅不一的直线刮痕	（1）显示剂不清洁 （2）研点时有砂粒、切屑等杂物
丝纹	刮削面上有粗糙刮痕	（1）切削刃不光洁、不锋利 （2）切削刃有缺口或裂纹

课题二　研　　磨

一、研磨概述

使用研磨工具（研具）和研磨剂，利用研具和被研工件之间的相对滑动，从工件表面研去一层极薄的金属，使工件获得精确的尺寸、形状和极小的表面粗糙度值的精加工方法，称为研磨，如图 10–2–1 所示。研磨是在其他金属切削加工方法不能满足工件精度和表面粗糙度要求的情况下采用的一种精密加工工艺，在量具、仪器的生产和修复过程中应用较为广泛。

图 10–2–1　研磨

1. 研磨原理

研磨的基本原理是磨粒通过研具对工件进行微量切削，这种微量切削包含物理和化学的综合作用。

（1）物理作用

研磨时一般要求研具材料比被研磨工件的材料稍软一些，这样，当研具受到一定的压力作用时，研磨剂中的微小颗粒（磨料）被压嵌在研具的表面，这些微小的磨料具有较高的硬度，像无数把切削刃。由于研具和工件的相对运动使半固定或浮动的磨料微粒在工件和研具之间做少量的滑动和滚动，因而对工件产生微量的切削作用，均匀地从工件表面切去一层极薄的金属。借助研具的精确型面，可以使工件逐渐得到准确的尺寸精度和极小的表面粗糙度值。

（2）化学作用

有的研磨剂由于本身具有的化学性能，在研磨过程中，与空气接触的工件表面很快就会形成一层极薄的氧化膜，而氧化膜又很容易被研磨掉，这就是研磨的化学作用。在研磨过程中，氧化膜迅速形成（化学作用），又不断地被磨掉（物理作用）。经过这样的多次反复，工件表面就能很快达到预定的要求。由此可见，研磨加工实际体现了物理和化学的综合作用。

2. 研磨作用

（1）研磨可以获得其他加工方法难以达到的高尺寸精度和形状精度。通过研磨后的尺寸精度可达到 0.001 ~ 0.005 mm。

（2）容易获得极小的表面粗糙度值。一般情况下，表面粗糙度 Ra 值为 1.6 ~ 0.1 μm，最小可达 Ra0.012 μm。

（3）加工方法简单，不需复杂设备，但加工效率低。

（4）经研磨后的零件能提高表面的耐磨性、抗腐蚀能力及疲劳强度，从而延长零件的使用寿命。

3. 研磨余量

研磨是微量切削，一般每研磨一遍所能磨去的金属层不超过 0.002 mm，因此，研磨余量不能太大，一般研磨余量控制在 0.005 ~ 0.030 mm 比较合适。研磨余量的大小应根据工件加工表面的大小、精度要求以及研磨条件进行合理选择，有时研磨余量可以留在工件的公差范围之内。

二、研具

研具是保证被研磨工件形状精度的重要因素，因此，对研具材料、精度和表面粗糙度都有较高的要求。

1. 研具材料

在研磨加工中，研具必须满足两条基本要求：一是研具材料容易嵌入磨料，二是研具能较长时间地保持形状精度。所以，研具材料的硬度应比被研磨工件的硬度低，组织要细致均匀，具有较高的耐磨性、稳定性以及较好的嵌存磨料的性能。常用研具材料的特点及应用见表 10–2–1。

表 10–2–1　常用研具材料的特点及应用

材料	特点及应用
灰铸铁	具有硬度适中、嵌入性好、价格低、研磨效果好等特点，是一种应用广泛的研具材料
球墨铸铁	球墨铸铁比灰铸铁的嵌入性好，且更加均匀、牢固，常用于精密工件的研磨
软钢	软钢韧性较好，不易折断，常用来制作小型工件的研具
铜	铜的性质较软，嵌入性好，常用来制作研磨软钢类工件的研具，如研磨小直径工具等

2. 研具类型

不同形状的工件需要不同形状的研具，常用研具的类型、特点及应用见表 10–2–2。

表 10–2–2　常用研具的类型、特点及应用

类型	图示	特点及应用
研磨平板	有槽研磨平板　光滑研磨平板	主要用来研磨平面，如研磨量块、精密量具的测量面等。其中，有槽的用于粗研，光滑的用于精研

续表

类型	图示	特点及应用
研磨环	 固定式圆柱孔研磨环 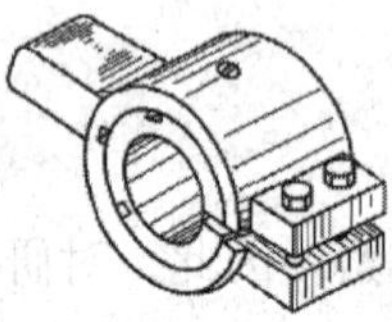　可调式圆柱孔研磨环 　圆锥孔研磨环	主要用来研磨轴类工件的外圆柱表面和圆锥表面。研磨环有固定式和可调式两种。固定式研磨环制造简单，但磨损后无法补偿，多用于单件工件的研磨。可调式研磨环的尺寸可在一定的范围内调整，使用寿命较长
研磨棒	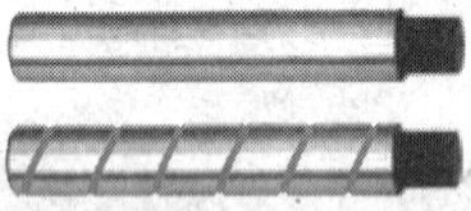 固定式圆柱研磨棒 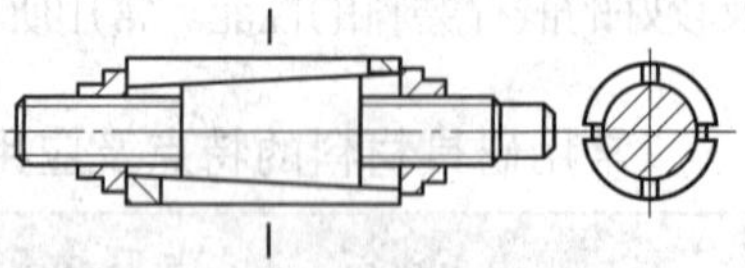　可调式圆柱研磨棒 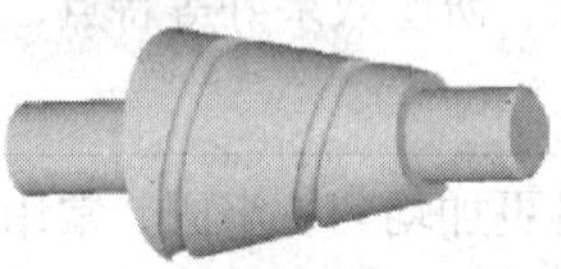 左向螺旋槽圆锥研磨棒 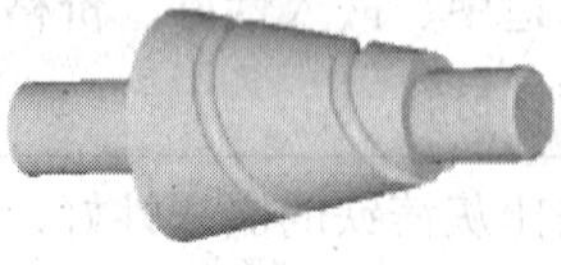　右向螺旋槽圆锥研磨棒	主要用来研磨套类工件的内孔。研磨棒也有固定式和可调式两种，其中固定式研磨棒又分光滑和带槽两种

三、研磨剂

研磨剂是由磨料、分散剂和辅助材料调配而成的混合剂。

1. 磨料

磨料在研磨过程中起主要的切削作用，磨料的种类很多，使用时应根据零件材料和加工要求合理选择。常用磨料的成分及特性见表 10–2–3。

表 10–2–3　常用磨料的成分及特性（摘自 GB/T 16458—2009）

分类	名称	成分及特性
普通磨料	天然刚玉	一种天然磨料，主要成分 Al_2O_3 含量为 90% ~ 95%，密度 3.9 ~ 4.1 g/cm^3，旧莫氏硬度 9
	金刚砂	一种天然磨料，是天然刚玉和赤铁矿或磁铁矿、石英等的混合体，密度 3.7 ~ 4.3 g/cm^3，旧莫氏硬度 8

续表

分类	名称		成分及特性
普通磨料	石榴石		一种天然磨料，化学式为 $A_3B_2[SiO_4]$，密度为 3.5 ~ 4.2 g/cm^3，旧莫氏硬度 6.5 ~ 7.5
	电熔刚玉	棕刚玉	一种人造刚玉磨料，用矾土经电弧炉熔炼制成，Al_2O_3 含量为 95% 左右，并含少量的氧化钛等其他成分，呈棕褐色，密度不小于 3.90 g/cm^3
		白刚玉	一种人造刚玉磨料，用铝氧粉经电弧炉熔炼制成，Al_2O_3 含量为 98% 左右，呈白色，密度不小于 3.90 g/cm^3
		单晶刚玉	一种人造刚玉磨料，以矾土、硫化物为主要原料，经电弧炉熔炼，颗粒由水解制成，Al_2O_3 含量不小于 98%，多为等积状的单晶体，呈浅灰色，密度不小于 3.95 g/cm^3
		微晶刚玉	一种人造刚玉磨料，炼制的刚玉熔液经急速冷却而制成，晶体一般小于 300 μm，Al_2O_3 含量 95% 左右，密度不小于 3. 90 g/cm^3
		铬刚玉	一种人造刚玉磨料，用铝氧粉加入少量氧化铬在电弧炉内熔炼制成，Al_2O_3 含量不少于 98.5%，多呈粉红色，密度不小于 3.90 g/cm^3
		锆刚玉	一种人造刚玉磨料，是氧化铝和氧化锆的共熔混合物，为微晶结构
		黑刚玉	一种人造刚玉磨料，又名人造金刚砂，由刚玉、铁尖晶石等组成，Al_2O_3 含量不小于 77%，密度不小于 3.61 g/cm^3
	陶瓷刚玉		利用化学法合成氧化铝超细粉体，然后通过烧结的方法而制成的具有微晶结构的刚玉磨料
	碳化硅	绿碳化硅	一种人造磨料，呈绿色光泽的结晶，SiC 含量为 98.5% 左右，密度不小于 3.18 g/cm^3
		黑碳化硅	一种人造磨料，呈黑色光泽的结晶，SiC 含量为 98% 左右，密度不小于 3.12 g/cm^3
		立方碳化硅	一种人造磨料，碳化硅的低温相，主要物相为 β-SiC，属立方晶系，色泽为黄绿色

续表

分类	名称	成分及特性
普通磨料	碳化硼	一种人造磨料，分子式为 B_4C，属六方晶系，呈黑色金属光泽，在电炉中用碳素材料还原硼酸制得
超硬磨料	金刚石	目前所知自然界中最硬的物质，化学成分 C，是碳的同素异构体，旧莫氏硬度为 10，密度 3.52 g/cm^3。它包括天然金刚石、人造金刚石、单晶金刚石、多晶金刚石、微晶金刚石、纳米金刚石等
	立方氮化硼	立方晶系结构的氮化硼，分子式为 BN，用人工方法制造。它包括单晶立方氮化硼、多晶立方氮化硼、微晶立方氮化硼、纳米立方氮化硼等

磨料的粗细用粒度表示，粒度是磨料大小的量度，粒度号是按照国家标准对磨料尺寸所做的分组标志。国家标准把磨料的粒度分为粗磨粒和微粉两部分，GB/T 2481.1—1998 将粗磨粒划分为 F4 ~ F220，共 26 个号，GB/T 2481.2—2020 将微粉划分为 F230 ~ F2000，共 13 个号。应根据零件的精度要求合理选取。

2. 分散剂

分散剂使磨料均匀分散在研磨剂中，并起稀释、润滑和冷却等作用，常用的有煤油、机油、动物油、甘油、酒精和水等。

3. 辅助材料

辅助材料主要是混合脂，常由硬脂酸、脂肪酸、环氧乙烷、三乙醇胺、石蜡、油酸和十六醇等几种材料配成，在研磨过程中起乳化、润滑和吸附作用，并促使工件表面产生化学变化，生成易脱落的氧化膜或硫化膜，借以提高加工效率。此外，辅助材料中还有着色剂、防腐剂和芳香剂等。

根据分散剂和辅助材料的成分和配合的比例不同，研磨剂分为液态研磨剂、研磨膏和固体研磨剂 3 种。液态研磨剂不需要稀释即可直接使用。研磨膏可直接使用或加分散剂稀释后使用，用油稀释的称为油溶性研磨膏，用水稀释的称为水溶性研磨膏。固体研磨剂常温时呈块状，可直接使用或加分散剂稀释后使用。

四、研磨方法

根据被研磨面的形状，研磨分平面研磨、圆柱面研磨、圆锥面研磨三种。

1. 平面研磨

（1）研磨运动轨迹

为了使工件达到理想的研磨效果，并保持研具的磨损均匀，根据工件的不同形状，可

采用的运动轨迹见表 10–2–4。

表 10–2–4　　　　研磨运动轨迹的特点及应用

类型	图示	特点及应用
直线运动轨迹		直线运动轨迹可使工件表面研磨纹路平行，适用于对狭长平面工件的研磨
直线摆动运动轨迹		工件在左右摆动的同时做直线往复运动，适用于对平直的圆弧面工件的研磨
螺旋形运动轨迹		螺旋形研磨运动能使工件获得较高的平面度和很小的表面粗糙度值，适用于对圆柱工件端面进行研磨
"8" 字形和仿 "8" 字形运动轨迹		能使研具与工件间的研磨表面保持均匀接触，既提高工件的研磨质量，又能使研具磨损均匀，常用于研磨平板的修整或小平面工件的研磨

（2）研磨压力和速度

研磨过程中，研磨压力和速度对研磨效率及质量有很大影响。压力、速度大，则研磨效率高；但压力、速度太大，工件表面粗糙，工件容易发热而变形，甚至会使磨料压碎而划伤表面。一般研磨较小的硬工件或进行粗研磨时，可用较大的压力、较高的速度进行研磨，压力以（1 ~ 2）$\times 10^5$ Pa、速度以 40 ~ 60 次 /min 为宜；研磨大而较软的工件或进行精研时，就应用较小的压力、较低的速度进行研磨，压力以（1 ~ 5）$\times 10^4$ Pa、速度以

20 ~ 40 次 /min 为宜。另外，在研磨中，应防止工件发热，若引起发热，应暂停，待冷却后再进行研磨。

（3）一般平面研磨

研磨平面一般在精磨之后进行。研磨时，研磨剂涂在研磨平板（研具）上，手持工件用“8”字形、螺旋形或螺旋形和直线运动轨迹相结合的形式沿平板全部表面做相对运动，如图 10–2–2 所示。研磨一定时间后，将工件调转 90° ~ 180°，以防工件倾斜。

图 10–2–2　一般平面研磨

1—涂有研磨剂的研磨平板　2—工件

（4）狭窄平面研磨

狭窄平面应采用直线运动轨迹研磨。为防止研磨平面产生倾斜或圆角，研磨时可用金属块作为导靠块，保证研磨精度，如图 10–2–3a 所示。研磨工件数量较多时，可采用 C 形夹头将几个工件夹在一起研磨，既防止了工件加工面的倾斜，又提高了效率，如图 10–2–3b 所示。对于工件上局部待研的小平面、方孔、窄缝等表面，也可手持研具进行研磨。

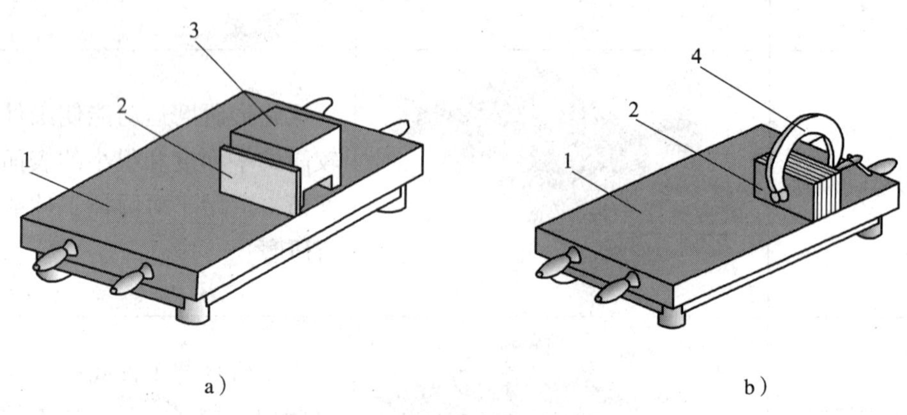

图 10–2–3　狭窄平面研磨

a）利用导靠块研磨狭窄平面　b）利用 C 形夹头研磨狭窄平面

1—平板　2—工件　3—导靠块　4—C 形夹头

2. 圆柱面研磨

（1）外圆柱面研磨

研磨一般在精磨或精车的基础上进行。工件较短时，用三爪自定心卡盘夹持，如图 10–2–4a 所示；工件较长时，可在后端用顶尖支承，如图 10–2–4b 所示。手工研磨外圆柱面可在车床上进行，研磨时，先在工件表面均匀地涂上研磨剂，套上研磨环并调整好间隙（其松紧程度应以用力能转动为宜），然后开动机床带动工件旋转。用手推动研磨环，通过工件的旋转和研磨环在工件上沿轴线方向做往复运动进行研磨。

研磨时应注意研磨环不得在某一段上停留，而且需要经常做断续的转动，用以消除因重力作用可能造成的椭圆。

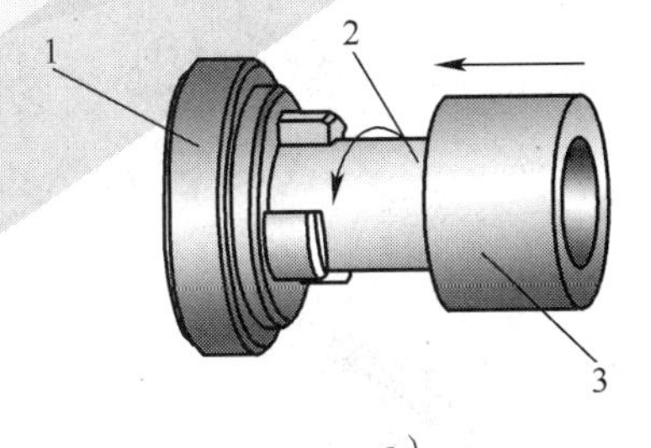

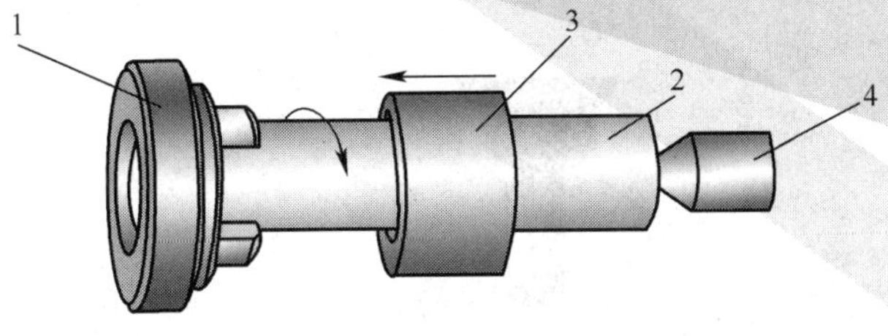

图 10–2–4　外圆柱面研磨

a）较短工件的研磨　b）较长工件的研磨

1—三爪自定心卡盘　2—工件　3—研磨环　4—顶尖

工件的旋转速度应根据工件的直径确定。工件的直径小于 80 mm 时转速为 100 r/min，直径大于 100 mm 时转速为 50 r/min。

研磨环在工件上的往复移动速度根据工件表面出现的网纹倾斜角度来控制，当出现 45° 交叉网纹时，说明研磨环的移动速度适宜，如图 10–2–5 所示。研磨环的移动速度太慢或太快，都会影响工件的精度和表面粗糙度。

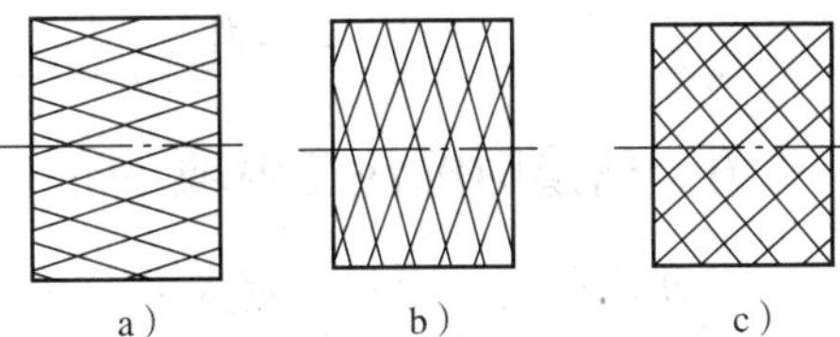

图 10–2–5　外圆柱面研磨时的网纹

a）太快　b）太慢　c）适当

（2）内圆柱面研磨

研磨内圆柱面需在精磨、精铰或精镗之后进行，其方法与外圆柱面的研磨正好相反，研磨时，将研磨棒夹在机床上并转动，把工件套在研磨棒上进行研磨。大尺寸的孔，应尽量置于垂直地面的方向，进行手工研磨（竖研），如图 10–2–6 所示。

研磨时，研磨棒的外径与工件内孔配合应适当，配合太紧，容易将孔表面拉毛；配合太松，孔会被研磨成椭圆形。采用固定式研磨棒时，研磨棒外径应比工件内孔直径小 0.01 ~ 0.025 mm；采用可调式研磨棒时，配合松紧程度一般以手推研磨棒不十分费力为宜。研磨时，如工件两端孔口有过多的研磨剂被挤出，应及时擦去，否则会使孔口扩大，研成喇叭口形状。研磨棒的工作长度应大于工件内孔的长度，一般是工件内孔长度的 1.5 ~ 2 倍，太长会影响研磨精度。

3. 圆锥面研磨

圆锥表面的研磨，包括锥孔和外圆锥面的研磨。研磨用的研磨棒（环）工作部分的长度应是工件研磨长度的 1.5 倍，锥度必须与工件锥度相同。研磨一般在车床或钻床上进行，转动方向应和研磨棒的螺旋槽方向相适应。在研磨棒或研磨环上均匀地涂上一层研磨剂，插入工件锥孔中或套入工件的外表面旋转 4 ~ 5 圈后，将研具稍微拔出些，再推入研磨，如图 10–2–7 所示。研磨至接近精度要求时，取下研具，擦去研具和工件表面的研磨剂，重复套上进行抛光，直至达到加工精度要求为止。

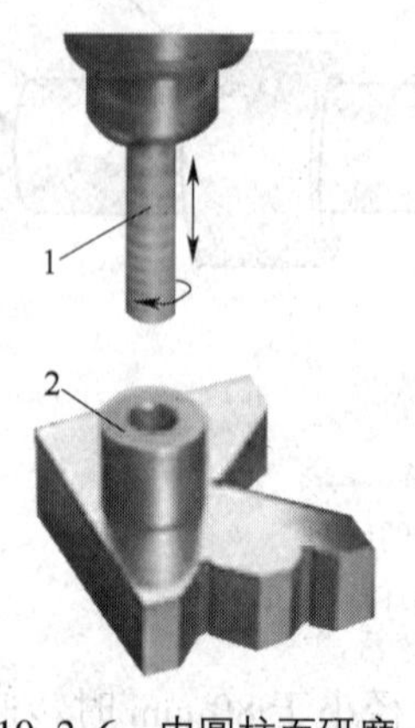

图 10-2-6　内圆柱面研磨

1—研具　2—工件

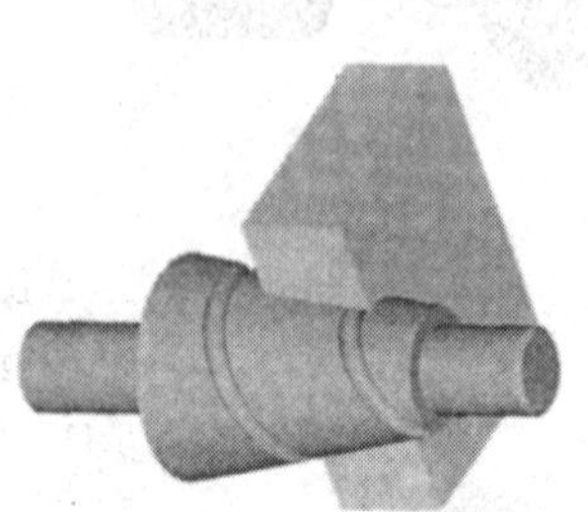

图 10-2-7　圆锥面研磨

五、研磨时的注意事项

1. 研磨剂每次上料不宜太多，并要分布均匀，以免造成工件边缘研坏。

2. 研磨时要特别注意清洁工作，不要使研磨剂中混入杂质，以免反复研磨时划伤工件表面。

3. 应经常改变工件在研具上的研磨位置，以防止因研具磨损而降低研磨质量，同时为了使工件均匀受压，应在研磨一段时间后，将工件掉头研磨。

4. 研磨窄平面时，要采用导靠块靠紧，保持平面与侧平面垂直，以避免产生倾斜和圆角。

5. 粗、精研磨工作要分开进行，若粗、精研磨采用同一块平板做研具，在改变研磨工序时，必须做全面清洗，以清除上道工序留下的较粗磨料。

6. 超精研磨前，要用天然油石把嵌入平板表面的硬点磨平，以保证工件得到较小的表面粗糙度值。

六、研磨质量分析

研磨时常见的质量问题、产生原因及解决方法见表 10-2-5。

表 10-2-5　　研磨时常见的质量问题、产生原因及解决方法

质量问题	产生原因	解决方法
表面不光洁	（1）磨料过粗 （2）分散剂不当 （3）研磨剂涂得太薄	（1）正确选用磨料 （2）正确选用分散剂 （3）研磨剂应涂得适当

续表

质量问题	产生原因	解决方法
表面拉毛	研磨剂中混入杂质	做好清洁工作
平面呈凸形或孔口扩大	（1）研磨剂涂得太厚 （2）孔口或工件边缘被挤出的研磨剂未擦去就继续研磨 （3）研磨棒伸出孔口太长	（1）研磨剂应涂得适当 （2）及时擦去被挤出的研磨剂后再研磨 （3）研磨棒伸出孔口长度应适当
孔呈椭圆形或有锥度	（1）研磨时没有变换运动方向 （2）研磨时没有掉头研	（1）研磨时应变换运动方向 （2）研磨时应掉头研
薄形工件拱曲变形	（1）工件发热后仍继续研磨 （2）装夹不正确引起变形	（1）使工件温度不超过 50 ℃，发热后应暂停研磨 （2）装夹要稳定，不能夹得太紧
尺寸或形状精度超差	（1）测量时的温度不是 20 ℃ （2）未经常测量	（1）不要在工件发热时进行精密测量 （2）经常在常温下测量

小型手动冲床冲头配合面的研磨

一、图样（见图 10–2–8）

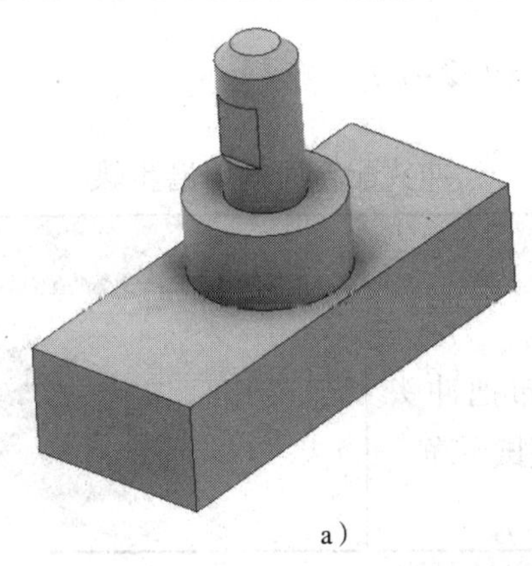

a）

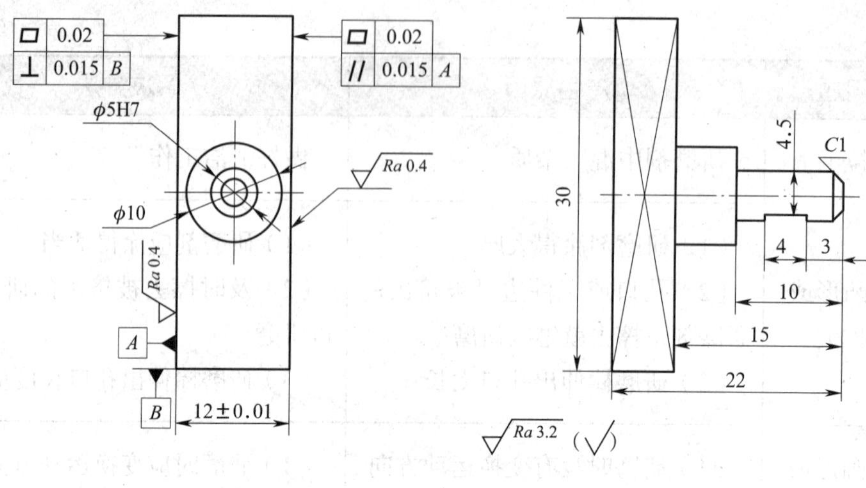

b）

图 10–2–8　冲头

a）立体图　b）零件图

二、工量具、设备及材料（见表 10–2–6）

本次技能训练毛坯来源为预制件，大部分尺寸已按图样要求完成加工，仅保留冲头配合面（面 *A* 及其对面）作为本次技能训练的研磨面。

表 10–2–6　　工量具、设备及材料

名称	规格	件数	名称	规格	件数
千分尺	0 ~ 25 mm	1	光滑研磨平板	500 mm × 500 mm	1
有槽研磨平板	500 mm × 500 mm	1	研磨剂		若干
导靠块	自制	1	工业擦拭布		若干
百分表	0 ~ 10 mm	1	磁性表座	V 型	1
刀口形直角尺	100 mm × 63 mm	1	表面粗糙度比较样块	*Ra*0.1 ~ 0.025 μm	1 套

三、研磨步骤（见表 10–2–7）

表 10–2–7　　冲头配合面的研磨步骤

序号	步骤	图示
1	用工业擦拭布把冲头件和研磨平板擦拭干净	

续表

序号	步骤	图示
2	把研磨剂涂在有槽研磨平板上	
3	把冲头、导向块放在有槽研磨平板上，并使冲头紧靠导靠块，手持冲头和导靠块采用直线运动轨迹研磨。研磨一段时间后，将冲头调转180°继续研磨	
4	把冲头、导靠块放在光滑研磨平板上，重复上述步骤进行精研，研磨一段时间后，将冲头调转180°继续研磨，研磨至加工要求	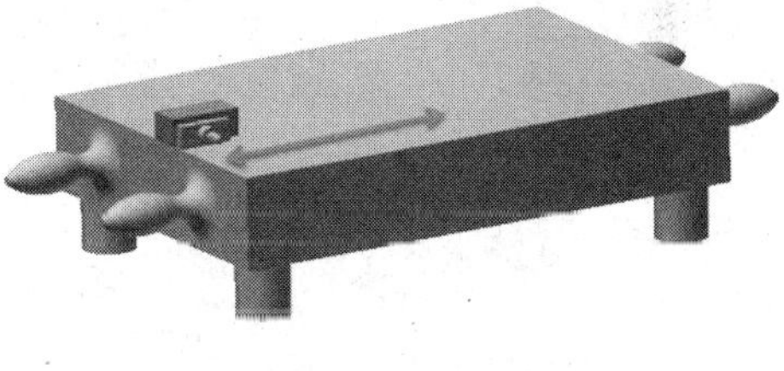
5	把冲头擦拭干净，用千分尺测量尺寸	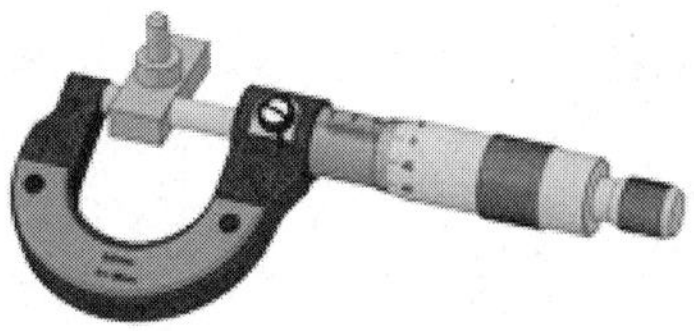
6	冲头研磨完成	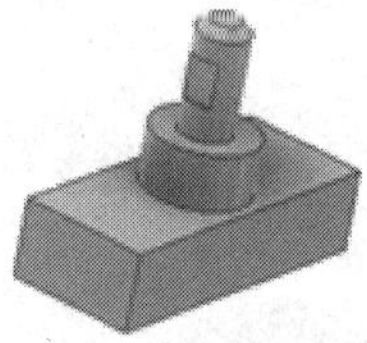

四、质量评价（见表 10-2-8）

表 10-2-8　　冲头配合面研磨质量评价表

序号	图样要求	配分	检测结果	得分
1	（12 ± 0.01）mm	10 分		
2	⏥ 0.02	10 分 ×2		
3	// 0.015 *A*	15 分		
4	⊥ 0.015 *B*	15 分		
5	$Ra \leqslant 0.4\ \mu m$	20 分		
6	研磨操作规范	15 分		
7	安全文明生产	5 分		

第十一单元
装　　配

课题一　装配工艺知识

一、装配的基本概念

机械产品一般由许多零件和部件组成。零件是构成机器（或产品）的最小单元。按规定的技术要求，将若干零件结合成部件或若干个零件和部件结合成整机的过程称为装配。

1. 装配基准件

最先进入装配的零件或部件称为装配基准件。它可以是一个零件，也可以是低一级的装配单元。

2. 部件

两个或两个以上零件结合形成机器的某部分，如车床主轴箱、进给箱、滚动轴承等都是部件。部件是通称，其划分是多层次的。直接进入总装的部件称为组件。直接进入组件装配的部件称为分组件，其余类推。产品越复杂，分组件级数越多。

3. 装配单元

可以独立进行装配的部件（组件、分组件）称为装配单元。任何一个产品都能分成若干个装配单元。

装配是机械制造过程的最后阶段，在机械产品制造过程中占有非常重要的地位，装配工作的好坏，对产品质量起着决定性作用。

二、装配工艺过程

装配工艺过程一般由以下四个部分组成。

1. 装配前的准备工作

（1）研究装配图及工艺文件、技术资料，了解产品结构，熟悉各零部件的作用、相互关系及连接方法。

（2）确定装配方法，准备所需要的工具。

（3）对装配的零件进行清洗，检查零件加工质量，对有特殊要求的应进行平衡或压力试验。

2. 装配工作

对比较复杂的产品，其装配工作分为部件装配和总装配。

（1）部件装配

凡是将两个及以上零件组合在一起或将零件与几个组件结合在一起，成为一个单元的装配工作，称为部件装配。

（2）总装配

将零件、部件结合成一台完整产品的装配工作，称为总装配。

3. 调整、检验和试车

（1）调整

调节零件或机械的相互位置、配合间隙、结合面松紧等，使机构或机器工作协调。

（2）检验

检验机构或机器的几何精度和工作精度。

（3）试车

试验机构或机器运转的灵活性、振动情况、工作温度、噪声、转速、功率等性能参数是否符合要求。

4. 喷漆、涂油、装箱

喷漆是为了防止非加工面锈蚀，并使机器的外表更加美观；涂油是为了防止工件的配合面及零件的已加工面锈蚀；装箱是为了便于运输和存储。

三、装配工作的组织形式

装配工作的组织形式随着生产类型、产品复杂程度和技术要求的不同而不同，一般分为固定装配和移动装配两种。

1. 固定装配

固定装配是将产品或部件的全部装配工作安排在一个固定的工作地点进行。在装配过程中，产品的位置不变，装配所需的零件和部件都汇集在工作场地附近。固定装配主要应用于单件生产或小批量生产。

2. 移动装配

移动装配是指工作对象（部件或组件）在装配过程中，有顺序地由一个工人转移到另一个工人，即所谓“流水装配法”。移动装配时，常利用传送带、滚道或地面传输线运送装配对象。每一工作地点由一个工人或一组工人重复地完成固定的工作内容，技术熟练，并且广泛地使用专用设备、专用工具和采用互换性原则，因而装配质量好，生产率高，生产成本低，适用于大批量生产，如汽车、拖拉机的装配。

四、装配工艺规程

1. 装配工艺规程及作用

装配工艺规程是指导装配施工的主要技术文件之一。它规定产品及部件的装配顺序、装配方法、装配技术要求、检验方法及装配时所需的设备、工具、时间定额等，是提高产品质量和效率的必要措施，也是组织生产的重要依据。

2. 编制装配工艺规程的方法和步骤

（1）对产品进行分析

研究产品装配图、装配技术要求及相关资料，了解产品的结构特点和工作性能，确定装配方法和装配的组织形式。

（2）确定装配顺序

通过工艺性分析，将产品分解成若干个可以独立装配的组件和分组件，即装配单元。

产品的装配总是从装配基准件（基准零件或基准部件）开始。因此，根据装配单元确定装配顺序时，应首先确定装配基准件。然后根据装配结构的具体情况，按照“先下后上，先内后外，先难后易，先精密后一般，先重大后轻小”的原则，同时安排必要的检验工序并确定装配顺序。图 11-1-1 所示为某锥齿轮轴组件的装配示意图。经分析，装配基准件为锥齿轮轴，其装配顺序如图 11-1-2 所示。

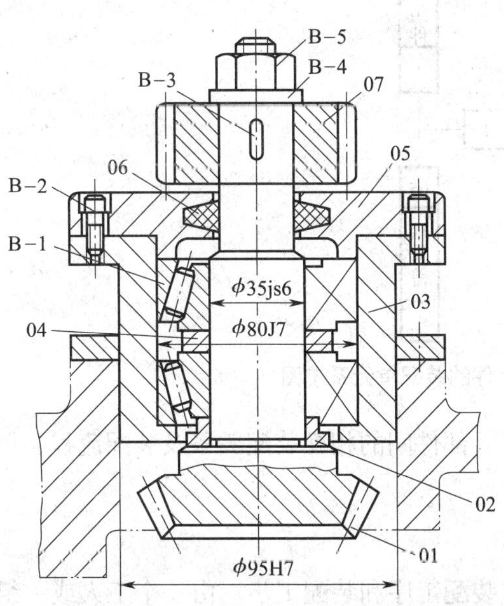

图 11-1-1　锥齿轮轴组件的装配示意图

01—锥齿轮轴　02—衬垫　03—轴承套　04—隔圈
05—轴承盖　06—毛毡圈　07—圆柱齿轮　B-1—轴承
B-2—螺钉　B-3—键　B-4—垫圈　B-5—螺母

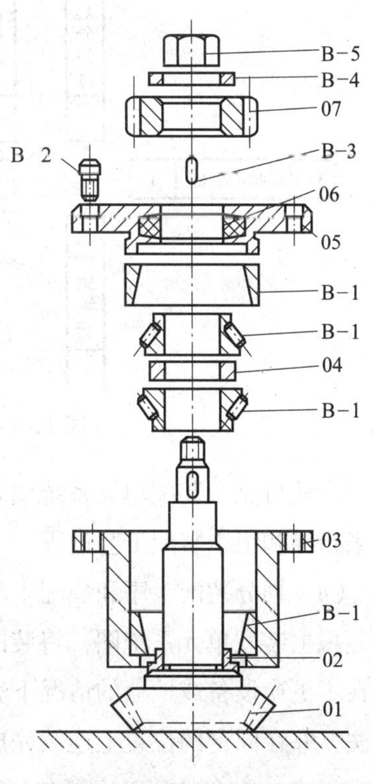

图 11-1-2　锥齿轮轴组件的装配顺序

（3）绘制装配单元系统图

装配单元系统图是指表示产品装配单元的划分及其装配顺序的示意图。

装配单元系统图的绘制方法：

1）先画一横线，在横线左端画出代表基准件的长方格，在横线的右端画出代表产品的长方格。

2）按装配顺序从左向右将代表直接装到产品上的零件或组件的长方格从横线引出，零件画在横线上面，组件画在横线下面。

3）用同样方法可把每一组件及分组件的系统图展开画出。图 11–1–3 所示为锥齿轮轴组件的装配单元系统图。

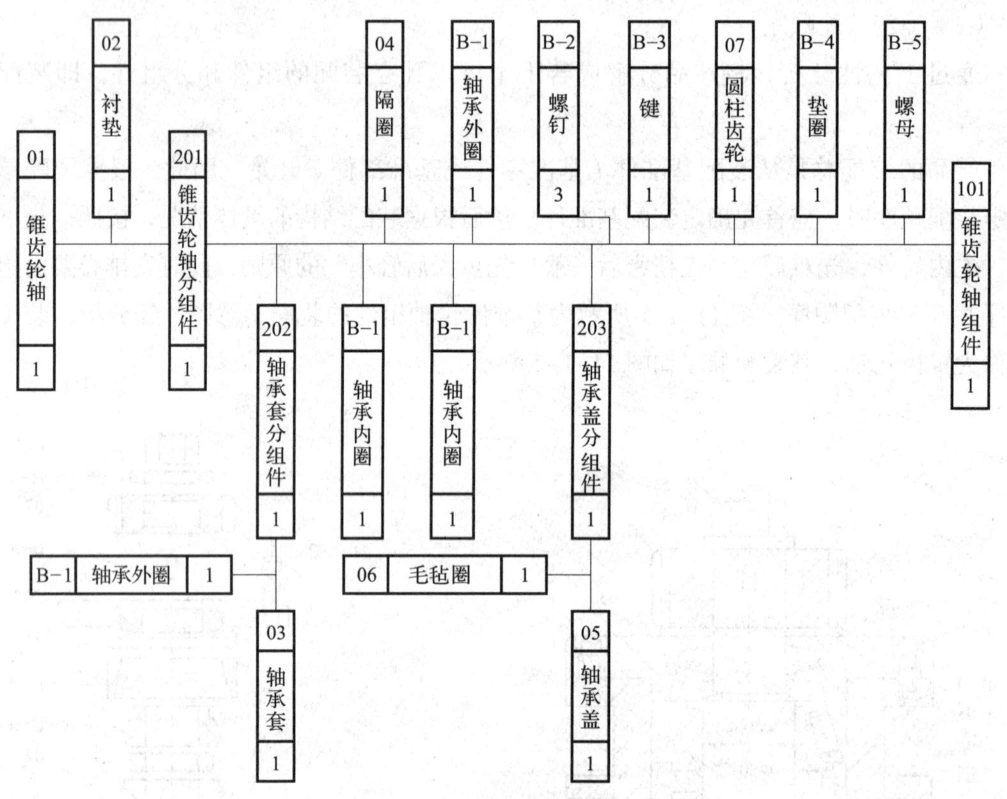

图 11–1–3　锥齿轮轴组件的装配单元系统图

由此可见，装配单元系统图表明了产品零、部件间的相互装配关系及装配流程，可以用来指导和组织装配工艺过程。

（4）划分装配工序和装配工步

根据装配单元系统图，将装配工作划分成装配工序和装配工步。由一个工人或一组工人在不更换设备或地点的情况下完成的装配工作称为装配工序。用同一工具，不改变工作方法，并在固定的位置上连续完成的装配工作称为装配工步。装配工作一般由若干个装配工序组成，一个装配工序可包括一个或几个装配工步。 如锥齿轮轴组件装配就由四个工

序组成。

（5）编写装配工艺文件

主要是编写装配工艺卡片，它包含着完成装配工艺过程所必需的一切资料。单件或小批量生产不需要制定工艺卡片，工人按装配图和装配单元系统图进行装配。成批生产应根据装配单元系统图分别制定总装和部装的装配工艺卡片。大批量生产则需一序一卡。

课题二　连接件的装配

一、螺纹连接的装配

螺纹连接是机械设备中最基本的一种连接方法，它是一种可拆卸的固定连接，具有结构简单、连接可靠、装拆方便等优点，在机械中应用非常广泛。螺纹连接分普通螺纹连接和特殊螺纹连接两大类：普通螺纹连接的基本类型有螺栓连接、双头螺柱连接等。

1. 螺纹连接的装配技术要求

（1）保证一定的拧紧力矩

为达到螺纹连接可靠和紧固的目的，螺纹连接装配时应有一定的拧紧力矩，使螺纹各牙之间产生足够的预紧力。

（2）有可靠的防松装置

螺纹连接一般都具有自锁性，通常情况下不会自行松脱，但在冲击、振动或交变载荷下，为避免螺纹连接松动，螺纹连接应使用可靠的防松装置。

（3）保证螺纹连接的配合精度

螺纹配合精度由螺纹公差带和旋合长度两个因素确定，分为精密、中等和粗糙三种，如图 11–2–1 所示。

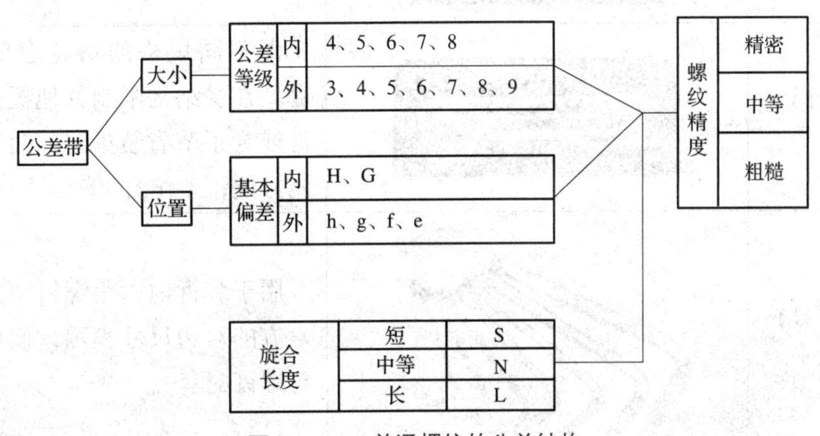

图 11–2–1　普通螺纹的公差结构

2. 螺纹连接的装拆工具

螺纹连接的紧固件主要有螺栓、螺钉、螺柱、螺母等，现已标准化。其种类繁多，形状各异，因此，螺纹连接的装拆工具也各有不同，其结构、特点及应用见表 11–2–1。

表 11–2–1　　　　常用螺纹连接装拆工具

工具名称		图示	特点及应用
旋具	一字旋具		规格用旋体长度表示。使用时，应根据螺钉沟槽的宽度选用
	十字旋具		主要用来装拆头部带十字槽的螺钉，其优点是旋具不易从槽中滑出
扳手	活扳手		开口尺寸可在一定范围内调节。使用时，应让固定钳口承受主要作用力，否则容易损坏扳手。其规格用长度表示
	呆扳手		其规格用开口尺寸表示，一般由多把不同规格的呆扳手组成一套。用于装拆六角形或方头的螺母或螺钉
	梅花扳手		其特点是承载能力大、换位转角小（30°）。适用于工作空间狭小、不能容纳普通扳手的场合
	套筒扳手		由不同规格的梅花套筒组成一套。在受结构限制其他扳手无法装拆或为了节省装拆时间时采用，使用方便，工作效率较高
	内六角扳手		用于装拆内六角螺钉。其规格用六方的对边尺寸表示，使用时必须与螺钉配套

续表

工具名称		图示	特点及应用
扳手	钩形扳手		用于装拆圆螺母
	扭力扳手		常用的有指针式和数显式，主要用于有预紧力要求的场合
	棘轮扳手		此扳手不用换位，反复摆动手柄即可拧紧或松开螺母或螺钉，具有使用方便、效率高等特点

3. 螺纹连接装配工艺

（1）控制预紧力的方法

规定预紧力的螺纹连接，常用控制扭矩法、控制螺栓伸长法、控制扭角法来保证准确的预紧力。

1）控制扭矩法。用指针式扭力扳手使预紧力达到给定值。工作时，由于扳手杆和刻度板一起向旋转的方向弯曲，因此指针就可在刻度板上指出拧紧力矩的大小。

2）控制螺栓伸长法。通过控制螺栓伸长量来控制预紧力。如图 11–2–2 所示，螺母拧紧前，长度为 L_1，按预紧力要求拧紧后，长度为 L_2。通过测量 L_1 和 L_2 便可确定拧紧力矩是否准确。

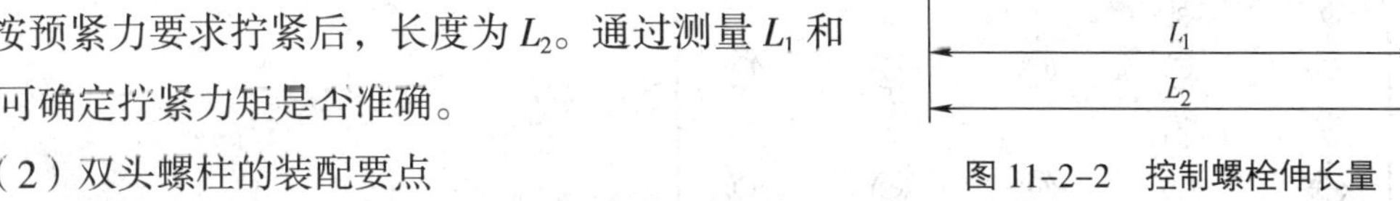

图 11–2–2　控制螺栓伸长量

（2）双头螺柱的装配要点

1）双头螺柱装配必须保证与机体螺纹孔的配合有足够的紧固性（在装拆螺母过程中，双头螺柱不能松动）。

2）双头螺柱的轴线必须与机体表面保持垂直，装配时，可用直角尺进行检验。如发现较小的偏斜时，可用丝锥矫正螺纹孔后再装配，或将装入的双头螺柱校直至垂直。偏斜过大时，不得强行校正，以免影响连接的可靠性。

3）装入双头螺柱时，必须用油润滑，以免旋入时产生咬住现象，也便于以后的拆卸。

4）常用的拧紧双头螺柱的方法有以下几种：

①双螺母拧紧法。如图 11–2–3 所示，先将两个螺母相互锁紧在双头螺柱上，然后转动上面的螺母，将双头螺柱拧入螺纹孔。

②长螺母拧紧法。如图 11–2–4 所示，先将长螺母旋入双头螺柱上，再拧紧止动螺钉，然后扳动长螺母，即可将双头螺柱拧入螺纹孔。取下长螺母时，先旋松止动螺钉，再拧出长螺母。

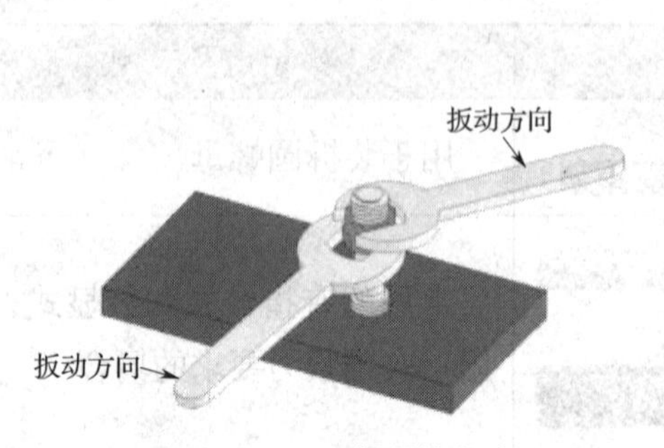

图 11–2–3　双螺母拧紧法

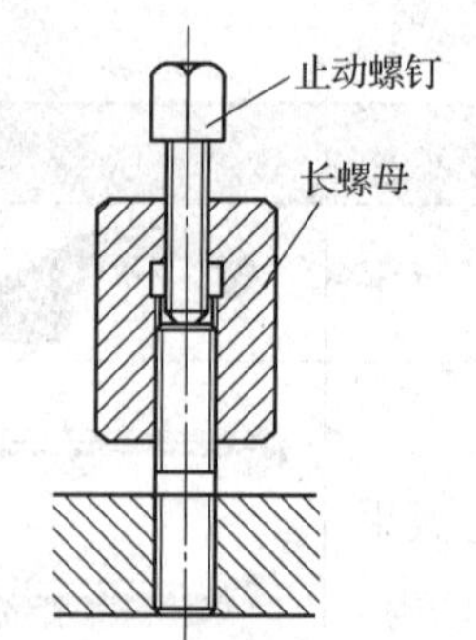

图 11–2–4　长螺母拧紧法

（3）螺母和螺钉的装配要点

螺母和螺钉装配除了要按一定的拧紧力矩来拧紧以外，还应注意以下几点：

1）螺杆不产生弯曲变形，螺钉头部、螺母底面应与连接部位接触良好。

2）被连接件应均匀受压，互相紧密贴合，连接牢固。

3）成组螺栓或螺母拧紧时，应根据被连接件形状和螺栓的分布情况，按一定的顺序逐次（一般为 2 ～ 3）拧紧螺母，如图 11–2–5 所示。在拧紧长方形布置的成组螺母时，如图 11–2–5a 所示，应从中间开始，逐渐向两边对称地扩展；在拧紧方形或圆形布置的成组螺母时，如图 11–2–5b、c 所示，必须对称地进行（如有定位销，应从靠近定位销的螺栓开始），以防止螺栓受力不一致，甚至变形。

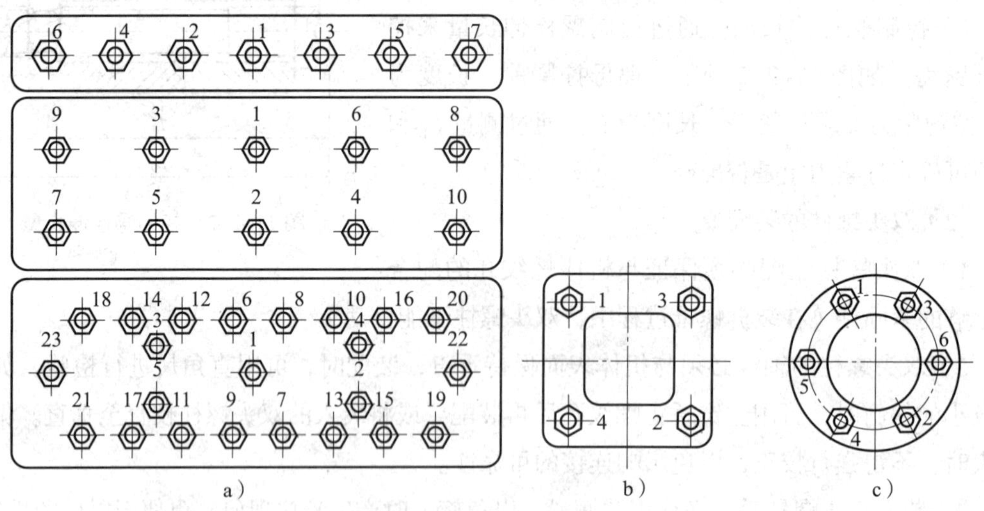

图 11–2–5　拧紧成组螺栓的顺序

a）长方形布置　b）方形布置　c）圆形布置

4. 安装防松装置

螺纹连接一般都具有自锁性，通常情况下不会自行松脱，但在冲击、振动或交变载荷下，为避免螺纹连接松动，螺纹连接应有可靠的防松装置，其常用防松方法见表 11–2–2。

表 11-2-2　　螺纹连接的常用防松方法及应用

防松方法		结构	特点及应用
附加摩擦力防松	双螺母		将主螺母拧紧至预定位置，再拧紧副螺母。此防松装置增加了结构尺寸和质量，一般用于低速重载或较平稳的场合
	弹簧垫圈		此防松装置结构简单，但容易刮伤螺母和被连接件表面，同时，因弹力分布不均，螺母容易偏斜。一般用于工作较平稳，且不经常拆装的场合
机械防松	槽螺母		它防松可靠，但螺杆上销孔位置不易与螺母最佳锁紧位置的槽口吻合。多用于变载和振动场合
	止动垫圈		装配时，先把垫圈的内翅插入螺杆槽中，然后拧紧螺母，再把外翅弯入螺母的外缺口内。常用于受力不大的圆螺母防松
	带耳垫圈		垫圈耳部分别与连接件和六角螺钉或螺母紧贴，防止回松。常用于连接部分可容纳弯耳的场合
	串联钢丝		用钢丝穿过各螺钉头部的径向小孔，利用钢丝的相互牵制作用来防止回松。装配时应注意钢丝的穿绕方向。适用于结构紧凑的成组螺纹连接
破坏螺纹副防松	焊点或冲眼	焊点或冲眼	将螺钉或螺母拧紧后，在螺纹旋合处焊点或冲眼。防松效果好，用于不再拆卸的场合

二、销连接的装配

销连接主要用来固定零件之间的相对位置，起定位作用，也可用于轴与轮毂的连接，传递不大的载荷，还可作为安全装置中的过载剪断元件，如图 11–2–6 所示。

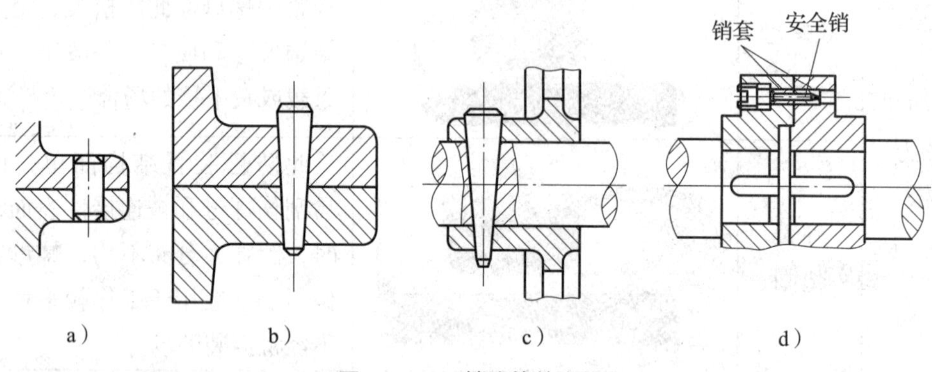

图 11–2–6　销连接的应用

a）、b）定位　c）连接　d）过载保护

1. 圆柱销的装配

圆柱销一般靠过盈固定在销孔中，用以定位和连接，如图 11–2–7 所示。圆柱销不宜多次装拆，否则会降低定位精度和连接的紧固程度。为保证配合精度，装配前被连接件的两孔应同时钻、铰，并使孔壁表面粗糙度 *Ra* 不高于 1.6 μm。装配时应在销表面涂机油，用铜棒将销轻轻敲入。

2. 圆锥销的装配

圆锥销具有 1∶50 的锥度，定位准确，可多次拆装而不影响定位精度。圆锥销以小端直径和长度代表其规格。装配前以小端直径选择钻头，被连接件的两孔应同时钻、铰，铰孔时，用试装法控制孔径，孔径大小以锥销长度的 80% 左右能自由插入为宜，如图 11–2–8 所示；装配时用锤子敲入，销的大头可稍微露出或与被连接件表面平齐。

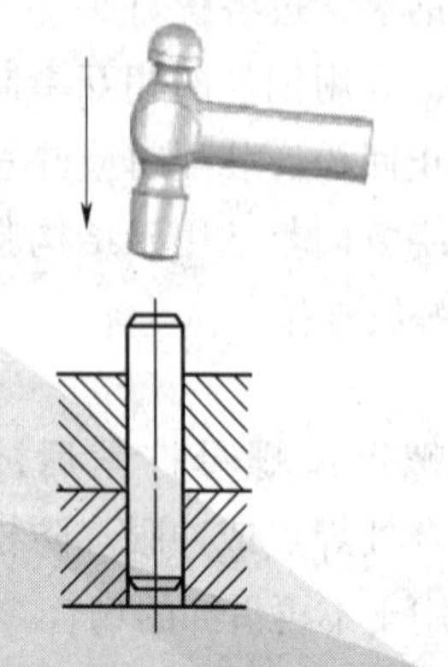

图 11–2–7　圆柱销的装配

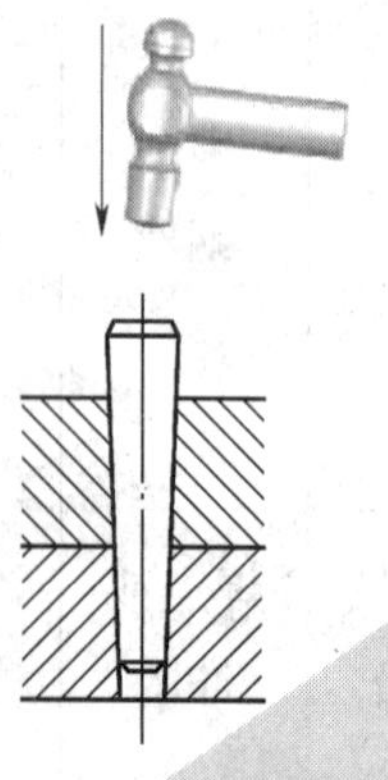

图 11–2–8　圆锥销的装配

3. 销连接的拆卸

拆卸普通圆柱销、圆锥销时，可用锤子或冲棒向外敲出（圆锥销由小头敲击）。如图 11–2–9 所示为带内螺纹的圆柱销和圆锥销的拆卸，可用与内螺纹相符的螺钉取出，也可以用拔销器拔出。

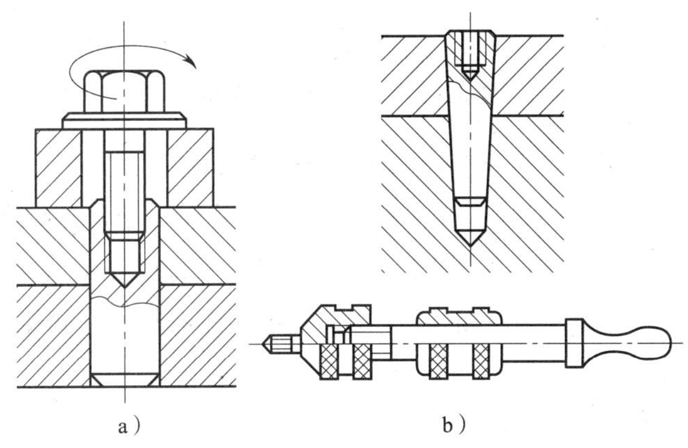

图 11–2–9　带内螺纹的圆柱销和圆锥销的拆卸

a）用螺钉拆卸　b）用拔销器拆卸

三、键连接的装配

键是主要用来连接轴和轴上的零件，并用于周向固定以传递转矩的一种机械零件。如齿轮、带轮、联轴器等在轴上固定大多使用键连接。它具有结构简单、工作可靠、装拆方便等优点，因此获得广泛的应用。

根据结构特点和用途不同，键连接可分为松键连接、紧键连接和花键连接三大类。

1. 松键连接的装配

松键连接所用的键有普通平键、半圆键、导向平键、滑键等。松键连接的特点是靠键的侧面来传递转矩，只对轴上零件做周向固定，不能承受轴向力，松键连接能保证轴与轴上零件有较高的同轴度，在转速及精度较高的轴与轴上零件的连接中应用较多。

（1）松键连接的装配技术要求

1）保证键与键槽的配合要求。

2）键与键槽应具有较小的表面粗糙度值。

3）键装入轴槽中应与槽底贴紧，键长方向与轴槽有 0.1 mm 的间隙，键的顶面与轮毂槽之间有 0.3 ~ 0.5 mm 的间隙。

（2）松键连接装配要点

1）对于重要的键连接，装配前应检查键的直线度、键槽对轴线的对称度及平行度等。

2）用键的头部与轴槽试配，应能使键较紧地嵌在轴槽中（对普通平键和导向平键而言，如图 11–2–10 所示）。

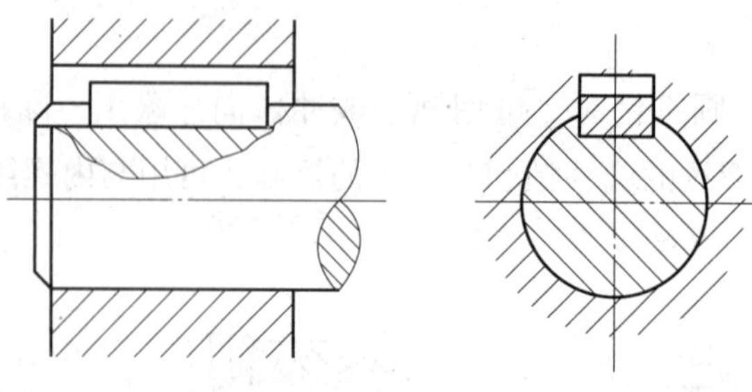

图 11–2–10　普通平键连接

3）锉配键长时，在键长方向上键与轴槽留有 0.1 mm 左右的间隙。

4）在配合面上加机油，用铜棒或台虎钳将键压装在轴槽中，并与槽底接触良好。

5）试配并安装套件（如齿轮、带轮等）时，键与键槽的非配合面应留有间隙，以便轴与套件达到同轴度要求；装配后的套件在轴上不能左右摆动，否则，容易引起冲击和振动。

2. 紧键连接的装配

紧键连接常用楔键连接，楔键分普通楔键和钩头楔键两种，如图 11–2–11 所示。

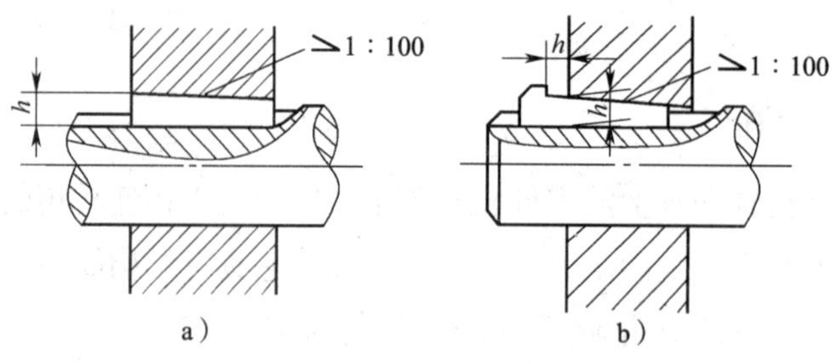

图 11–2–11　楔键连接

a）普通楔键　b）钩头楔键

楔键连接的特点是上下两面是工作面，键的上表面和轮毂槽的底面均有 1∶100 的斜度，键侧与键槽间有一定的间隙。装配时须打入，靠过盈来传递转矩。紧键连接还能轴向固定零件和传递单方向轴向力，但易使轴上零件与轴的配合产生偏心和歪斜，多用于对中性要求不高、转速较低的场合。钩头楔键用于不能从另一端将键打出的场合。

（1）楔键连接的装配技术要求

1）楔键的斜度应与轮毂槽的斜度一致，否则，套件会发生歪斜，同时降低连接强度。

2）楔键与槽的两侧面要留有一定间隙。

3）对于钩头楔键，不应使钩头紧贴套件端面，必须留有一定的距离，以便拆卸。

（2）楔键连接装配要点

装配楔键时，要用涂色法检查楔键上下表面与轴槽或轮毂槽的接触情况，若接触不良，应修整键槽。合格后，在配合面加润滑油，轻敲入内，保证套件周向、轴向固定可靠。

3. 花键连接的装配

花键连接具有承载能力强，传递转矩大，同轴度和导向性好，对轴强度削弱小等特点，适用于大载荷和同轴度要求较高的连接，在机床和汽车工业中应用广泛。

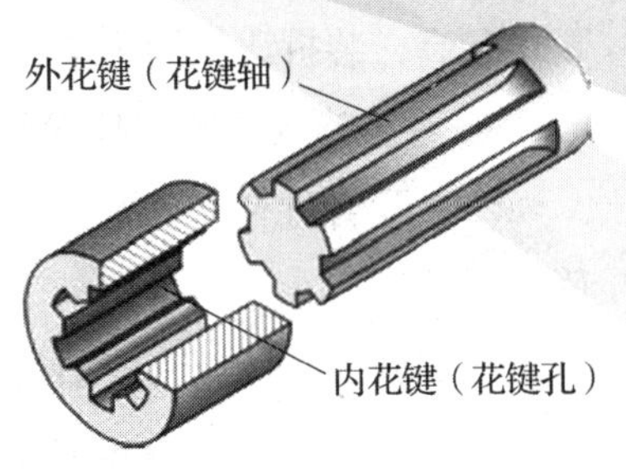

图 11-2-12　矩形花键

按工作方式分，花键连接有静连接和动连接两种。花键已标准化，按齿廓形状分，花键可分为矩形花键和渐开线花键两类，矩形花键因加工方便，应用最为广泛。如图 11-2-12 所示为矩形花键。

花键配合的定心方式有大径定心、小径定心和键侧定心三种，如图 11-2-13 所示。GB/T 1144—2001《矩形花键尺寸、公差和检验》中规定采用精度高、质量好的小径定心方式。

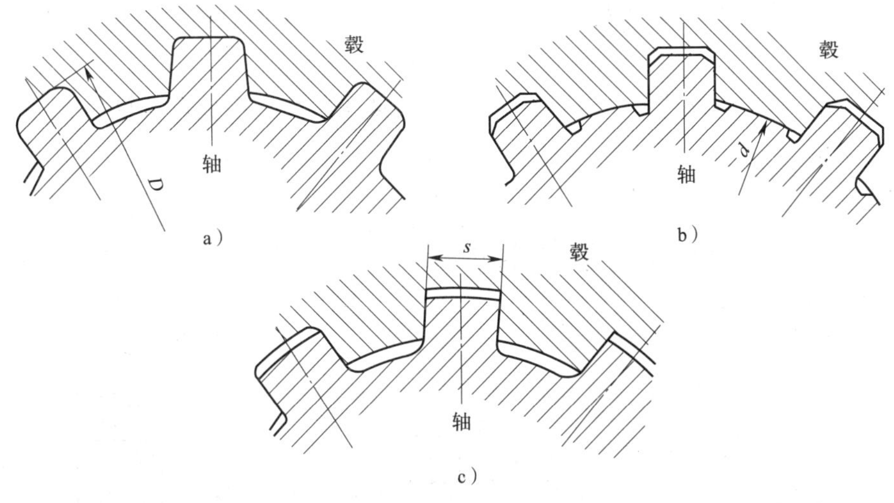

图 11-2-13　花键配合的定心方式

a）大径定心　b）小径定心　c）键侧定心

（1）静连接花键装配要求

套件应在花键轴上固定，故有少量过盈，装配时可用铜棒轻轻敲入，但不得过紧，以防拉伤配合表面，过盈量较大时，应将套件加热至 80 ~ 120 ℃后进行热装。

（2）动连接花键装配要求

套件在花键轴上可以自由滑动，没有阻滞现象，但间隙应适当，用手摆动套件时，不应感觉有明显的周向间隙。

四、过盈连接的装配

过盈连接是靠包容件（孔）和被包容件（轴）配合后的过盈量来达到紧固连接目的的一种连接方法，如图 11-2-14 所示。过盈连接能传递转矩、轴向力和一定的冲击载荷，具有结构简单、同轴度高、承载能力强等优点，但配合面加工精度要求较高，装拆比较困难。

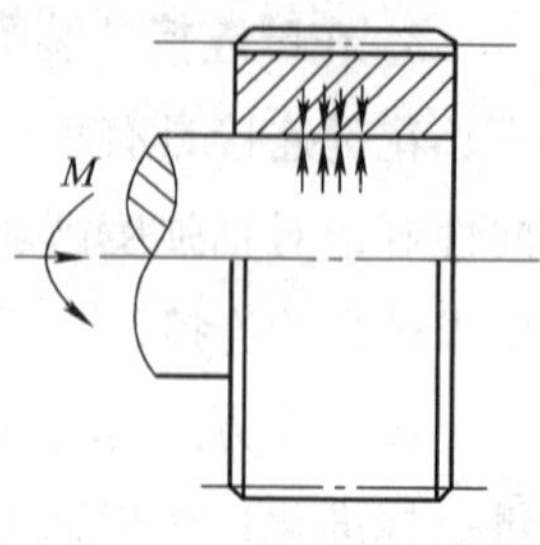

图 11–2–14　过盈连接

1. 过盈连接的装配技术要求

（1）配合件要有较高的几何精度，并保证配合时有足够、准确的过盈量。

（2）配合表面应有较小的表面粗糙度值。

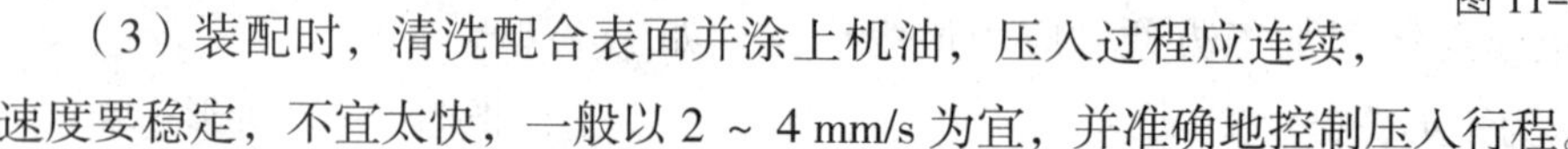
（3）装配时，清洗配合表面并涂上机油，压入过程应连续，速度要稳定，不宜太快，一般以 2 ~ 4 mm/s 为宜，并准确地控制压入行程。

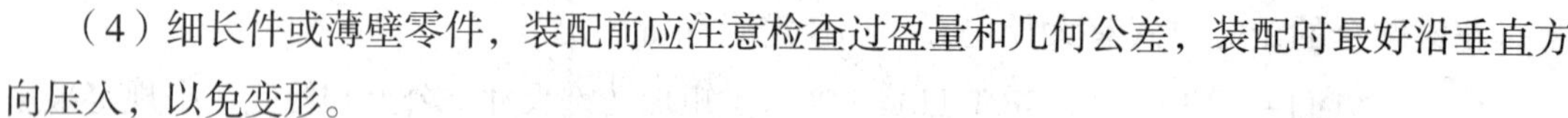
（4）细长件或薄壁零件，装配前应注意检查过盈量和几何公差，装配时最好沿垂直方向压入，以免变形。

2. 过盈连接的装配方法

过盈连接面多为圆柱面，也有圆锥面或其他形式的。下面以圆柱面过盈连接的装配为例进行介绍。

相配合的孔口或轴端应有 3° ~ 5° 的倒角，以便于装配。根据过盈量的大小不同，采用不同的装配方法：

（1）压入法

当配合尺寸和过盈量较小时，可采用常温下的压入法。常用的压入方法和设备如图 11–2–15 所示。

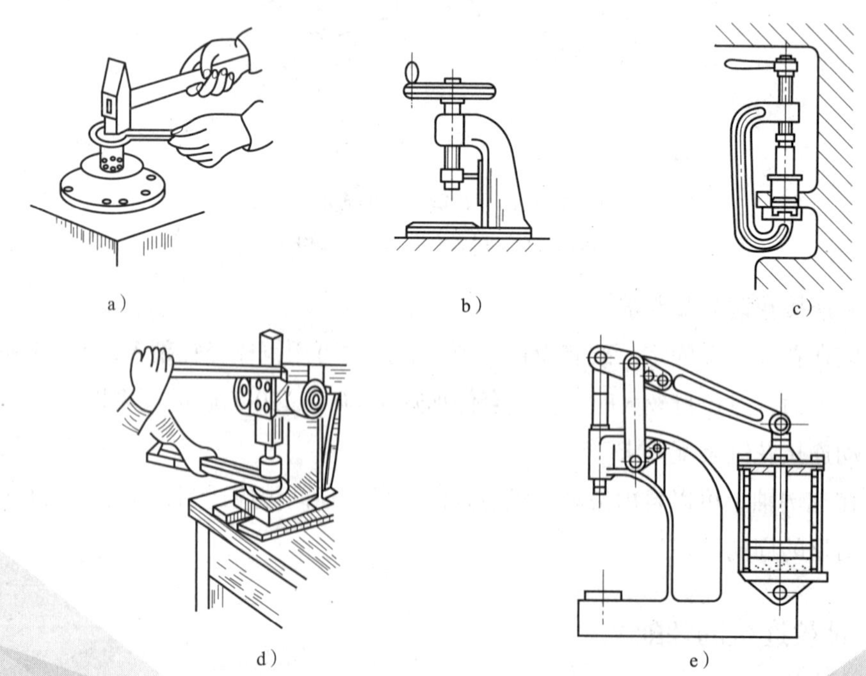

图 11–2–15　压入方法和设备

a）锤子加垫块　b）螺旋压力机　c）弓形夹　d）齿条压力机　e）气动杠杆压力机

（2）热胀法

利用金属材料热胀冷缩的物理特性，将包容件（孔）加热胀大，再将常温状态的被包容件（轴）压入，实现过盈连接。加热温度和加热方法应根据过盈量及轮毂尺寸大小来选择。常用的加热方法有沸水加热（80 ~ 100 ℃）、蒸汽加热（120 ℃）、油加热（90 ~ 230 ℃）、电阻炉加热、红外线辐射加热和感应加热等。

（3）冷缩法

利用热胀冷缩的特性，将轴冷却，轴颈缩小后装入常温的孔中。常用的方法是采用干冰冷缩（–78 ℃）和液氮冷缩（–195 ℃）。

课题三　部件的装配

一、配合间隙的检测

配合间隙可用塞尺进行检测。在检验被测尺寸是否合格时，可以用通止法判断，也可由检验者根据塞尺与被测表面配合的松紧程度来判断。

1. 检测步骤

（1）使用前必须先清除塞尺和工件上的污垢与灰尘。

（2）测量时，应先用较薄的一片塞尺插入被测间隙内，如图 11–3–1 所示。

图 11–3–1　塞尺的使用

若仍有空隙，则挑选较厚的依次插入，直至恰好塞进而不松不紧，该片塞尺的厚度即为被测间隙大小。若没有所需厚度的塞尺，可取若干片塞尺相叠加使用，被测间隙即为各片塞尺尺寸之和，但误差较大。使用中根据结合面的间隙情况选用塞尺片数，但片数越少越好。

2. 注意事项

（1）由于塞尺很薄，容易折断，测量时不能用力太大，以免塞尺弯曲和折断；使用后应在表面涂以防锈油，并收回到保护板内。

（2）塞尺的测量面不应有锈迹、划痕、折痕等明显的外观缺陷。

（3）不能测量温度较高的工件。

二、修配法

装配时，修去指定零件上预留修配量以达到装配精度的方法称为修配法。

1. 修配法的特点

（1）通过修配得到装配精度，可降低零件制造精度。

（2）装配周期长，生产效率低，对工人技术水平要求较高。

2. 修配法的应用

修配法适合于单件和小批量生产以及装配精度要求高的场合。

小型手动冲床的装配

一、小型手动冲床图（见图 3–2–6）

领取小型手动冲床各零件，对小型手动冲床进行装配。

二、工量具、设备及材料（见表 11–3–1）

表 11–3–1　　工量具、设备及材料

名称	规格	件数	名称	规格	件数
内六角扳手		1 套	冲头		若干
铜棒		1	一字旋具	50 mm	1
工业擦拭布		若干	酒精或煤油		1

三、装配步骤（见表 11–3–2）

表 11–3–2　　小型手动冲床的装配步骤

序号	步骤	图示
1	检查装配所需的工具是否齐全	

续表

序号	步骤		图示
2	检查小型手动冲床的装配零件是否齐全		
3	用酒精或煤油清洗小型手动冲床所有零件		
4	安装底座部件	准备底座各零件	
		将凹板放置在底板上面，插入定位圆柱销，并用铜棒敲击	

续表

序号	步骤		图示
4	安装底座部件	用内六角螺钉连接底板和凹板，实现紧固	
5	安装立板部件	准备安装在立板上的各零件	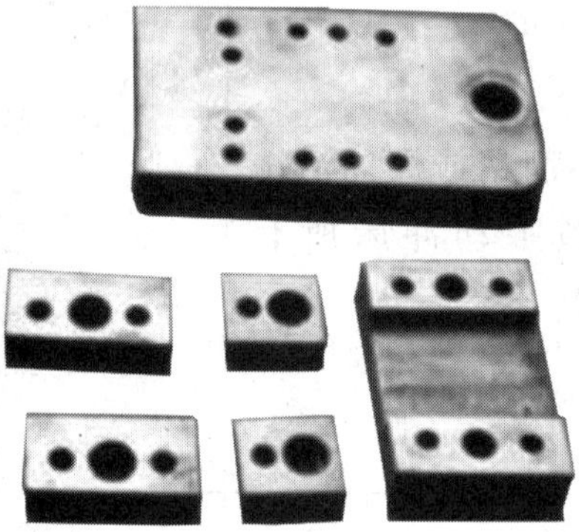
		将凹槽板安装在立板上并插入定位圆柱销	 

续表

序号	步骤		图示
5	安装立板部件	将导向块1安装到立板上，并插入圆柱定位销	
		将导向块2安装到立板上，并插入圆柱定位销	
		依次拧紧各内六角螺钉，将导向块固定在立板上，完成导轨的安装	
6	安装滑块部件	准备滑块部件的所有零件	

续表

序号	步骤		图示
6	安装滑块部件	把冲头插入滑块对应的孔内，注意冲头上的小平面朝着孔口	
		插入紧固螺钉并拧紧，完成滑块部件的连接	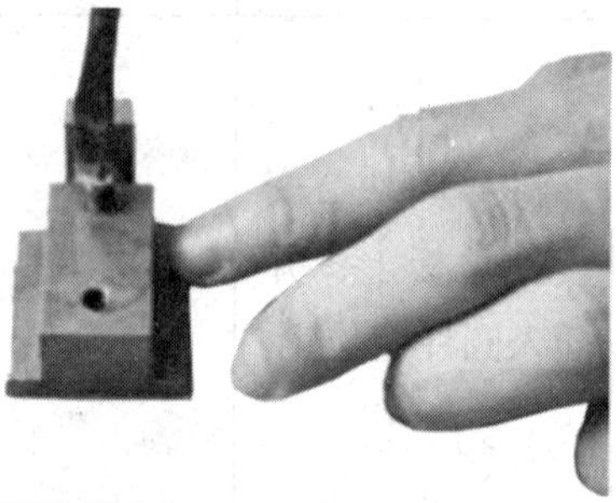
7	安装滑块部件和立板	将滑块部件装入凹板上的凹槽内，并能自由滑动	
		装入盖板 1	
		安装盖板 1 和凹槽板的圆柱定位销	

续表

序号	步骤		图示
7	安装滑块部件和立板	旋入内六角螺钉，让盖板 1 和凹槽板连接稳固	
		装入盖板 2	
		安装盖板 2 和凹槽板的圆柱定位销	
		旋入内六角螺钉，让盖板 2 和凹槽板连接稳固	

续表

序号	步骤		图示
8	安装连杆部件	准备连杆部件的所有零件	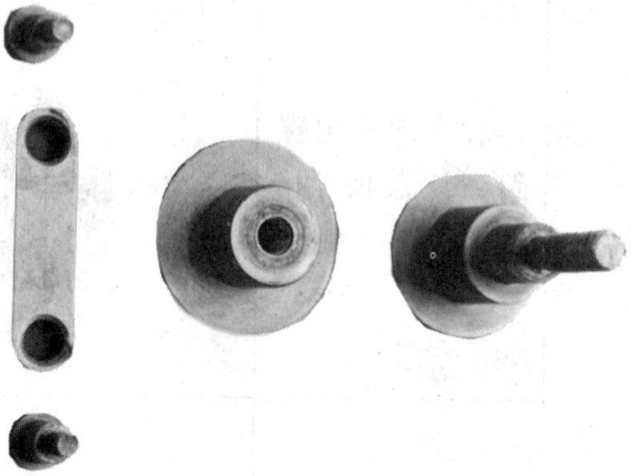
		通过螺栓连接轴与连杆	
		安装完成的连杆部件	
9	安装立板部件和底板部件	将立板部件转入底板上的凹槽内	

续表

序号	步骤		图示
9	安装立板部件和底板部件	旋入内六角螺钉，完成立板部件和底板部件的连接	
10	安装连杆部件和滑块部件	将轴插入立板上的轴孔中	
		用螺栓将连杆部件与滑块部件连接起来	
11	安装轴和手轮	通过螺纹连接实现轴与手轮的连接	

续表

序号	步骤		图示
12	调试	手摇手轮，调试小型手动冲床至完成装配	

四、质量评价（见表 11–3–3）

表 11–3–3　　小型手动冲床装配质量评价表

序号	装配内容	配分	检测结果	得分
1	安装凹板和底板	8 分		
2	安装凹槽板和立板	8 分		
3	安装导向块	8 分		
4	安装滑块部件	8 分		
5	把滑块部件装入凹板内	8 分		
6	安装盖板 1	8 分		
7	安装盖板 2	8 分		
8	安装连杆部件	8 分		
9	安装立板部件和底板部件	8 分		
10	安装连杆部件和滑块部件	8 分		

续表

序号	装配内容	配分	检测结果	得分
11	安装轴和手轮	6 分		
12	调试	10 分		
13	安全文明生产	4 分		